黄河國家治理文獻集成（民國卷）第三十四册
《黄河國家治理文獻集成》編委會　編
總第九十八册

黄河治理期刊文獻摘編：20世紀20至40年代

曹玲　張文文　編

内蒙古出版集團
内蒙古人民出版社

圖書在版編目（CIP）數據

黄河治理期刊文獻摘編：20世紀20至40年代 / 曹玲，張文文輯. -- 呼和浩特 ： 内蒙古人民出版社， 2025. 8.（黄河國家治理文獻集成）. -- ISBN 978-7-204-18603-7

Ⅰ. TV882.1

中國國家版本館CIP數據核字第2025AP8558號

黄河治理期刊文獻摘編：20世紀20至40年代

輯　　録　曹　玲　張文文
策劃編輯　何可欣
責任編輯　董麗娟
裝幀設計　劉那日蘇　吉　雅　安立新
責任監印　王麗燕
出版發行　内蒙古出版集團　内蒙古人民出版社
地　　址　呼和浩特市新城區中山東路8號波士名人國際B座5層
網　　址　http：//www.impph.cn
印　　刷　内蒙古愛信達教育印務有限責任公司
開　　本　880mm×1230mm　1/16
印　　張　21.75
字　　數　270千
版　　次　2025年8月第1版
印　　次　2025年8月第1次印刷
印　　數　1—1000册
書　　號　ISBN 978-7-204-18603-7
定　　價　192.00元

編纂委員會

主　　任　陳利保

副 主 任　周承英　吴義學　王　瑶

成　　員　賈大明　何可欣　董立群　羅　婧　王曉俊　董麗娟
白　玲　特日格勒　徐　飛　李月琪　王麗燕　李　琳

主　　編　董　杰

副 主 編　張曉東　曹　玲

委　　員（按姓氏筆畫排序）
王　丹　王智慧　王鑫義　白胡日查　朱紫陽　李　萌
李新蕊　姚亞菲　陳　思　曹佳興　梁芹洋　張文文
張　岩　張博原　張　祺　張曉英　喬恩懋　賀　莎
楊　怡　楊建國　楊　承　霍燕平　魏雪剛

引言

千古河流成沃野，幾年沙勢自風湍。

得益于黄河冲積所帶來的疏松土質和有機物，中華先民利用石製工具開始了農業生産，并逐步發展出旱地粟作農業，『能够最大程度保障食物供給的穩定性，奠定了中華文明起源和形成的堅實基礎』[一]。而利用河水灌溉，提高區域可預測農業産量，『在産業史上起着最有决定性的作用』[二]。隨後，技術進步、經濟發展、人口增加，讓先民的文化生活大爲豐富。嚴文明先生評價道：『這是一場影響深遠的革命。』[三]在這場革命中，平衡水、沙、産、人四者之間的關係，始終是黄河治理的核心問題。四者關係一旦失衡，就容易引發諸多灾患。

歷史上，黄河下游因人口稠密、經濟發達，一直是學術界關注的重點。但自河源至今内蒙古托克托縣河口鎮的黄河上、中游區域，雖遠離王畿，人口稀疏，却也一直備受關注，人們逐步認識到黄河全流域治理是國家的重要任務。《漢書》載：『堤防之作，近起戰國，雍防百川，各以自利。』[四]没有全流域的協同治理，僅靠各地分段築堤，則黄河河患無法解决。秦建立了中國歷史上第一個中央集權大一統王朝，秦始皇東巡碣石，刻石銘記『决通川防，夷去險阻』[五]，開啓中央政府調動各要素治黄之先河，這『在中國，實質上是國家的一種職能』〔六〕。同時，國家通過對黄河的有效治理，爲沿黄流域人民群衆乃至其他地區人民群衆提供了重要的公共物品和産業支撑，成爲人民群衆眼中中央政府的功過評價指標之一。因此，治黄在增强沿黄各族群國家、政治、文化認同的基礎上，强化了中國大一統國家的合法性，成爲歷代國家治理能力的一個重要測度。

一、黄河治理維護了國家的社會穩定

從秦并六國到漢朝建立大一統國家，中國統一的多民族國家形成并得到初步發展。當時中央政府對所轄疆域有『北邊郡』和『内郡』之稱。内蒙古額濟納旗出土的居延漢簡有載，『豤（墾）田以鐵器爲本北邊郡毋鐵官印器内郡令郡以時博賣予細民毋令豪富吏民得多取販賣細民』，可以看出北邊郡是與内郡相對應的行政管轄區域。《史記》卷二十八『封禪書第六』載：『上乃遂去，並（并）海上，北至碣石，巡自遼西，歷北邊至九原。』〔七〕。《史記》卷三十『平準書第八』載：『天子北至朔方，東到太山，巡海上，並（并）北邊以歸。』〔八〕司馬遷多次提及北邊，足見統治者對北邊治理的重視。

漢武帝時，齊人延年提出從今内蒙古引黄河水經今北京一帶，向東注入渤海，以衛北部邊疆。『是時方事匈奴，興功利，言便宜者甚衆。齊人延年上書言：「河出昆侖，經中國，注勃海，是其地勢西北高而東南下也。可案圖書，觀地形，令水工準高下，開大河上領，出之胡中，東注之海。如此，關東長無水災（灾），北邊不憂匈奴，可以省隄（堤）防備塞，士卒轉輸，胡寇侵盜（盗），覆軍殺將，暴骨原野之患。天下常備匈奴而不憂百越者，以其水絶壤斷也。此功壹（一）成，萬世大利。」』[九]《史記》卷二十四『樂書第二』載：『天馬來兮從西極，經萬里兮歸有德。承靈威兮降外國，涉流沙兮四夷服。』[十]如今，包頭地區出土了『四夷盡服』瓦當，出土文物與傳世文獻的呼應，成爲黄河治理維護祖國北部邊疆穩定的見證。

《史記》卷三十『平準書第八』載：『嚴助、朱買臣等招來東甌，事兩越，江淮之閒（間）蕭然煩費矣。唐蒙、司馬相如開路西南夷，鑿山通道千餘里，以廣巴蜀，巴蜀之民罷焉。彭吳（吴）賈滅朝鮮，置滄海之郡，則燕齊之閒（間）靡然發動。及王恢設謀馬邑，匈奴絶和親，侵擾北邊，兵連而不解，天下苦其勞，而干戈日滋。』[十一]清代《汾陽縣志》卷十三『藝文』收録曹學閔《開修黄蘆嶺車路紀德政碑記》，上載：『永寧州，界連西陲，北達邊外歸綏諸路，商賈遠貿粟麥，泛皮船隨黄流南下，聚于州西磧口，一府之民仰利賴焉。而東至太原，南抵平陽，州縣凡二十餘，亦視汾爲橐籥，蓋所繫非特一方生計矣。』[十二]民國時期，東北淪陷後，開發西北刻不容緩，而『黄河中游之水利，自應加以擴充及整理，藉（借）收桑榆之效，以挽狂瀾於（于）萬一』[十三]。

因黄河流域自然條件優越，歷朝歷代都十分重視對此地的開發，通過强有力的國家干預方式推動各類産業的發展，爲中國北部疆域的形成和社會穩定奠定了基礎。

二、民族交往、物資交流、技術轉移促成黄河治理共同體

《史記》卷十五『六國年表第三』載：秦始皇三十三年（前214），『築長城河上，蒙恬將三十萬』[十四]。這數十萬人中，擁有一技之長的人員不在少數。由此，邊地人口不斷增多，而豐富的物産則促進了商品交流與統一市場的形成。西漢《鹽鐵論·力耕第二》記録了『异物内流』的情形：『是以贏（騾）驢馲駞（駝），銜尾入塞，驒騱騵馬，盡爲我畜，鼲鼦狐貉，采旃文罽，充於（于）内府，而璧玉珊瑚瑠（琉）璃，咸爲國之寶。』[十五]此後，黄河北岸的『贏（騾）驢馲駞（駝）』『驒騱騵馬』『鼲鼦狐貉』『采旃文罽』與西南織錦、中原麻織、農作物等物資相互交流，逐步形成統一的國内大市場，加强了邊疆與其他地區的經濟聯繫，促進了邊疆特色産業的發展。

隨着民族交往交流交融的增强，清代以降，黄河流域内蒙古段輸入到内地的也不僅僅是『异寶』了。《綏遠通志稿·水路》載：『自乾隆以還。口外墾殖日廣。民殷物阜。出境之油、糧、鹽、鹼（碱）、甘草各貨。入境之日用雜貨。山西與歸綏往來之商運。凡經河路者皆以托屬河口爲唯一之碼頭。』[十六]從清乾隆年間到民國時期，由内蒙古經黄河運到山西的貨物有糧、油、鹽、碱、藥材、皮毛等，其中以糧油爲最大宗。糧食品種主要有糜黍、穀子、高粱、豆類及玉米、大小麥

等，油料主要是胡麻。内蒙古供貨支綫有從阿拉善盟阿拉善左旗吉蘭泰鹽池到山西吕梁市磧口鎮的運鹽駝路，五原縣、臨河區一帶各大幹渠的運糧水道，杭錦旗、達拉特旗的甘草馱運綫，鄂托克旗的運碱駝路。内蒙古段各條支綫以供貨爲主，山西段若干支綫以運銷爲主。

《臨縣志》載：『清朝乾隆至民國年間，陝、甘、綏、蒙等地的物資，通過此航綫運達磧口，再用牲口馱運到離石、吴城，轉運至東路（汾、平、介、孝等縣）。據民國20年（1931）統計，每年從綏遠磴口航至磧口的貨船不下4000餘艘』，『是陝、甘、綏、寧與晋西北物資集散之重鎮』。[十七]可見，内蒙古在甘肅、寧夏與陝西、山西等沿黄上下游物資交易中起到了重要的聯結作用；同時也吸引了山西、陝北、河北、山東、甘肅等地的農民遷移至此，并將開渠打壩、引水澆地等農業生産技術、手工技術和商業貿易經營方式帶到這裏。他們在此扎根，除了從事農業生産外，還挖甘草、下窑背炭、在黄河上拉船、在沙漠中拉駱駝、打短工放冬羊、開碾磨油坊，等等。不同地域、不同民族的人們合力修築河渠、引水興業，逐漸形成休戚與共的共同體。其間積纍的産品交易、商業管理、社會治理等方面的經驗，在今天依然有借鑒意義。

清代『首重治河，探河源以窮水患』[十八]，但更深層次的考量是『宣揚大一統及增强國家認同』[十九]。黄河流域人口基數大、分布廣，而全流域治理理念將不同地區、不同民族的人們凝聚成命運共同體，而『大一統』理念正是這一治理實踐的核心主題。

三、黄河流域拓展了中國的發展空間

早期統治者因巡幸及邊防建設所需，統籌管理沿黄河運與秦直道等沿黄馬道，維持着中央政府對北邊的有效治理。河套平原引黄渠道的建設爲秦漢王朝屯田事業提供了基本的水利保證，并將這些區域變成防禦北部邊患的大後方與根據地。于是，沿黄馬道、沿黄河運與萬里茶道、草原絲路等陸路運輸聯通起來，促進了中華文明與其他文明的交流互鑒，拓展了新的發展空間。

新中國成立之後，沿黄各族兒女在中國共產黨的領導下團結合作、艱苦奮鬥，實現了大河安瀾。黄河流域建立起行之有效的防洪抗汛機制，支撑着沿岸的產業發展，改善了周邊生態環境。當代治黄史證明，正是由于中國共產黨的正確領導以及集中力量辦大事的制度優勢，纔從根本上減輕了河患的威脅。進入新時代，黄河流域在築牢安瀾根基的同時，以蓬勃活力拓展着中國的發展空間。沿黄九省區在協同發展中不斷釋放潛力，讓黄河流域成爲國家區域協調發展戰略中不可或缺的重要一極，爲中國的發展源源不斷地注入新動能。

綜上所述，黄河流域的治理不是單純的河道治理、生態環境治理或社會治理，而是一種關涉水、沙、產、人四者關係的系統性、協同性治理，是推動國家可持續發展的動力，也是厘清國家治理與邊疆治理兩者動態交互實際效果的絶佳視角。而黄河工程等『中國本土理論資源、學術積纍』〔二十〕，有助于研究國家治理的演進歷程。進入新時代，黄河治理與國家治理的關係研究不斷開闢新視角、持續涌現新成果，其中鑄牢中華民族共同體意識、邊疆治理與黄河流域生態保護和高質量發展成爲非常重要的研究視角。因此，基于這一角度搜集整理黄河國家治理文獻，意義重大。《黄河國家治理文獻集成》，應運而生。

本叢書系統梳理了黄河治理的歷史脉絡與經驗，既爲新時代黄河流域生態保護和高質量發展提供了歷史鏡鑒，更以文獻爲載體，傳承了治理智慧、凝聚了民族力量，是服務國家發展戰略、鑄牢中華民族共同體意識的重要學術實踐。

《黄河國家治理文獻集成》編委會

二〇二五年一月

〔一〕韓建業：《中華文明的起源和形成》，載《中華民族共同體研究》2022年第4期，第80-91+172頁。

〔二〕中共中央馬克思恩格斯列寧斯大林著作編譯局：《馬克思恩格斯選集》第二卷，人民出版社，2014年，第240頁。

〔三〕嚴文明：《黄河流域文明的發祥與發展》，載《華夏考古》1997年第1期，第49-54+113頁。

〔四〕（漢）班固：《漢書》卷二十九『溝洫志第九』，中華書局，1964年，第1692頁。

〔五〕（漢）司馬遷：《史記》卷六『秦始皇本紀第六』，中華書局，1963年，第252頁。

〔六〕冀朝鼎：《中國歷史上的基本經濟區與水利事業的發展》，朱詩鰲譯，中國社會科學出版社，1981年，第7頁。

〔七〕（漢）司馬遷：《史記》卷二十八『封禪書第六』，中華書局，1963年，第1398–1399頁。

〔八〕（漢）司馬遷：《史記》卷三十『平準書第八』，中華書局，1963年，第1441頁。

〔九〕（漢）班固：《漢書》卷二十九『溝洫志第九』，中華書局，1964年，第1686頁。

〔十〕（漢）司馬遷：《史記》卷二十四『樂書第二』，中華書局，1963年，第1178頁。

〔十一〕（漢）司馬遷：《史記》卷三十『平準書第八』，中華書局，1963年，第1420–1421頁。

〔十二〕（清）方家駒修，（清）王文員纂：《汾陽縣志》卷十三『藝文』，清光緒十年刻本，第57–58頁。

〔十三〕王華棠、劉錫彤、吴樹德：《黃河中游調查報告》，華北水利委員會編印，1934年，第1頁。

〔十四〕（漢）司馬遷：《史記》卷十五『六國年表第三』，中華書局，1963年，第758頁。

〔十五〕王利器：《鹽鐵論校注》，中華書局，1992年，第28頁。

〔十六〕綏遠通志館：《綏遠通志稿》第十册，内蒙古人民出版社，2007年，第176頁。

〔十七〕臨縣志編纂委員會：《臨縣志》，海潮出版社，1994年，第273、321頁。

〔十八〕趙爾巽等：《清史稿》卷一二六『河渠一』，中華書局，1977年，第3715頁。

〔十九〕劉惠：《乾隆朝重構黃河河源的實踐與國家認同》，載《清華大學學報》（哲學社會科學版）2018年2期，第147–154+195頁。

〔二十〕許耀桐：《當代中國『治理』概念的演進探析》，載《國家現代化建設研究》2023年3期，第100–111頁。

出版前言

黄河，中華民族的母親河，她不僅孕育了中華文明，更見證了中華民族數千年的發展歷程。習近平總書記深刻指出：『從某種意義上講，中華民族治理黄河的歷史也是一部治國史。』這一重要論述，爲新時代黄河文化的保護傳承以及流域治理提供了根本遵循，也深刻揭示了黄河治理在國家發展和民族復興進程中的核心地位。在學習貫徹習近平新時代中國特色社會主義思想，積極響應國家黄河流域生態保護和高質量發展重大戰略，大力推進北疆文化建設的背景下，《黄河國家治理文獻集成》的編纂出版，具有重要的歷史意義、學術價值與現實指導意義。

黄河治理，自古以來就是國家的頭等大事。從遠古時期大禹治水，到當代運用科學技術進行系統治理，中華民族在數千年的時間裏，積纍了豐富的治河經驗，留下了浩如烟海的文獻遺産。《黄河國家治理文獻集成》收録了元代至民國時期古籍、朱批奏摺、期刊圖片等多模態文獻資源。這些文獻内容豐富、維度多元，既包含記載河工技術、治理方略等的專書，又有漢文朱批奏摺、工程檔案以及不同區域的調查研究報告等。民國時期的文獻則標志着現代水利科學開始融入黄河治理，展現了我國水利事業在時代變革中的創新與發展。近代照片的收録則以更加直觀的方式將黄河治理、黄河沿岸的風貌呈現給讀者。

該文獻的出版，不僅是對瀕危黄河文化遺産的及時搶救與保護，更是對我國水利史、國家治理史、邊疆治理研究學術鏈條的重要補充，具有較高的文獻價值和學術意義。尤爲重要的是，這一集成工作，深度契合鑄牢中華民族共同體意識這一全黨全國各族人民的共同任務。各民族在治理黄河的歷史進程中，緊密協作、共同探索，這些珍貴文獻便是各民族交往交流交融和中華文明認同的生動見證。對這些文獻進行整理出版，能够讓各族人民更加深刻地認識到，在歷史長河中，各民族共同爲黄河治理貢獻了力量，共同守護了家園，從而進一步增强對中華民族共同體的認同感與歸屬感，夯實鑄牢中華民族共同體意識的歷史根基。

《黄河國家治理文獻集成》以『國家治理』爲核心綫索，構建起一個全面、系統、多維的文獻體系：在時間跨度上，聚焦從元代至民國這一傳統治河向現代水利轉型的歷史時期，爲深入研究我國水利事業的發展脉絡提供了清晰的時間坐標；在内容分類上，細緻劃分爲技術專著、工程檔案、區域研究、朱批奏摺、科學報告、圖片等類别，涵蓋黄河治理的各個方面，從不同角度展現了我國在黄河治理上的探索與實踐；在版本選擇上，秉持嚴謹、科學的態度，確保文獻内容的準確性與代表性，爲學術研究奠定堅實基礎。

在編纂過程中，叢書特别注重『全流域治理』的理念，不僅收録了有關下游防洪治河的重要文獻，還涵蓋了中游地區水土保持以及上游地區灌溉開發等方面的珍貴記載。這種對黄河全流域治理的全方位關注，與當前『共同抓好大保護，協同推進大治理』的要求高度契合，充分體現了叢書在傳承歷史文化遺産的同時，緊密服務于當代國家發展戰略的時代價值。

在出版過程中，嚴格保持原書的版式與行款，最大程度地還原文獻原貌。對于部分出現黴變、殘缺的頁面，運用先進的數字化修復技術進行精心處理，在保留原始批注與印章痕迹的基礎上，兼顧了文物的真實性與文獻的可讀性。

此外，爲了更好地服務讀者，方便學術研究，本叢書新增了目録、提要等内容，這些新增部分由編委會精心撰寫。新增目録一般編製二級，個别圖書編製三級；原書有目録而内文無對應標題的，根據原書目録照録；原書目録爲關鍵詞或者其他情况的不編製目録；原書目録與内文不一致的，以原書内文爲準；原書無目録的，按卷端、版心或其他部分輯録；一册書中收録多種圖書的，以書名爲一級標題，編製二或三級。在文字使用上，統一使用現代漢語規範繁體字，對于原版文獻中的异體字、避諱字也使用現代規範繁體字，無對應規範繁體字的保留原字。

《黄河國家治理文獻集成》的出版，是對黄河文化遺産的一次系統性、搶救性保護，具有重大而深遠的現實意義：從學術價值層面來看，叢書成功構建起一座連接傳統與現代治黄文獻的橋梁，爲黄河流域生態保護、水利工程史、國家治理史、邊疆治理、中華民族共同體學等多個領域的學術研究提供了豐富、翔實的基礎文獻，有力推動了相關學科的發展與創新；從文化價值角度而言，生動展現了北疆文化與黄河文化在歷史長河中的交融共生，爲内蒙古『北疆文化』品牌建設提供了堅實的文獻支撑，進一步豐富了中華文化的内涵與外延；從實踐價值方面考量，書中所藴含的治河理念爲我們在新時代背景下實現人與自然和諧共生、推動黄河流域可持續發展提供了寶貴的歷史經驗與智慧啓示。

在此，我們要衷心感謝各藏書機構的大力支持，正是他們提供了珍貴底本資源，纔使得本叢書的編纂出版成爲可能。同時，我們也要向文化遺産智能應用服務中華民族共同體建設『英才與蒙』團隊致以崇高的敬意，他們歷經五年的辛勤耕耘，以嚴謹的治學態度和專業的學術素養，對文獻進行了系統的整理和輯録，爲叢書的内容質量提供了堅實保障。此外，我們還要特别感謝内蒙古自治區黨委宣傳部、内蒙古出版集團將本叢書納入『北疆文庫』重點項目，并在出版過程中給予全方位支持與幫助。

我們衷心期待，這套凝聚着無數心血與智慧的《黄河國家治理文獻集成》，能够在新時代的『黄河大合唱』中奏響歷史的强音，爲黄河流域生態保護和高質量發展注入强大的歷史動力，讓黄河文化在保護中傳承，在傳承中創新，在創新中不斷發展，綻放出更加絢爛的光彩。同時，希望這套叢書能够成爲促進各民族文化交流、鑄牢中華民族共同體意識的重要載體，助力各民族更加緊密地團結在一起，共同爲實現中華民族偉大復興的中國夢而努力奮鬥，讓中華民族共同體意識在黄河文化的滋養下，扎根于每一位中華兒女的心中，成爲推動中華民族不斷前進的强大精神力量。

提要

《黄河治理期刊文獻摘編：20世紀20至40年代》由曹玲、張文文輯録而成。

曹玲生于1978年，女，漢族，中共黨員，博士，教授，主要從事數字人文、科技史與氣象科普、文化數字化研究，現任南京信息工程大學管理工程學院副院長，兼任中國索引學會理事、江蘇省科技情報學會理事。承擔多個國家級、省部級課題項目，發表多篇學術論文，出版多部專著并主編教材，獲多項省級獎勵。

張文文生于2003年，女，漢族，無黨派人士，碩士，内蒙古民族文化産業研究院助理研究員。

20世紀20至40年代正值中國社會變革劇烈期，政府部門、水利專家及學者等圍繞黄河治理進行了深入研究，從黄河治理歷史觀、治理歷程、治理方法等多方面展開討論，提出了一系列具有前瞻性和建設性的治理思路與計劃。

本書收録了20世紀20至40年代部分期刊刊載的有關黄河治理的文章，共計46篇，其中部分文章探討了河套水利建設狀況。期刊來源豐富，涵蓋《華北水利月刊》《水利月刊》《黄河水利月刊》《水利通訊》等27種。

這些文章直接記録了民國時期的黄河治理情况，爲黄河治理歷史研究提供了豐富而珍貴的一手資料，有助于深入瞭解當時的社會背景、治河理念、科技水平，同時也爲當代黄河治理提供了歷史鏡鑒和經驗啓示，對于推動黄河保護治理事業高質量發展具有重要的現實意義。

目録

綏遠後套水利調查報告書 一
河套農墾水利開發的沿革 二三
後套衝積地的自然環境概況 三九
後套水利現況概述 四七
黄河後套灌溉工程計劃 五〇
綏遠後套引黄開渠考 六一
華北水道之交通 六四
由河套水系變遷説到黄沙分布和南移 八二
整理河套渠道之管見 八七
治理黄河之歷史觀 九一
治理黄河的我見 一〇一
治理黄河工程之過去與將來 一〇九

治理黄河工作綱要 一一四
治理黄河計劃 一一九
准國民政府黄河水利委員會函徵求關于李委員培基張委員静愚提議水利意見案本廳參照原案擬就甘肅黄河流域應行治理各點分别陳述意見希查照由（二十二年十二月二十八日） 一二一
治理黄河之歷史觀 一二五
怎樣治理黄河？ 一三四
恩格司氏治理黄河之談話 一三六
政府應速治理黄河 一四一
治理黄河之先决問題 一四四
治理黄河之先决問題（續本卷第三期） 一四七
治理黄河之意見 一五〇
治理黄河之討論 一五八
治理黄河之討論續編 一六六
治理黄河意見 一七八

治理黄河意見書　一八八
治理黄河方法之商榷　一九六
治理黄河方法在德國實驗　二〇二
治理黄河水灾的管見　二〇四
治理黄河的研究　二〇八
治理黄河的科學方法　二一四
治理黄河問題之研究　二一八
治理黄河根本辦法　二二三
治理黄河根本辦法（續）　二二四
治理黄河根本辦法（二續）　二二五
黄河泛濫的治理繼續在德國研究　二二六
河務局擬具治理黄河計劃　二二七
認識黄河與治理黄河（上）　二三一
認識黄河與治理黄河（下）　二三四
防止土壤衝刷爲治理黄河之要圖　二三七
黄河下游有堤河段之治理　二五六

黄河下游治理計劃　二六八
黄河下游治理計劃（續）　二七八
黄河水利之整治　二九四
黄河治理綱要　三〇二
再述黄河根本治理意見案　三一七
後記　三三一

▲調查報告▼

綏遠後套水利調查報告書

劉鍾瑞

一，引言

十四年秋前北京中國華洋義賑會應綏遠當局之召組織後套水利測量隊勘察後套水利鍾瑞彼時供職綏遠實業廳水利技師奉廳長韓公命隨同義賑會工程師及測量員等前往照料一切並事調查各渠現狀計自八月二十日由綏遠出發十一月六日工畢返綏閱時將及三月足迹週遊九百餘里茲本當日見聞所及編述斯篇雖屬明日黃花想亦閱者所樂知也

二，沿革

河套位於綏遠狼山之南黃河之北爲烏拉山西面一大平原之總稱又名後套所以別於黃河南之前套也東西可四百里南北平均爲一百二十里由五原縣大佘台及臨河二設治局分轄之水利之興相傳開始於秦漢而以土地遼闊整飭不易故旋興旋廢有清之末復加以修濬降至今日利用灌田之大渠凡八爲永濟剛目豐濟沙河義和通濟長勝及塔布等就中以永濟爲最大剛目爲最小此次調查僅及永濟剛目義和及長勝四渠其他則以時間之關係未得周至然其他各渠之利弊及夫田地之

狀況不難推及之矣

三，水　源

黃河來自甘肅寧夏北行由磴口折而東北至臨河之南則東行抵包頭水面降度自三千分之一乃至六千分之一河床正身在臨河縣境寬不過八百公尺今秋流量約爲每秒五百立方公尺河之正身時常改道忽南忽北無定軌然尚不至溢出固有之河床各渠引水即擇其正流之正在北岸處闢岸爲口予以五千分一之坡度河水得以藉勢順坡而入渠故當大水時期或正流不變之時渠中得以順勢受水一旦水退積沙爲梁水無由入則全渠因之堙廢是以挑淤浚口等工年必經營故各渠口之廢渠多順列成行而終難脫淤塞此吾人必須注意者也

四，渠水退路

五加河行近狼山之麓爲黃河故道較平地低三四公尺西由烏拉壕起循山東北麓至烏蘭腦包之南東南行在烏拉山西會於黃河此故道舊槽大半尚存而小半已堙沒不見大渠自南引水皆東北行有退水渠通五加河水少盡引以溉田水多則放歸五加河爲天然之退水河床那令河爲古代黃河之分支其寬與深與五加河等兩端均入五加河然強半已淤塞矣

五，土　地

後套地勢西高而東低南高而北低東西之坡度約爲六千比一（由鄔家地至郝進橋東西距四

十里地面差三公尺）南北之坡度約爲五千比一（由永濟渠口至存發公南北距一百里地面高低差三公尺）土質鹻性特强而西部鹻性尤烈鹻土之上淤有沙土一層其厚由一公尺降至二公寸土質之良否即以所淤之沙土之多寡而定若經雨後水分蒸發時鹻性順土而上水去鹻留全地盡成鹻灘故河套降雨其收利既小而爲害則特大此渠水所以急於疏濬不可緩也蓋渠水漑田水深盈尺河水沙土既可沉澱於鹻土之上既漑且糞一舉兩得土層之厚薄由五寧之汽車路兩旁之溝渠驗之甚爲清晰計永濟剛目二渠之間沙土層厚約三公寸剛目沙河二渠之間沙土層厚三公寸至六公寸沙河渠之東沙土層約八九公寸沙土層之田地均可開墾耕種此外又有沙阜坡陡起伏隨處不少阜爲細沙而成高丈餘連續不斷沙粒與小米粒等着手毫無土氣以之合洋灰作膠灰以供建築最爲上品其阜雖高然隨風可以轉移故沙阜四週少有房屋蓋有時烈風吹來房屋頓時淪陷於細砂中若微風習習細砂轉移若水流然波紋歷歷毫不堙滅

六，土　產

河套五穀之收獲與否端賴渠水之能否灌漑所產穀類以小麥油麥糜子穀子葫麻爲大宗此歲收成可爲中等每水田一畝小麥可收六斗約重一百六十八斤值洋三元六角糜穀各可收八斗約重一百八十斤值洋四元葫麻可收四斗值洋三元油麥可收五斗重一百二十斤值洋三元此外又有合一種半爲小麥半爲彬豆每石約值四元產量則西部較東部爲多蓋臨河一部渠水暢旺灌漑利便故熟地甚多經營者亦衆永濟協成二渠舟楫往來甚便又因道路暢速生產亦益廣灸皮貨以山羊皮

爲最綿羊皮次之商賈多河北順德籍羊毛駝毛之產額亦甚大羊毛每斤約得價三角駝毛倍之牛羊駝馬在在皆是每歲土人均結隊販運至包頭鎭求售農家兼養猪其經營之法一如牛馬猪羣覓草爲食朝出暮歸其治家整齊者置牛圈羊圈馬槽猪圈皆井井有條否者一任羣獸之麕集衛生之道非所計也

七，氣候

河套當北緯四十度三十分四十一度二十分之間地平高出海面一千零二十公尺以緯度論本宜氣候溫和而以地勢甚高故純現大陸氣候一年之間冬日嚴寒夏日酷暑即一日之間夜間結冰晝則溫度至華氏九十七度每年植物之生長期四月有奇結冰期間則自十月初至四月半天氣之寒溫又關於風之有無降雨期多在七八月且多暴雨此次余行二月餘八月之底幾無日無雨九月初北風吹來氣候則由八十度驟降至四十五度厥後風少天氣又暖迨十月半北風起氣溫降至三十二度之下矣

八，人民

河套在昔爲蒙人游牧之塲禁人耕種晚近墾務漸興內地人民始稍稍集於宜耕之區性情多懶惰不思奮勉其原因有三(一)鴉片流毒貽誤終身今雖禁種而販運吸食者仍隨處皆有(二)生活太易每人經營熟地自數頃至數十頃隔歲一收亦足以供其揮霍(三)交通不便所有生產盡爲自給生

活所需盡以粮食交易故人民易於知足而淡於經營也民風樸素審家居住室污穢不堪夏日蚊蠅甚多室外則馬牛羊糞堆集不知整理野外枳棘徧地不知用以製籬或席一任廢棄衣服以土產無棉花故裌衣之後繼而衣皮其棉衣則牛毛爲絮而成遠不如棉花矣男女頭上皆白布纏頭一作美觀兼可蔽塵土之飛入蓄辮之風尙盛雖在上者多方開導而剪髮者仍寥寥蒙古人旅居河套者漸少惟召廟之旁及黃河五加河畔時或見之蒙人多能操漢人語然以說漢語爲可恥蒙人仍執其游牧生活畜牛羊住蒙古包以牛羊之奶及皮毛易茶酒烟米以供其生活蒙民之進化問題急宜早爲籌畫俾得發展其能力俾成有用之民族

九，交通

陸路交通　河套以五原縣屬之隆興長爲中心貨物之貿遷均以此處爲樞紐今歲五原駐軍經營包五汽車路以達包頭又復興築五甯汽車路經臨河磴口以達甘肅之甯夏全路均用軍隊築成豐功偉績實堪欽佩惟路線未經專門人才之布置故灣曲不平處頗多若能加以整理不難益臻完善近有汽車公司汽車由包頭可直達甯夏農人則以牛車轉運車有鐵輪小木輪大木輪之別鐵輪牛車與冀魯通用者等小木輪則以碎木板配合成圓形二輪接於一軸上軸隨輪轉其載重小而易於顛覆大木輪車輪之直徑六尺有半二輪之距離六尺至八尺車箱甚高載重甚大宜於過渠溝而其笨重則又數倍於小車矣行人或乘馬乘騾而騾車甚鮮水運則永濟豐濟長勝義和等渠隨處皆可泊舟裝糧食

下通包頭每糲一石約取費一元五角甘肅所來之木材均可於渠中轉運求售人民以水運之取費廉而易裝卸故出品皆由水路運銷陸路則僅雜貨羊毛駝毛而已

十，各渠現狀

甲，長勝渠

（一）渠路　長勝渠又名長濟渠自五原東土城南四里起直向東北行沿渠經東土城徐海灘吉耳馬太萬太公西槐木東槐木大有公小既汗淖至佐背補隆之東南二里入五加河

（二）渠口　渠口之規定頗合科學之原理口之東當黃河緩流處有迎水壩壩以紅柳雜荆棘編織成箒荆棘之根外向迎水壩上層擁以黃土間以紅柳短身伸入壩底以堅壩身惟柳身太短終不若另購長材爲樁之爲愈壩長十餘公尺寬五尺壩後即成淤灘蓋水流壩後流靜而挾沙均沈澱故也黃河中築壩本甚困難誠以河底淤沙無底且正流漫無正軌挾沙又多擁塞自易至於取材之難人工之少尚其次也

老郭渠緊湊於長勝渠口之上以離壩稍遠故水流頗急而渠口因以得勢則是長勝渠之迎水壩實足供二渠之用

（三）渠身　渠口之渠身寬五丈東北流二十里無灣曲兩岸多築有丁壩以荆棘根合土作成所以防水之冲刷渠岸俾免彎曲也自西槐木而下引水者既多且渠因地之高下而轉側故渠道折轉如

弓形所有支渠則又借弓背而開口引水之勢固順而用水者若不慎往往有決口之患蓋渠正流趨凹岸故也彎曲最甚者爲東槐木至小廠汗淖一段二地相距不過二十里沿渠而行竟四十六里對頭彎曲在在皆是改良渠道當以此段爲急務由東槐木而下至大有公清光緒年間當局曾挑挖新渠裁灣取直乃以坡度不準水流反急兩岸引水往往肇禍是以中止現該渠舊跡宛然略加修理即可利用尾閭有二皆入五加河其一已以土堰阻斷爲大車之經路。

(四)流量　此渠引水既爲得法且寬度及坡度均甚適宜故流量之多寡當以黃河水面之高低定之此秋黃河爲平常大水期故渠之容納亦甚適宜渠身最大容納約可增至二十五公尺至三十公尺今將已測流量列表

地名	渠之寬度以公尺計	渠之斷面積	平均流速 m/sec	流量每秒立方公尺
渠口	一五·七	一九·四六	〇·七八	一五·一四
徐海灘	二一·九	二三·〇八	〇·五六	一二·九〇
萬太公	一六·四	一五·〇六	〇·四七	七·五九
四郎台灣	一二·六	二·一五	〇·五四	六·〇七
東槐木	一二·〇			四·〇〇

流量之大小直接關於灌溉事業之興替欲增大流量(一)須增高進口之水位(二)增大渠底之坡度(三)加寬渠身第一項專視黃河水位之大小第二項於渠之兩旁平地有關要使渠水能以入地

爲合適第三項固屬可能而其最大限度在使水流過時淤沙不能因渠面過大而致停淤且渠面愈大渠水滲漏之損失愈大故也

（五）含沙量　黃河行經黃土層中挾泥甚多若引之灌田則渠身之斷面至宜切實計畫苟稍不適宜淤沙勢必沉澱或水流太急渠底因以冲刷淤泥入地固可用代肥料然歷時既久平地淤高則引水漑地勢必不能矣故含沙量之多少又關於渠道之壽命行經此渠余取水樣數次以重量計平均爲千分之三以容積計爲千分之二

（六）水運　長勝渠兩岸人烟較爲稠密其土產有糧食及菜蔬均可藉渠道由黃河而至包頭渠身可容十五噸之船隻上水船每日行三十里由渠至包頭每石取運費一元二角又渠中可運紅柳行銷於沿渠每噸約取費三元以順流而力省故也

（七）出產　此歲沿渠一帶收成平平麥子每畝收六斗每斗約重二十八斤糜米每畝收七斗玉米每畝收三斗又豌豆及馬鈴薯產額亦多種水地者每頃年納水租銀四兩地租銀五十兩一切差徭支應約十五兩收入每頃約三百元故時局平靖土匪歛跡時農家收入頗屬豐富云

（八）改良意見

子，渠口之導水壩甚爲適宜惟以建築材料未佳故當黃河大水暴漲時難免冲塌急宜籌買木椿木料在壩之迎水一面加椿以固壩根再以當地紅柳編籌層層排列於大椿之間烏拉山嘴距此處不遠可多運頑石填於壩身其應用經費預算於左

（墻長以一丈計墻寬以一丈五尺計）

		元　角分
木樁四根	每根五元	共二〇・〇〇
橫木架固樁用		四・〇〇
柴排以五層計七方半每方二角		一・五〇
頑石二方每方十元		二〇・〇〇
土方二十方每方四角		八・〇〇
雜費及管理費		一〇・〇〇
共用		六三・五〇
每尺合洋		六・三五

若將墻築長一里則共需洋一萬一千四百三十元

丑，疏濬　由東槐木至五加河一段渠身約長五十里以渠之灣曲太多渠水盡耗於滲漏及蒸發而田地則不收渠水之利是以急於疏濬者也每里以二百土方計共土方一萬方每方以四角計合洋四千元管理及疏導費約五百元共約四千五百元

寅，建築支渠口之渠門閘　長勝渠支渠之大者約五十餘若以支渠五十計新建閘門有五十然支渠爲民間應用者爲節省經費計似宜官督民修每閘約需洋五百元至少公家建築二座爲

支渠之模範應需一千元

卯，修理支渠　支渠向由民間經理以應用之不得法往往費水失時且強者凌弱富者欺貧在在多有故支渠之現狀急於需人整理估計約需管理費二千元

以上四端僅就當時觀察所得略爲建議計共需洋一萬八千九百三十元以此治渠時則一年渠上所增之收入當不止二三倍也他如整理黃河之來路及幹渠渠身之畫一計畫尚未計及

乙，義和渠

（一）渠路　義和渠有新舊二口皆在西土城子附近至二櫃之東南二渠相會爲一於此屈折東北行過西牛壩而西北過白三圪達復東北行過同心德橋此爲由五原至黃河濱之要路橋之上游有支渠一來自沙河渠水向義和渠中流所以調節各官渠之水量使不至有所軒輊也渠路曲折東北行沿沙山之東至王三圪達及劉四圪達再二里而至五原縣南之隆興長過橋復東北行經舊把總地而至銀水橋由劉四圪達至此計長十五里兩岸柳樹成抱者甚夥蓋距城稍近且包西水利總局住在於此易於管理保護渠再東北過三櫃由義和元之西入五加河全渠計長一百里有奇渠底之差約十一公尺

（二）渠口　渠口有新舊二口新口寬二丈有奇直伸於黃河之內惟大河正流在南面其北流者乃套河之一部故水流頗散漫渠水不能借河水之勢以增其流量然其得力之點即在渠口不近正流可免洪水之沈澱淤積今歲該水利局正督工開寬新渠口一段及伸長新渠口之工程舊渠口亦可進

水在新渠口之下水流頗暢惟渠內一段有私渠引用故渠水為分渠口無壩閘等工程一任河水之浸入當黃河非常洪漲時沿渠以渠口無法節制水量故盡埋沒幸兩岸野草叢叢黃水流入完全無損農田作物即此一端渠首閘之建築似為必不可少（渠首閘之建築詳另條）

老郭渠口在舊渠口之東計義和老郭長勝三渠渠口相距不過二里而義和西北行老郭北行長勝則東行恰成輻射形

（三）渠身　舊渠之渠身約五丈新渠寬三丈二渠相會後渠身寬七丈已失之太寬故水深甚淺而水流甚緩渠之大病即在此處蓋黃河水入渠流方得勢而渠忽乍忽寬水流弛緩泥沙隨之沉澱故渠之中間常有沙島起伏渠之彎曲不甚劇烈宜分期逐年整理庶費省而收效大由西牛壩至同心德橋十餘里渠無屈曲水面較之兩岸田地相差無幾同心德橋下二里有支渠一道東通老郭渠其利用程度與沙河渠之支渠等所以調濟水量也隆興長近處渠道本無流入該鎮之必要乃以謀市塵之發展及美觀計故渠之曲折亦因之加多計由西而北而東多行二里餘渠身雖彎曲而寬度深度頗好支渠之開通亦甚得勢隆興長而下渠漸窄小支渠亦多而渠之本身益小下至義和元渠道之不絕如線矣

（四）流量　義和渠以渠口深入黃河之淤灘取水不甚得勢且渠身之坡度不甚適宜故其流量不足以供兩旁之用平常之流量進口處約八立方公尺大約可增至十五立方公尺今將沿渠各地流量列表

地名	渠之寬度（公尺計）	渠之斷面（平方公尺）	平均流速	流量（每秒立方公尺）
二櫃新渠	九•〇	六•六	〇•五六	三•七
西牛壩	一三•五	一一•七	〇•五三	六•一
隆興長	六•三	七•五	〇•三六	二•七
東營盤	八•七			一•三
東營盤	七•一			〇•八

（五）含沙量　義和渠與長勝渠均由同一水源取水且二渠相離甚近故含沙量相差無幾以重量計平均爲千分之二•五含沙之多寡影響於渠甚大據義和兩岸堤防之觀察因沙量之多而致淤塡渠身者並不劇烈蓋兩岸之淤積並不甚多約每隔三年挑挖一次足矣

（六）水運　隆興長爲河套第一重鎭諸凡駝毛羊毛之出口糧食之運輸柴草之供給均賴渠道行之二十噸之大船夏季大水時亦可通行運糧由隆興長至包頭每石洋一元柴草由河口運來每千斤約洋一元羊皮等貨運費每千斤約需洋二元業漁者由黃河捕魚亦來隆興長應市又有鄉民在河口刈草即東之成排而放之水中順流而下可至隆興長然草多沉沒有害渠道是急宜查禁者也

（七）出產　此歲秋收五成沿渠多以種菜爲業故支渠頗多並輔以桔槔取水以便灌漑其主要菜蔬有白菜胡蘿蔔馬鈴薯秦椒及瓜類五穀有麥糜胡麻穀高粱及玉蜀黍等畜類牛馬羊駱駝及猪

等羊皮羊毛駝絨等到處皆有鄉中少貨幣仍以物易物有太古之風焉

（八）改良意見

子，渠口應築導引壩於淤沙之上端使黃河正流漸次沖刷俾北岸水勢增大易於導引用款若干須詳細測量後方可估計

丑，加寬渠口使直入河身俾易取水此段均屬土工約土方六千用款約二千元

寅，修理新舊二渠口俾均有裨實用現有之舊渠湮沒待盡急宜挑挖以順渠水二段約需洋一千五百元

卯，裁灣取直西牛壩之南一段渠道彎曲所耗費之水頭甚大急宜另開新段以取直之計長六里約需洋六千元

辰，通老郭渠之橫渠須加意研求義和渠本身之流量是否足用有無餘水以供給老郭渠蓋此支渠分水佔全渠四分之一致下游常有不足用水之虞

巳，疏通五加河渠之正身以利舟楫使之下通烏藍腦包（爲五原北重鎮）且當黃河大水時可以洩入五加河

午，支渠渠口以磚築閘門以節渠水仍照長勝渠辦法每渠之閘約五百元由用渠之地戶修築公家負指導之責合共修理全渠約需九千五百元

丙，剛目渠

剛目渠在臨河縣境在協成豐濟之中原爲剛目河夏季雨水藉以洩入黃河後有人經營加以挑挖使黃河之水得以流入套地經杜家台子孟魚子油房而至砂山地內後始折行二十里至烏藍加格素始由沙山入平地計由渠口至此沿渠約七十五里水始能由此入地然剛目渠口引水甚不得勢且無壩幕等工以引導河水故黃河水位略變遷渠中即不能近水當黃河洪漲時渠中流量由渠之高水位痕跡測之當不過五立方公尺以此流量行數十里之砂山中即渠之坡度適宜而七十里之後其供給之水量當不過一公尺故剛目渠雖有灌地之名而兩岸能受其利者不過數十頃之面積而已剛目之不得勢由烏藍加格素之南亦可概見該處於數十丈之寬狹間有大渠十五個展轉遷移至今盡屬廢渠今夏有渠東某地戶斬壍塡溝另開新渠未知究能進水否也蓋來源未暢即疏通支渠亦將見徒勞而無功非根本補救之方也烏蘭加格素而下至同元成之北二里許渠即告終

沿渠人戶以渠水不甚得力因亦稀少惟下部同元成福成全等村以能由永濟渠借剛目渠道引永濟之水而灌田故尙有人家地方出產除普通農作物而外又有種薄荷者甘草之根可作藥材渠口渠梢及砂山等處甘草產額亦多孟魚子油房有收買甘草廠係將採來者加以分類劊切等工束而運至包頭每斤可得價二角就上述情形剛目渠實無存在之價値其原因有三(一)本渠渠身曲折甚烈行七十里始能灌地(二)渠身行經砂山中易被流砂湮沒改良渠道甚難(三)豐濟永濟二渠在剛目之東西凡剛目可灌之田盡可由二渠分任永濟水流暢旺常慮無歸宿引之以代剛目未始不可就以上三端剛目似可取消然若局部改良用以灌漑渠口附近田地亦未始不可改良之法必須將剛目渠

口下移十里至復成堂之正東另開新口以資應用蓋此十里之間渠身與黃河並行且渠之坡度又比河之坡度爲大故兩岸以水低地高而不能受灌漑之利此段新開並不困難僅開里許即可溝通大河以達舊渠約需經費一千五百元

丁，永濟渠

(一)渠路　河套八渠之中以永濟渠爲最良容量既大渠路亦甚適宜渠自合順元西南引水二十五里至秀華堂汽車路之浮橋在焉再二十里爲上李三渡口距臨河縣城僅五里又三十里爲下李三渡口有人戶數十家又三十里爲二喜渡口爲西大路之要道樂善堂渠會築一草堰分水入樂善堂渠之正渠則經協力堂至劉二紅壩頭有草壩一束水以入東支渠下可通鬮日渠以至福全堂再下二十里至存發公渡口旁有祥太魁渠是由公中廟而至祥太魁之北者中支渠亦分支於此而正北行存發公下八里新東渠舊東渠分支於此新東渠東北行至李貴橋之上新東正渠北行而東北行爲退水渠行經蘆葦中散漫無路豐濟渠之退水亦消消歸來注於退水渠中及至察汗淖出蘆葦而入砂山再東北會豐濟退水正身由賈格齊之西北入五加河舊東渠由存發公北正北行入葦行二十里由高通土橋上又分二支一爲舊東渠東北行五里經白耳特拉正東至察汗淖計長四十里一爲纏金正梢即永濟之正退水渠正北行遇那令河又五里分三支均在張五圪達附近入五加河計正身之由二喜子渡口即分支四散故其灌漑面積最爲寬大

(二)渠口　黃河正流行於北岸渠口因於背流處東向開口故河水經過廻流一次方可入渠土

名渠口爲倒灌渠口蓋指黃河正流不能直衝入渠必稍作廻轉始得入渠也以正流在北故渠口雖有廻流而淤塡之弊可免若黃河暴漲則渠口將盡陷於河中不免稍呈閉塞若略爲整理不難立復舊觀進口半里有五大股渠口在焉該渠另屬私渠恒借渠口而作公用者渠口二面多荆棘紅柳及河柳等灌木以之護岸異常得力永濟渠之所以得一勞永逸灌木護岸之功不小也

（三）渠身　渠口至二喜子渡口渠身最寬由八丈乃至六丈餘深度均有七尺斷面成梯形二岸之坡約爲一比一渠水則流於梯形渠中故頗少東西倒岸之弊其應取直處亦不甚多兩岸隄防不高支渠隨處可開二喜子渡口而下大支渠加多正渠之水量少故渠身亦略小然仍屈曲得勢下至新東舊東二渠分流處則渠水高而地低二面堤防盡無水流任意漫溢支渠任意開口故水多爲患是以蘆葦叢生反爲整理渠道之大障礙矣至李貴橋之下渠東西行渠南之地較北面爲高故渠南田地中之餘水北流而入該渠此段名爲退水渠其土地人民不甚注意故一任渠水漫流而已纏金正梢則以高通土橋五加河間之渠道淤塞故毫不能退水全渠長度計由渠口至存發公約一百里纏金正梢長五十里新東渠退水長七十里

（四）流量　渠之寬大既如上述故其容量亦甚大就現有之大水痕跡測水流量當可增至四十三方公尺若按田地需水每年高四十公分計每次施水二十公分每日可灌田二百八十頃每月可灌八千五百頃若施水間月一次加以冬春洑水時期每年之用水時期約有六月如此則每歲可灌地二萬頃然渠之兩旁灌漑所及者現不過六千頃故渠之供水實超過田中所需要者此存發公而下所以

渠水氾濫爲災致良田千頃盡荒廢也沿途每至有渡口處即施測流量一次所得結果如次

施測地	渠寬公尺	斷面積平方公尺	流速每秒公尺	流量每秒立方公尺
秀華堂距渠口二十里	二八·〇	三七·一	〇·八五	三一·五四
上李三渡口				三一·一五
下李三渡口				三〇·五八
二喜子渡口	二四·八	三六·四	〇·八一	二九·五四
樂善堂渠口	一二·八	九·六	〇·五〇	四·八〇
存發公	二三·三	二九·三	一·〇〇	二九·二〇
五房子新東渠舊東渠	一六·〇	二三·〇	〇·八五	一九·五〇
新東渠土房子	一八·二	二五·七	〇·六五	一六·七〇
李貴橋新東退水	一六·三	一九·四	〇·六一	一一·九〇
蔡哈淖退水	一四·〇	一八·三	〇·八〇	一四·六〇
白耳特拉舊東渠	五·三	三·五	〇·三四	一·二〇

(五)含沙量　每測流量一次即取水樣一次爲含沙成分之試驗其結果最大者進渠口處爲千分之二一·五至退水渠一帶則含沙甚少約爲千分之一每歲若給水四十公分則田地每歲可淤高

〇・〇五公分故以濁水灌地一百年後地面可淤高一尺半爲數甚微不必慮及

（六）水運　全渠寬大舟楫可任意往來載重二十五噸之大駁船可通行無阻起運糧米可達包頭每石收價三元藥材每担收價一元渠道既寬行人往來必須過渡每人每次收價一分或收糜穀半升白麵半斤等蓋本地貨幣缺乏并紙幣亦稀少故也空船下水每日可行八十里載重上水每日行不過三十餘里誠以水流太急故也

（七）出產　渠水既大沿渠人民衆多村戶櫛毗爲後套最富之區出產以麥及穀類爲大宗每歲運往包頭寧夏者以萬石計每畝年可收麥八斗每石値洋五元糜穀之產半爲出品半作供給蒙人之食品油粮店所在甚多然多以物易物鮮有以錢幣賤賣者

羊皮羊毛羊腸駝毛之產量亦甚夥渠口某征稅局在此僻陋之區而稅收年可得五六千元新東渠舊東渠有蘆葦塌長約五十里寬約二十里叢生於腐水之中高逾丈二粗比手指用以作席及掛簾等當爲上品惜無人利用徒令其盤據土地而已

渠之北梢兩狼山之麓有煤未出產產量亦不豐然能設法開採未始非農家燃料一助也

（八）整理渠道之意見　一，疏通尾閭由存發公至五加河一段須修理者約有二十里使水暢流以通五加河可免漫溢之患整理費每里約需洋五百元共約一萬元二，增築新東渠兩岸隄岸使渠有正路以防漫流無隄之渠岸計長七十里每里以二百元計約需洋一萬四千元三，增設支渠大渠兩岸引水皆任意將渠隄挖穿使之洩水管理既難而良好之土地因之沖爲溝壕者亦所在多是急宜設法取締並代規定按地畝之多寡建築支渠俾渠無所廢而管理得力此費可出自地戶而公家居指導之責如存發公以北一帶宜開支渠三道舊東渠而下亦可酌量開鑿四，劉二紅支渠宜設法與剛目河溝通分水至復隆昌以補剛目渠之不足此處原有渠道再稍爲整理即可應用此渠開通可南北灌地蓋永濟水量有餘儘可擴充灌溉區域也五，新東渠舊東渠分水處應建閘以節制水量閘之大小按二渠容量之大小及其應灌地畝之多寡而規定六，渠口應建閘門以節制水量永濟渠水每當黃河洪漲時即到處漫溢成爲巨災蓋尾閭未暢來源既多則出路無由矣治本辦法宜於渠口建築閘門閘口之小視需要水量之多寡並規定閘門之啟用時期七，建築順水壩於黃河相當之地段建築順水壩以導黃河水流使之永在北岸事須實地勘查方能規定調查所及未能臆斷

十一，農墾

河套面積約三萬方里約及十六萬頃除砂山而外能種植者當在十萬頃以上惟年來土匪蒙匪常出沒無定人民移往開墾者多視爲畏途綜計五原縣治人口約二萬臨河約三萬中等之家皆種地數十頃且沿黃河之濱多大地戶三四百頃者有之地主即可自由經營渠道以謀地利之發展佃戶則必多方勸墾始得略沾餘潤且每歲租金往往視佃戶之能否奉承爲增減人民雖多苦之然究含忍而不敢發八渠灌溉所及者約河套之半現時已墾者不過十之五雖三年一稔人民亦無所疾苦假使將八大渠道略加整理至少可多灌地一萬頃即可加增移民二萬人將來能利用全有土地人口當可再

增半數不為過也

工資　河套人少地曠謀生既易故為備工則有所要挾中等人家每人每年出工資約二十元開修渠工事每年常有土工每方約需洋二角五分石匠祇有修磨石工每工需工資洋四角五分木瓦匠每工約需洋四角二分牛車運費每三牛載重三千斤每日約需工資洋二元

十二，水事設置

河套地面既屬遼闊雨量及蒸發量急宜加以研究雨量可補助渠道之不足及工程預防等事蒸發量則直接關於地土需水之多寡及每歲耗損之水量以定供水之時期多少等事按河套全區應設雨量蒸發量觀察所四處名為水事觀測所附設於現有之水利分局內各項逐日記載即由局員負責觀察俾事易而工省各渠之漲落每因黃河為轉移各渠之流量最好每日觀察俾數十年後對於黃河之供水有一切實之報告現流量觀察既稍費錢應於各渠口相近處裝設水尺每日記水面高低而流量之施測可由水尺推測而得此次已於義和渠之隆興長橋下及永濟渠之秀華堂汽車橋下設水尺各一並委人記載其餘各渠不難因地增設也

結論

河套地勢西南高而東北低黃河經路到處可以開渠誠天然之良好灌溉區域也惟以每歲農業之種植期生長期短加以地面遼闊治理不易故農業狀況甚屬凋零故欲移民以開墾宜重交通交通

既便來者自易而出產亦得以暢銷於四方故開渠以水灌田之外當於水運一項亦須特別計及蓋渠道溝通人民多濱渠而居五穀登場即可由水路上達磴口寧夏下至包頭托城其運費較之大車展轉販運當減小數倍即較之火車運費亦必省減故水陸並行毫無防碍欲謀水運之發達則渠之深闊渠之灣道以及各項建築必得到處顧及免致後日貽誤後套人民多萎靡不振對於開闢新渠皆袖手旁觀故官家開渠應募之工人多冀魯原籍急宜教導鄉人使知渠水對於自身之重要並規定按時修理以改變其懶惰之劣習河套土地既賤故人民開渠任意改道致廢渠到處皆是如臨河縣之同元成烏蘭加格素等處四鄉縱橫盡屬渠道而究無一完整可用者是宜急於規定官渠二面之界限以免將來之糾紛又免土地之荒棄

河套農墾水利開發的沿革

蒙思明

1

目錄

1.引言
2.秦及兩漢的開發
3.北魏及隋唐的開發
4.清中葉而後的開發
5.結語

1 緒言

河套這一名辭所包含的地域，本極廣泛；加以歷代地形的變易，河道的遷徙，而河套的領域亦因以古今而不同。大約的說：黃河自中衛而下，遂沿着賀蘭山麓向東北流，又爲大青山所阻，于是遂折而東流，既又折而南流，成爲山陝兩省的天然分界；凡黃河三曲包圍的地方，都叫做河套，至于南界，則極難確指，大約以寧夏榆林以南爲極限。

這三面臨河的一帶原野，地既平衍，土又肥沃，本是農耕的理想區域；但以地位過北，又居內陸，氣候的轉變既大，每年的雨量更缺，自長城以北以至于河，大部份都是沙磧。但是在濱河的兩岸，可以利用河水溉田，凡是河水能灌到的地畝，都可變成良田，所以河套之開發也是極可能的事。而歷代之所以移民河套戍兵屯田不遺餘力者，則以中國的外患常在西北，河套實西北的屏障，國防所繫；倘能大事開發，則可以當地的人力物力捍禦外侮。既可以保衛邊陲，又足以省國庫之支出，這是河套之開發歷來皆爲政府所重視的原因。

河套的開發雖爲歷代政府所重視，但是天然環境的限制究竟非前代人們的知識能力所能克服。所以河套的開發，即是在極盛時代，也只限于整個河套中之一小部。西面則以寧夏一帶爲中心，是普通所謂的西套。其次就是大青山的南麓濱河南北一帶的土地，這是歷代開發河套的中心，因爲那正是西北邊陲的衝要地帶，又因爲黃河在那一帶分成南北二支，二支中間的原野，成爲最肥美最易開渠澆水的地帶，這是俗稱的後套。再其次就是歸綏和扎濟等縣的地域，雖然大部份在黃河以外，可是與河套的關係極密切，常被認爲河套的一部，即是今人俗呼的前套。此外如沿長城北邊一帶地，古代雖間一見屯墾的記錄，而今則大部是沙磧，無農田水利可言了。

歷代的武功時盛時衰，西北的外患亦時消時漲，河套的土地所有權既時得時失，因之而河套之開發亦時斷時續。約略言之，河套的開發實開始于嬴秦，大盛于西漢，至東漢始日就凋零，這可謂河套開發的第一時期。經三國兩晉的荒廢，北魏又重新墾闢，隋唐踵北魏之后，到元和中復盛極一時，可與西漢並駕齊驅，而餘風且波及于五代，這是河套開發的第二期。五代而后，遂繼之以長期的荒蕪，宋遼金的時代，西夏佔有了河套，開發情形之可考者極有限；元與明初，雖有套地，而開發則缺如；直至清中葉而后，由民墾開始，再繼之以官墾，河套又有欣欣向榮之勢。然為時不久而前功漸棄，直至如今，這是河套開發的第三時期。以下則根據這三個時斷來分別敘述。

2　秦及兩漢的開發

河套水草豐盛，地復平坦，其在古代，原未入中國版圖。三代時的外患，常在西北，其地原為北方夷族獫狁薰鬻一系的故鄉，惜無詳確記載可供考證。春秋之世，狄人據有其地；戰國之際，胡人又常擾北邊。到了嬴秦，匈奴勢力遂大盛。這些民族都是以遊牧為生的，則當時想無農墾之可言。河套最早之開發，必需求之于該地既入中國版圖而為漢人所住居以后。而河套之初入版圖，則是秦始皇統一了中原以后的事，史記始皇本紀：

『〔三十二年〕使將軍蒙恬發兵三十萬人北擊胡，略取河南地。……三十三年，西北斥逐匈奴自榆中，並河以東屬之陰山，以為三十四縣，城河上為塞。又使蒙恬渡河取高闕陶山北假中，築亭障以逐戎人，徙謫實之，初縣。』

而史記匈奴傳也說：

『後秦滅六國，而始皇帝命蒙恬將十萬之衆北擊胡，悉收河南地，因河為塞，築四十四縣，城臨河，徙謫戍以充之。……又渡河據陽山北假中。』

這是漢族佔領河套的開始。始皇既以武力驅逐匈奴，佔有河套；又為長遠佔有計，『徙謫戍以充之』，築城設縣以防守治理之。其后又繼續大量遷徙人民于其地。史記始皇本紀說：

『三十六年，遷北河榆中三萬家。』

漢書食貨志注引應劭的話說：

『秦始皇遣蒙恬攘却匈奴，得其河南造陽之北千里地，甚好。於是爲築城郭，徙民居之，名曰新秦。四方雜錯，奢儉不同，今俗名新富貴爲新秦，由是名也。』

這些遷入河套的戶口，都是內地的人民。他們都是農業技術已達較高程度的人口。想來他們既入套地以后，定能利用地利水力，從事開墾：一方面贍養自身，一方面供給戍卒。這也是當時政府移民實邊的本意。可惜文獻缺如，當日開墾情況，不可得而詳了。

自秦始皇到漢武帝，中間相隔七八十年，在此期中，套地開發事業，完全中斷。原因是爲了秦末政弛，楚漢相爭，匈奴乘此時機，又佔據了河套。史記匈奴傳說：

『頭曼不勝秦，北徙。十餘年而蒙恬死，諸侯畔秦，中國擾亂，諸秦所徙謫戍邊者皆復去。于是匈奴得寬復，稍渡河南與中國界于故塞。……【其后冒頓】南幷樓煩白羊河南王，侵燕代，悉復收秦所使蒙恬所奪匈奴地者，與漢關故河南塞。……是時漢兵與項羽相距中國，罷于兵革，以故冒頓得自強，控弦之士，三十餘萬。』

到漢高帝統一中原以後，自謂可以與匈奴一決雌雄；孰料竟以三十萬衆被困平城，假使沒有閼氏從中說辭，恐怕徽欽二宗的慘劇早已出演于西漢。其后惠帝呂后文景 3
諸朝，皆以國家元氣未復，前車當鑑，于是忍辱負重，息事寧人，套地終在匈奴之手。當地居民。既或自動遷徙或被屠戮與驅逐，當年的田園廬舍，又一變而爲荒原草野了。

到了漢武帝的時代，國內既經長期休養，『太倉之米，紅腐而不可食，都內之錢，貫朽而不可授』；而匈奴之侵暴日甚，尤不可不求一長治久安之計。於是集中全國精力以對付匈奴，逐漸將河套收歸故主，漢書武帝紀說：

『【元朔二年】遣將軍衛青李息，出雲中，至高闕，遂西至符離。……收河南地，置朔方五原郡。』

史記匈奴傳也說：

『于是漢遂取河南地，築朔方。復繕故秦時蒙恬所爲塞，因河而爲固。』

于是河套再入版圖，其築城置衛，亦曾竭力從事。食貨志說當時『興十餘萬人，築衛朔方，……費數十百鉅萬』，可見當時用力之勤了。防衛既已周備之后，于是隨時遷入新的移民。漢書武帝紀說：

『【元朔二年】夏，募民徙朔方十萬口。』

史記匈奴傳也說：

『【元狩二年】渾邪王殺休屠王，並將其衆降漢。……于是漢已得渾邪，則隴西，北地，河西益少胡寇。徙關東貧民處所奪匈奴河南地新秦中以實之。』

漢書食貨志又說：

『【元狩三年】山東被水災，民多飢乏。……迺徙貧民於關以西及充朔方以南新秦中七十餘萬口。』

而漢書武帝紀記元狩二年移民之數尤確：

『【元狩】四年冬，有司言關東貧民徙隴西，北地，西河，上郡，會稽，凡七十二萬五千口。』

這七十二萬五千的人口，除一部份是移入隴西會稽兩郡的而外，大部份都是移到河套的。這些人口移入以后，一定是在當地開墾，舊史記當時開渠屯田的事頗詳，漢書食貨志說：

『【武帝時】朔方亦穿溉渠，作者各數萬人，歷二三期而功未就，費亦各以鉅萬十數。』

又說：

『【元鼎六年】上郡朔方西河河西，開田官斥塞卒六十萬人，戍田之。』

史記匈奴傳也說：

『是後匈奴遠遁，幕南無王庭，漢渡河自朔方以西至令居，往往通渠，置田官吏卒五六萬人。』

漢書武帝紀說：

『【元封四年】匈奴寇邊，遣拔胡將軍郭昌屯朔方，』

史記河渠書說：

『【元封之際】朔方西河河西酒泉皆引河及川谷以溉田。而關中輔渠靈軹引堵水，汝南九江引淮，東海引鉅定，太山下引汶水。皆穿渠爲溉田，各萬餘頃。它小渠披山通道者不可勝言。』

而漢書武帝紀又說：

『【太初三年】遣光祿勳徐自爲築五原塞外列城，西北至盧朐，游擊將軍韓說將兵屯之。』

『【天漢六年】發讁戍屯五原。』

既然政府不斷的募平民發讁戍到河套從事農墾，開渠用費達『鉅萬十數』，田官塞卒達六十萬人，而開墾之地，又郡各萬餘頃，可以想見當時人力物力之盛。河套可耕之地，一定是田疇遍野，城連邑接的了。

漢武帝因爲要一洗前人對匈奴妥協求和的庸儒政策，特別注意邊功。既開拓疆土，又開渠置戍以謀久遠。所以河套之開發，在西漢初曾盛極一時。雖然武帝的政策矯枉過正，結果弄得國庫如洗，到他晚年，也不能不放棄他的計劃；可是他的后人對防守北邊的屯田政策仍繼續維持。如元帝時，匈奴單于自請保塞，請罷邊備吏卒，而朝議終以爲不可。北邊的吏士屯戍始終保存。但是元帝而后，匈奴既弱，北部安甯。政府因循苟且。河套的開發，終于無形中停止了。漢書王莽傳說：

『【始建國三年】遣尙書大夫趙並使勞北邊，還言五原北假，膏壤殖穀，異時常置田官。乃以並爲田禾將軍，發戍卒屯田北假，以助軍糧。』

既說『異時嘗置田官』，則王莽之前若干年中一定是未嘗置田官的了。這與武帝時『開田斥塞卒六十萬人戍田之』的時代，眞有天淵之別了。王莽稱帝不久，就遭逢內亂，中原鼎沸，想來趙並的屯田北假，決不會有多大成功的。

在西漢末羣雄割據的時候，匈奴扶助盧芳，使入居五原。前代的經營，一定是被破壞了。當光武統一中國之后，匈奴仍不時寇塞，適逢匈奴內亂，分爲南北兩單于，南單于因近塞下，首先內屬，于是召徙居西河美稷。又與南單于聯兵攻北單于，結果北匈奴遠遁，南匈奴事漢亦謹。匈奴這個障礙既已排除，河套的開發似乎是可以順利的進行了；不幸當時西北又勃興一個強武善戰的民族——西羌，屢寇邊塞。政府全力對付，亦無效力，結果只以內徙爲對策。于是河套遂變成了羌胡雜居的區域，水利農田，摧毀無遺了。到了順帝永建四年，才依從虞詡的建議，恢復三郡舊治所，開渠溉田。後漢書西羌傳說：

『【永建】四年，尙書僕射虞詡上書曰：「……禹貢雍州之域，厥土爲上。且沃野千里，穀稼殷積。又有龜茲鹽池，以爲民利，水草豐美，土宜畜牧，牛馬銜尾，羣羊塞道；北阻河山，乘阨拒險，因渠以溉，水舂河漕，用功者少而軍糧饒足。故孝武皇帝及光武築朔方，開西河，置上郡，皆爲此也。而遭元元無妄之災，凡羌內潰，郡縣兵荒二十餘年。夫棄沃壤之饒，損自然之財，不可爲利。離河山之阻，守無險之處，難以爲固。……」書奏，帝乃復三郡。使謁者郭璜督促徙者各歸舊縣，繕城郭，置候驛。既而激河浚渠爲屯田，省內郡費歲一億計。』

這是東漢開發河套惟一的努力，雖不能追踪前漢，而遺業究可部份保存。然而西羌之勢，並未因此稍戢。到了晚年，羌勢轉熾，經過三國兩晉，河套竟全非漢土，尤其是在東晉南北朝時代，河套竟做了北方諸夷族競權奪地的戰塲。戰事連年不息，民生日益凋弊，到了那種年代，還有甚麼農墾可說。

至于秦漢兩代開墾的遺跡，尤有一二可得而考的，甘肅新通志：靈州有『秦渠』，一曰秦家渠，相傳創始于秦』，西夏書事注中，亦有同樣的話，這想必是秦時故渠的後身。又唐時李聽為靈鹽節度使，『境內有光祿渠，廢塞歲久』，聽復開決以灌田。所謂光祿渠，想即漢武帝時光祿勳徐自為所開。徐自為所築之五原塞列城，漢書地理志即呼之為光祿城。則徐自為所開之渠即名為光祿渠，也是很合理的。這是西漢遺跡殘留于唐代的。而甘肅新通志，甯朔縣境內有漢延渠，亦名漢渠。是渠係漢代何人所開鑿，不可得而知。而今渠所經地域是否全與漢代故渠相同，亦不可得而知。但是甯夏境內漢延〔或作源〕與唐來〔或作梁〕二渠並稱，是曆宋元而以來早已如此。明王珣且有該渠『東漢中唐並通』的話。則今日之漢延渠，定由沿襲漢代故渠而得名，總是可斷言的。西夏書事，靈州有漢伯渠，註謂相傳創始于漢，這也許是漢時渠道之又一遺跡吧！

3　北魏及隋唐的開發

當羌胡錯居河套的二三百年中，北方兵連禍結，原無農墾可言。但是居住套內的多數民族，乃是匈奴。南匈奴自東漢時徙居塞內以后，生活方式已逐漸漢化，是游牧與農耕兼顧的了。關于匈奴人耕墾套地的事，雖無明白的記載；但是可從他項史料中推知的，晉書赫連勃勃載記說：

『衛辰入居塞內，苻堅以為西單于，督攝河西諸虜，屯於代來城。』

魏書鐵弗劉虎傳說：

『衛辰潛通苻堅，堅以為左賢王，遣使請堅求田內地，春來秋去，堅許之。……堅后以衛辰為西單于，督攝河西雜類，屯代來城。』

又魏書太祖紀說：

『〔登國六年〕衛辰遣子直力鞮出稒陽塞，侵及黑城。九月，帝襲五原，屠之，收其積穀。』

既說『求田內地』，又說『屯代來城』，當然衛辰之衆是從事耕種的了。而屠戮五原之后，還有積穀可收。若非從事耕種，何處來的積穀？然這還是夏未建國以前的事。後來匈奴之族在赫連勃勃的領導下佔有全套，稱國建號。河套政權既趨統一，想來開墾的事一定是有增無減的。不過無文獻可供證明而已。

及到元魏滅夏而后，開發河套的事，又加緊的進行起來。魏書太祖紀說：

『〔登國九年〕，帝北巡，使東平公儀，屯田于河北五原，

6

至于碣陽塞外。』

魏書食貨志也說：

『使東平公儀墾闢河北，自五原至于碣陽塞外為屯田。』

據山西通志，『碣陽縣在五原郡東』，當即今包頭一帶地。這是元魏對于河套北部的開墾。又魏書刁雍傳說：

『【太平真君五年，雍】為薄骨律鎮將，至鎮上表曰：「……富平西南三十里有艾山，南北二十六里，東西四十五里，鑿以通河，似禹舊跡。其兩岸作溉田大渠，廣十餘步，山南引水，入此渠中，計昔為之，高於水不過一丈，河水激急，沙土漂流，今日此渠，高于河水二丈三尺。又河水浸射，往往崩頹，渠溉【既】高懸，水不得上，雖復諸處按舊引水，水亦難求。今艾山北河中有洲渚，水分為二。西河小狹，水廣百四十步。臣今請入來年正月，于河西高渠之北八里，分河之下五里，平地鑿渠。廣十五步，深五尺。築其兩岸，令高一丈，北行四十里，還入古高渠。即循高渠而北復八十里，合百二十里。大有良田，計用四千人四十日功，渠得成訖。所欲鑿新渠口，河下五尺，水不得入，今求從小河東南岸斜斷到西北岸，計長二百七十步，廣十步，高二丈，絕斷小河，二十日功，計得成畢。合計用功六十日，小河之水，盡入新渠，水則充足，溉官私田四萬餘頃，一旬之間，則水一遍，水凡四溉，穀得成實。……」詔曰：卿憂國愛民，知欲更引河水，勸課大田，宜便興之，以克就為功，何必限其日數也。』

魏之薄骨律鎮，在今之甯夏靈武縣。西夏書事謂靈州有艾山渠，傳為后魏刁雍所開。而甘肅新通志：靈州有薄骨律渠，想即是刁雍故渠的遺跡。這是元魏對于西套的開發。其后薄骨律鎮年運屯糧赴沃野，雍又請築城建塞來保護積穀，西套在當時農業之盛，不難想見。

隋繼魏起，領有套地，對于魏之屯田政策，仍繼續進行。隋書食貨志說：

『【開皇三年】，突厥犯塞，吐谷渾寇邊，軍旅數起，轉輸勞敝。帝乃令朔州總管趙仲卿於長城以北，大興屯田，以實塞下。又于河西勸百姓立堡，營田積穀。』

隋書郭衍傳又說：

『【開皇五年】，遷授朔州總管。所部有恆安鎮，北接蕃境，常勞轉運。衍乃選沃饒地置屯田，歲剩粟萬餘石。』

這是隋代開發河套的僅有成績。隋末四方割據，梁師都遂據有套地。在這戰亂期內，河套農田水利的開發又復中斷。直到唐太宗之初年，才將河套統一。唐書梁師都傳說：

『【貞觀二年】太宗遣右衛大將軍柴紹，殿中少監薛萬均討之。又使劉旻劉蘭率勁卒直據朔方東城以逼之。頡利可汗遣兵來援師都，紹遂擊破之，進屯城下。師都兵勢日蹙。其從父弟洛仁斬師都詣紹降。……以其地為夏州。』

河套既經收復以后，照理朝廷應當繼承北魏及隋代的餘緒，大量從事開發的了。但是在貞觀二年以后中宗景龍以前，唐代史書對于河套開渠灌溉的記載，僅新書中有一二條。新書地理志夏州朔方縣下小註中說：

『貞觀七年，開延化渠，引烏水入庫狄澤，溉田二百頃。』

又豐州九原縣下小註中說：

『永徽四年，置有陵陽渠，建中三年浚之以溉田置屯，尋廢之。』

當時在河套開渠，既時廢時置，而溉地面積，亦不過一二百頃，不能大規模的從事開發，這是甚麽原故呢？因為當時河套雖經收復，而北方新近興起的突厥民族勢焰正張，時時侵入河南，攻城掠邑，政府與居民，皆時受威脅與侵害。由唐書唐休璟傳可以概見。休璟傳說：

『永淳中，突厥圍豐州，都督崔智辯戰殁。朝議欲罷豐州，徙百姓于靈夏，休璟以為不可，上書曰：「豐州控河遏賊，實為襟帶，自秦漢以來，列為郡縣，田疇良美，尤宜耕牧。隋季喪亂，不能堅守，乃遷徙百姓就靈慶二州，致使戎羯交侵，乃以靈夏為邊界。貞觀之末，始募人以實之，西北一隅，方得甯謐。今若廢棄，則河旁之地，復為賊有，靈夏等州，人不安業，非國家之利也」。朝廷從其言。』

既然突厥時擾邊疆，人民不安生業，致使朝廷有放棄豐州退保靈夏的動議。在這種禍亂相循的狀態下面，有計劃的開發，當然沒有可能。直至中宗的時代，才北逐突厥，築城戍邊，河套的安甯秩序，始漸恢復。唐書張仁愿傳說：

『【景龍二年】時突厥默啜盡衆西擊突騎施娑葛，仁愿請乘虛奪取漢【漠】南之地，于河北築三受降城，首尾相應，以絕其南寇之路。太子少師唐休璟以為兩漢以來皆北守黄河，今于寇境築城，恐勞人費功，終為賊虜所有，建議以為不便。仁愿固請不已，中宗竟從之。…六旬而三城俱就。……北拓地三百餘里。……自是突厥不得渡山放牧，朔方無復寇掠。』

在張仁愿的建議被採納河北三受降城築成以后，河套的外患排除，治安恢復。于是一切開墾的事功，又正式開始。通鑑唐紀說：

『【開元二年】以鴻臚少卿朔方軍副大總管王晙兼安北大都護朔方道行軍大總管，令豐，安，定遠，三受降城及旁側諸軍，皆受晙節度。徙大都護府於中受降城，置兵屯田。』

又新唐書食貨志說：

『初，度支歲市糧于北都，以贍振武，天德，甯，武，鹽，夏之軍，費錢五六十萬緡。泝河，舟溺甚衆。建中初，宰相楊炎請置屯田於豐州，發關輔民鑿陵陽渠以增溉。京兆尹嚴郢，嘗從事朔方，知其利害，以為不便。……時楊眞方用事，郢議不用，而陵陽渠亦不成。然振武，天德，良田廣袤千里。』

這是唐代復興河套農墾的起始。初則以兵屯，繼則楊眞欲大事開發。雖然楊眞因方法錯誤以致大計不成，而河套已成的開發事業則繼續存在。振武天德廣袤千里的良田，不是當時已成狀況的描畫嗎？陵陽渠原係永徽時所開，楊眞的疏浚雖未成功，想舊有水利必未全廢。此外尚有若干局計開渠的事。如唐書李景略傳：

『景略爲豐州刺史，兼御史大夫天德軍西受降城都防禦使。迫塞苦寒，土地鹵瘠，俗貧難處。景略節用約已，與士同甘苦，將卒安之。鑿咸應，永清二渠，溉田數百頃，公私利焉。』

新書地理志豐州九原縣下小註中亦說：

『有咸應，永清二渠，貞元中刺史李景略開，溉田數百頃。』

想來當時河套之地類此的小渠一定不少。而最大規模的開發，則莫過于文和中的屯田。新書食貨志說：

『元和中【七年】，振武軍飢，宰相李絳請開營田，可省度支漕運及絕和糴欺隱，憲宗稱善，乃以韓重華爲振武京西營田和糴水運使。起代北，墾田三百頃。出贓罪吏九百餘人，給以耒耜耕牛，假糧種，使償所貸粟。二歲大熟。因募人爲十五屯，每屯百三十人，人耕百畝，就高爲堡，東起振武，西踰雲州，極于中受降城，凡六百餘里。列柵二十，墾田三千八百餘里【通考作頃】，歲收粟二十萬石，省度支錢二千餘萬緡。重華入朝，奏請益開田五千頃，法用人七千，可以盡給五城。會李絳已罷，后宰相持其議而止。』

通鑑亦有對此事的記載。而對于主持人物，開田面積，省費數量，則有出入。據通鑑說：

『【元和七年】李絳奏振武天德左右良田可萬頃，請擇能吏，當置營田，可以省費足食。上從之。絳命度支使盧坦經度用度，四年之間，開田四千八百頃，收穀四千餘萬斛，歲省度支錢二十餘萬緡，邊防賴之。』

通鑑與唐書所記，內容雖不全同，而河套在唐文和中曾有大規模的開發，都是一樁不能否認的事。至于文和以來開發河套的功，除上述由中央主持的振武營田而外，尚有數事。新書高霞寓傳說：

『【元和中】，拜振武節度使。會吐蕃攻鹽豐二州。霞寓以兵五千屯拂雲堆，虜引去。浚金何，溉鹵地數千頃。』

唐書李聽傳說：

『【元和】十五年六月，改靈州大都督府長史靈鹽節度使。境內有光祿渠，廢塞歲久。欲起屯田，以便轉輸。聽復開決舊渠，溉田千餘頃。至今賴之。』

又新書地理志靈州廻安縣下小註說：

『有特進渠，溉田六百頃，長慶四年詔開。』

唐中葉以來對于河套的開發，是可以追踪西漢而無愧的。至于他的遺臣餘烈，則一直維持到五代，五代史張希崇傳說：

『【后唐長興中】遷靈州兩使留后。先是靈州戍兵，歲運糧經五百里，有標擄之患。希崇乃勸喻邊士，廣務屯田，歲餘，軍食大濟。』

此后數百年間，除元與明初而外，河套已不是中國的領土。農田水利，雖不能謂其絕跡，而荒蕪凋弊的程度，則不難想見。此類狀態，一直延長到淸的中葉。經過疆漢人的自動努力，歷時將近百年的歲月，才逐斷的恢復起來。

至于唐時所開渠道之保存到后代的呢？西夏書事記夏州河渠，則唐梁與漢源並立，而謂唐梁爲唐李聽所復修。其記靈州五古渠，則長慶四年所開之特進渠亦在內。西夏距唐不遠，故道當能保存。甘肅新通志，甯朔縣有唐來渠，『亦名唐渠，長三百二十里，溉田四千八百餘頃』。則是唐代河渠之經過宋元明三代而保存到近日的了。

4　淸中葉以來的開發

由唐末到淸中葉，其間有七八百年的時日，在此期內，河套的農田水利，是否完全破壞了呢？其破壞的原因在那裏呢？其殘留的情形又怎樣呢？

唐末，拓跋思恭以討黃巢功，賜姓李，擁有銀，夏，綏，宥，靜五州的土地。後來獨立建號，自稱大夏。自五代至于遼金，河套皆屬夏國。國史對夏事的記載不詳，無從考其耕墾的詳情。至元代領有河套，亦未嘗注意墾闢。蓋蒙古原是遊牧之族，那能望其開發荒地。明初，收同河套，曾一度經營墾業，但中葉而后，民棄河套而守長城，套地遂淪爲牧場。及至淸的中葉，墾已盛，才由政府設局墾荒，恢復漢唐舊業。這是河套荒蕪的政治原因。不過在此期內，大規模與長時期的開發雖然沒有，但是局部的時斷時續開墾仍未絕跡。這在現存的史料當中，就可找出不少的證明。宋史楊瓊傳說：

『未幾，改防禦使鄜慶路副都，部署河外都巡檢使。賊衆寇靈，瓊固捍有功。導黃河溉民田數千頃【事在至道初年，時靈州尚未失】。』

又宋史种世衡傳說：

『世衡建言：延安東北二百里有故寬州，請因其廢壘而興之，以當寇衝。右可固延安之勢，左可致河東之粟，北可圖銀夏之塞。朝廷從之，命董其役。夏又屢出爭，世衡且戰且城之。……城成，賜名靑澗城。遷內殿崇班知城事。開營田二千頃。募商賈，貸以本錢，使通貨，贏其利，城遂富實。』

遼史興宗紀又說：

『【重熙十三年】，西南面招討都監羅漢奴詳穩幹魯母等奏：

山西郡曲節度使屈烈，以五部叛入西夏，乞南北府兵援送實威塞州戶。詔富者遣行，餘留屯田天德軍。』

這是在西夏佔領河套時宋遼方面的屯墾。然或在州郡未陷入夏國以前，或偏在河套的邊地。至于西夏統治下的河套本部的開發情形呢？宋史夏國傳說：

『興靈則有古渠，曰唐渠，曰漢源，皆支引黃河，故灌溉之利，歲無旱澇之虞。』

西夏書事說：

『【咸平】五年，夏州旱。秋七月，築河防。——黃河由懷遠縣入夏州，內有古渠二：曰漢源，長袤二百五十里，曰唐渠，長袤三百二十里。夏州自上年八月不雨，穀蕪不登，至是旱益甚，保吉令民築堤防，引河水以灌田。役人有小過，則繫頭投之河，使人就下流按視，蕃人則出之，漢人則沉之。』

西夏紀事本末說：

『【景祐】四年，元昊既悉有夏，銀，綏，靜，宥，靈，鹽，會，勝，甘，涼，瓜，沙，肅；……阻河依賀蘭山為固，地方萬里，有兵十五萬八千五百人。得中國無藝者，使耕于河。』

又西夏書事說：

『【嘉祐六年】六月，興夏二州大水。黃河環繞興州，有古渠五：一秦家渠，一漢伯渠，一艾山渠，一七級渠，一特進渠，與夏州漢源，唐梁兩渠毗接。餘支渠數十，相與蓄泄河水。又有賀蘭，長安，鐸落諸山為之隄障，向無水患。是時七級渠泛溢，靈夏間廬舍居民，漂沒甚衆。』

根據上面幾條記事，既說『令民築隄防，引河水以灌田』，又說『得中國無藝者，使耕于河』，又說『支渠數十，相與蓄泄河水』，可見在西夏統治時期的河套，農墾水利，雖無進展，卻未完全廢絕。而且夏人常到宋夏交界的地方來爭奪民田，麟，靜，府，宥諸州，不是常有侵奪耕地的爭執嗎？

至元代統一中夏，雖不會大事屯墾，而對于河套的河渠水利，則並未棄而不顧。元史世祖紀說：

『【至元元年】五月，詔遣唆脫顏，郭守敬行視西夏河渠，俾具圖來上。』

元史郭守敬傳則說：

『至元元年，從張文謙行省西夏。先是古渠在中興者，一名唐來，其長四百里，一名漢延，長二百五十里。他州正渠十，皆長二百里；支渠大小六十八。灌田九萬餘頃。兵亂以來，廢壞淤淺，守敬更立牐堰，皆復其舊。』

元史董文用傳說：

『至元改元，召為西夏中興等路行省郎中。……始開唐來，漢延，秦家等渠。墾中興，西涼，甘，肅，瓜，沙等州之土為水田若干。於是民之歸者，戶四五萬，悉授田種，頒農具。』

又元史張文謙傳說：

『至元元年，詔文謙以中書左丞行省西夏中興等路。……浚唐來，漢延二渠，溉田十數萬頃，人蒙其利。』

上舉數條，似乎是一件事的重述，因爲參加的人數衆多，所以散見在數人傳中。而有元一代對河套之開發，則惟上述西套數渠而已。

到了明室代元而興。其初葉亦急急于開疆拓土。太祖時，西略豐州，驅逐擴廓帖木兒于套外。又城東勝以統套內之地，設衛所屯戍以保久遠。對于河套之開墾，亦極重視。明史食貨志說：

『【洪武】六年，太僕丞梁埜僊帖木爾言，甯夏境內，土膏沃，宜招集流亡屯田，從之。』

明史太祖本紀說：

『【洪武二十五年】八月，馮勝，傅友德率開國公常昇等分行山西，籍民爲軍，屯田于大同東勝，立十六衞。』

明史何福傳說：

『尋命佩征虜將軍印，充總兵官，鎮寧夏，節制山陝河南諸軍。福至鎮，……因請置驛，屯田積穀，定賞罰爲經久計。』

又明史河渠志說：

『巡撫都御史王珣言，寧夏古渠三道，東漢中唐並通。惟西一渠，傍山，長三百餘里，廣二十餘丈，兩岸危峻，漢唐舊跡俱堙。宜發卒濬鑿，引水下流，即以土築東岸，建營堡，屯兵以遏寇衝。請帑銀三萬兩，并鹽州六年鹽課，以給其費。又請于蘭州金積山河口開渠溉田，給軍民佃種。並從之。』

這是明初對河套開發的努力。到了正德嘉靖而后，武力不振，放棄套內的良田沃野，退守長城，以甯夏榆林爲邊防重鎮。于是河套境內曾經前代開發的區域，除甯夏一隅外，悉入蒙古，遂無農墾可言了。

自明中葉至清中葉這二百多年中，河套情形，可分兩部來說：甯夏一帶，是始終未嘗淪陷，故農田水利亦始終繼續。其餘既淪于蒙古地方，則由田疇變爲荒野，又由荒野變爲田疇，中經一段轉折。然而這既經淪沒的地帶，就在蒙人佔領期中，農墾也不是完全消滅。內地人民之自動或被迫而出塞開墾的，固大有人在，尤其是在康熙平定內蒙，土默特旗內屬，伊克昭盟烏蘭察布盟賓服以后，套內的民墾，遂有日盛一日之勢。五原四大股廟碑記說：

『花馬城設有總兵，河套實隸陝西。俺答議和，河套世爲百姓耕種。世宗命總兵移鎮榆林，邊外盡入蒙古矣。百姓春秋回，謂之雁行。』

這是一般平民爲生計所迫而冒險出塞從事農耕的。同時也有一部份是因爲政治關係而逃入套內從事開墾的。這些因政治關係而到河套開墾的人當中，有一部份就是逃遁的罪犯。明史韃靼傳說：

『叛人趙全，呂明鎮者，故以罪亡入敵。挾白蓮邪教，與其黨趙全，邱富，周原，喬源諸人，導俺答爲患。……時富等在敵，招集亡命，居豐州，築城自衞。搆宮殿，墾水田，號曰板升。板升，華言屋也。』

另一部份因政治關係而逃入河套開墾的，就是滿清入關后因反抗清室失敗的明季遺民了。綏遠通志稿墾務門說：

『明末鼎革之際，賴雖山陝之官紳，起兵抗拒淸軍。兵敗后無所爲計，則挈家至塞外避禍，竄山僻野，耕稼其中；或有拐捕爲而入蒙籍者，迄今綏人尤有能指其后裔者焉。』

然而這些開墾的人，或避難一時，或春來秋去，沒有遠謀，也沒有大計；且在蒙人治理之下，時受威逼；農事雖未全廢，終無若何起色。在淸康熙以后，一方面因爲黃河北道淤而南道暢，南北兩道的中間，一片平野，即是現在所謂的后套；土壤肥沃，通渠又易，遂成理想的開墾區域；實際也就是淸代河套墾務的中心。他方面因爲政府武功隆盛，蒙人受命，因爲安全保障之無問題，墾民更受莫大的鼓勵。因此后套的民墾，遂日益發達。

至于漢人開墾后套如何起始，則有幾種不同的傳說：一說由于淸公主之闢治茱園，綏遠通志稿據採訪錄云：

『阿拉善王納淸公主，公主欲治菜園，即時招用漢農闢地數十頃。時黃河行北山下，諸分流自北而南，河流狹窄，只能駕小筏行于其中，即南河亦然，不能行船也。有乎姓楊姓者，就黃河故道之烏拉河租地開渠，漑田三百餘頃。淸初定制，禁止開墾蒙荒，因名之曰公主菜園地』。

一說謂開始於漁戶，綏遠通志稿水利門說：

『故老相傳，謂乾隆時漢族之捕魚者，足跡至此。得地於近河處，用桔槔取水，試行種殖，大獲其利』。

一說謂始於商人者，巫寶三先生所記王樂愚先生的談話（禹貢四卷七期）說：

『南流【黃河】北流【五加河】中間這一塊地方，在明朝前半季，尚有漢人居住，到明朝末年，這地方爲蒙古人所有，他們就驅逐漢人，把這地方封閉爲牧場。不過包頭到甯夏的河運並未斷絕，沿途仍有不少漢人經營蒙古貿易。漢人對於耕稼之事素所稔悉，在靠近河道的這些地方一經定住下來，就知道這些地方可以耕種，一來因爲甯夏早闢有渠道，漢人來往于包甯間，知道利用塌水耕種的方法；一來因爲剛目河灶河等支流，在黃河水汛時，沿河近地皆有水灌入、土質非常肥沃。那時蒙古人恐怕漢人破壞他們的牧場，不許漢人耕種。不過漢人在此經商，對蒙古人皆有稅賦，同時蒙古人也需要食糧的供給，因此乃准許漢人在所居附近種地。後套的耕稼自此始』。

作者今夏到五原，得晤樂恐先生亦聞其同樣之叙述。這三種說法，都係得之傳聞，並非面壁虛造。究竟那種說法對呢？我想后套的開墾，決不始于一地，亦決不始于一人，也許幾種說法都是部份的正確吧？后套的農墾既經開始，其地主與墾闢者之關係，皆由地商包辦。地商包租蒙地，年納租金，地商除留一部土地自種外，再分別租與佃戶耕種。其一切關於開渠澆水的事，皆由地商自辦。作地主的是蒙旗，年向地商收租銀。實地耕種的是佃戶，年納租粟給地商。地商則開渠放水，在蒙旗與佃戶之間取得大利。當日租價低賤，出產富饒，蒙利漢租，漢利蒙地，開墾的事，遂與日俱進。自乾隆至于光緒，其間曾有不少能幹的地商，對于農墾水利有重大供献：如初開纏金渠〔今永濟渠〕的甄玉，開老郭渠〔今通濟渠〕的郭敏修，開沙河義和等渠的王同春，尤以王同春的功勞獨大，五原郊外四大股廟碑記云：

『康熙三十六年，初定蒙界；界內民人耕種，界外蒙古遊牧。是時海宇清平，刁斗不驚，孳生蕃庶，內地即人稠地狹矣。民人越界開犂耕種，私放私墾，常起爭端。道光八年，奉特旨開放纏金，招商耕種；遂賴杭蓋，亦將河套節次開墾。是地距河咫尺，開渠澆田，咸仰黃河之水，數十年來，商人不啻千百，屢開屢淤，工巨利微，幾成荒土。光緒初年，有直隸順郡王公諱傑者，偕子同春公字瀋川者來遊是地。見大河縈繞於前，福山鐘靈於后，草木蔚然，地皆脊腴，鑿窖水田，漸成膄地，；喟然嘆曰：「前之商人，不諳地勢水性，所以開之易、淤之亦易」。彼時地皆有主，無聽其言者。惟山西交城商人張公振達，獨具雙眸，邀請同春公至公中酌議重新開渠之事。公即應允，度其高下，即爲興工，不數日工人鱗集，遵夏禹王導河之法，倣神李冰開渠之規，渠口廣狹合度，支渠深淺得宜，高不病旱，卑不病澇，耕者數百戶，咸獲其利。二十年來，不知歉歲，家給人足，老安少懷。雖藉二儀之造化，實賚一人之經濟』。

后套既經這一批人的勢力經營，支渠四達，田疇被野，當年之荒野，幾同于內地。清史列傳剛毅傳，載有剛毅籌議套外纏金等處屯田事宜疏，其中言當日河套開發的情形，說：

『查康熙以前，河行北道，並無水利。自改行南道，蒙古始令素與交易之商租種分佃。即就黃河沖刷低窪處所，因利乘便，修成渠道。西則纏金，計共五渠，東則土人名爲后套，計共二渠。中間支渠曲折，蜿蜒不可枚數，而餘水仍可過至河之舊道，由東北折向西南，繞過烏拉前之西山嘴，歸入南河。土本脊腴，渠又順利，麥穀粱秫，種無不宜。以故山陝直隸無業之民，從前承佃到此，皆能自立生業。……咸豐年間，達旗歲收租銀，不下十萬』。

由這一封疏裡，可見當日后套開發的一般了。因爲民墾成績的可觀，于是政府乃議收爲官辦。光緒二十七年，因義和團事件，慈禧與光緒西奔。岑春煊護駕歸來，路經河套，見當地犂雲遍野，麥浪盈疇，乃上疏請由政府與辦墾務。二十八年，政府命貽穀爲督辦蒙旗墾務大臣，東起察哈爾，西迄甘寧邊界，都屬應墾區域。當時分爲東盟墾務西盟墾務兩部：東墾區域，在察哈爾一帶；西墾區域，則以后套爲中心。而當日着重之地，仍在西部。貽穀一面設墾務公司，招集商股，以充實財力；一面催促蒙旗報墾，仍給與一部份權利。貽穀當時的辦法，是在法律上承認土地的主權屬于蒙旗，由蒙旗報墾到墾務局；墾務局再視土地之肥瘠規定地價，然后丈放與墾種的人民。丈放時人民所納的地價叫做荒價，新地主每年尚須納租稅，叫做歲租，歲租與荒價，皆由官府與蒙旗共分；或五五成，或三七成，初無定例。就在這種條件之下，蒙旗被強迫着報墾。自光緒二十九年冬至三十二年秋，各旗絡續報墾。差不多五加河與黃河正流之間的可耕地而全部都報局，依次丈放與人民。貽穀一方面加力保護商民利益，所以資本源源投入；一方面由官府全盤計劃，開渠築壩，所以無潰決擁塞之弊。因此在貽氏任內，自光緒三十年至三十四年五年之間，年可收租銀二十一萬餘兩，灌地二千餘頃。河套的墾務，眞有一日千里之勢。到了光緒二十四年，貽穀與歸化城副都統文哲渾衝突，互相攻訐，政府派大員查辦，而當地蒙旗與地商，因官辦之后，蒙旗的歲租半歸官府，而墾種的人民又需額外納一次荒價，因不滿于收墾，遂遷怒到貽穀。又因查辦大員隨員中管文墨者，多是不慊于貽穀的人，故意在奏牘當中，張大其辭。結果在『革職拿問，解京交部治罪』的聖旨下，貽穀既含冤莫白，而墾務也就一蹶不復振了。繼任墾務大臣信勤到任以后，只將貽氏任內未完各事依次結束，沒有任何新計劃與新進展。宣統二年，乃縮小範圍，改墾務行轅爲墾務公所。民國四年，張謇長農商部，又設綏遠墾務總局與墾務公所並存。五年，取消墾務公所，另設墾務督辦辦事處而與總局對立。十八年，取銷督辦辦事處，而綏省建設廳又與總局事權共分。在這種一國三公，事權不一的情況下，分利潤則有餘，策進行則不足。而水利渠道的管理呢？在此期內，也是時而各渠歸公，時而商社包租，時而官督民辦，結果收水租的有人，分歲租的有人，渠道淤塞沒有人疏濬，崩壞沒有人整理，水大則淹沒地畝，水小則不能澆地，不獨荒地無人買，墾地不加多，連舊有的墾地，都逐漸變成荒野了。近幾年來，綏省的政治漸趨安定，事權亦漸趨統一；不過沒有大宗資本大量人力，亦難挽此頹局。近來開發西北的呼聲高入雲際，而實際工作的也大有人在：如七十師在包西的兵屯，和碩公中，河北新村，新農實驗場在五原包頭薩拉齊等地的民墾；雖然埋頭苦幹的並不乏人，將來前途亦未可限量；但是對整個河套的開發來說，也只是一片荒漠中的幾處點綴而已。

至於西套寧夏一帶的情形呢？自明中葉而后，始終是邊防重鎮，未嘗放棄，所以寧夏的開發情形，就與后套兩樣。自明至近代沒有多大變化，惟時加疏濬，或另開新渠而已。明史食貨志說：

『【萬曆十九年】尚寶丞周弘禴言，寧夏河東有秦漢二壩，請依河西漢唐，築以石，於渠外疏大渠一道，北達鴛鴦諸湖，詔可』。

到了清代康熙雍正的時期，又新開渠數道，而疏濬舊渠的事，亦時有所聞，甘肅新通志寧夏縣大清渠下說：

『大清渠，長七十二里、溉田一千一百二十餘頃　國朝康熙四十八年同知王全臣創開』。

又說：

『惠農渠在寧夏葉昇堡東南。雍正四年，以查漢托護地方爲漢唐二渠餘波所未及，朝命侍郎通智單疇書相度地宜，【開渠】……長二百里，特頒帑金數十萬兩爲物料工匠之用，賜名曰惠農』。

『昌潤渠，雍正四年欽命侍郎通智單疇書經營查漢托護地方，開渠以資灌溉。……欽定名曰昌潤渠。渠之兩旁，良田萬頃』。

清通志又說：

『雍正六年，以寧夏東北察漢托輝地延袤百有餘里，其地平衍，可墾爲田。遣大臣會同督撫，濬治河渠，召民墾種。凡陝西無業民戶願往者，計程途遠近給與路費，每戶撥百畝以爲世業』。

按漢察托輝應即查漢托護之異名。省志謂開渠在雍正四年，通志則謂在六年；或者四年開功，六年完成，一舉始年，一舉成年，遂發生差異耳。又清通考對于寧夏河渠之疏濬，亦有兩項記載：

『【雍正八年】諭寧夏地方，萬民衣食之源，在於大清漢唐三渠之水利。定例每年疏濬修理，使民田得賸灌溉。聞歷年專司之員，疏忽怠玩，以致閘壩堤岸，逐漸損壞，時有衝決；渠身淤泥壙塞，日見淺窄；而三渠之中，惟唐渠爲尤甚。近來其口過低，其梢過高，水勢不能逆流而上，多誤小民耕種之期。雖每春定有歲修之例，然不能以一月之工程，整數十年之荒廢也。今見兵部侍郎通智開濬惠農昌潤二渠，于寧夏水利自然明悉。著會同太常寺卿史在甲即行查議，今歲預備物料，明春動功修補，務令三渠堅固，俾邊郡黎元灌溉有資，永享盈寧之慶。』

曰【雍正十年】諭寧夏爲甘肅要地，渠工乃水利攸關。朕特遣大臣督率官員開濬惠農昌潤二渠，又命修理大清漢唐三渠，以溥民利。年來惠昌二渠及唐渠工程漸次告竣，于民田大有俾益。其大清渠漢渠雖未廢工，然加謹堵築，極力挑濬，亦足以資灌溉。不過涯岸隨塌，有應行修補之處，可以從容經理。查寧夏有專司水利之同知；若將未竣之渠交與該員，于每歲春工內分年陸續修理，務期工程堅固、利濟有資，使民田永霑膏澤。』

此后修濬的事隨時都有，不必盡舉，總之，寧夏一方面因爲政治變動較少，河渠不易荒廢；他方面因爲地質較優，出產遠過于后套。所以直到現在，農墾水利的事，總是順利的進行着，沒有多大的困難與變易。

5 結語

綜上所述，我們可以明白的看出，一時代之盛衰與替，往往可以由該時代河套之開發與否而定決。一個興隆的朝代，未有不注意到河套之開發的。國家之興隆與河套之開發，常是互爲因果。蓋中國之外患常在西北，河套遂成漢族與異族鬥爭的衝要，假使政府沒有強大的兵力，決不能佔有河套，更不能常保河套之安寧以從事農墾；所以凡是河套開墾興盛的時代，照理也就是國力充實的時代。反過來說，國家之衰弊，由于內政者半，由于外患者亦半；外患之來既常在西北，則國力之強常占之于西北邊防之強弱。西北距內地既遠，交通又復不便，欲使西北邊兵常強，必需利用當地之人力物力；而當地人力物力之充裕與否，全視開墾之情形而定；故凡國力充實的時代，一定也就是河套開發隆盛的時代。由兩者間之密切的聯繫性，我們就不難斷定開發河套之重要了。

今日西北之邊防，其重要並不亞于往日；就整個國勢來說，其重要或更有甚于往日。然欲使西北邊防之鞏固，首在使該地能有大量的人口移入；而欲大量之人口移入，首在能使諸移民能得一謀生之途徑；則開渠溉田使人足食，實爲一切生業之基礎。則今日之政府，必需利用最新之科學方法，擬定一開發河套的全盤計劃，用絕大的人力與物力以求其貫澈。這決非零星四散的局部經營或因陋就簡的偷安辦法所能奏效的。

17

後套沖積地的自然環境概況

李秀潔

經過了長期的努力，後套的灌溉事業，已表現出驚人的成績；一片荒涼的原野，已覺改變成生產能力很雄厚的農田了。可見人的力量，未始不可以打破環境的束縛，而向物質文明的前途進展。

人類活動，固不能脫離自然環境；然而利用環境固有的條件，矯正自然缺點，期能利用自然以達其最高程度，物質文明之進步，莫非若是，而吾人所亟應努力以求生存於今日之社會者，這也是首要的一點！河套沃野，本為肥美的區域，第以雨量的缺乏，乃使農業的發展發生了重大的困難。然而黃河西來，天假其便，引渠灌田，乃可補雨水的不足。先哲已發端於前，吾人自當繼起努力，以利用此天然富源，為我華族生存而掙扎！

對於河套的情形，作者在先曾有過種種的幻想。記不淸是從那裏見到一首翻譯的蒙古歌云：「天蒼蒼，野茫茫，風吹草低見牛羊」。這自然是形容像河套那樣的草原情形了。但近來農墾的發展，或已改變其本來面目。因而理想中的後套，便是以下的情形：——

牧羣雜還，點綴着茫茫的草原；草原遙緣，隱約的看見一帶青山；草原上，已有了許多新闢的農田；有許多水渠，縱橫的聯絡着；而在這農田水渠的附近，零落散亂的建築了些墾民的土房。夏季有炎熱的太陽，春冬有狂暴的黃風。一年到頭，在野外勞作的時間很少。

本年夏，曾參加清華大學的地理實習班，與禹貢學會的河套考察團聯袂出塞。主要實習地點是豐鎮以西涼城縣屬的岱海，也順便到後套走了一趟。所見所聞，與以前所想像的後套，自有不少矯正的地方。可惜以時間及經費的限制，在其地只停留了兩天，便匆匆返校了。平原景色總是少有變化的，所以這兩天中只是走路的工夫，所得到的不過印象而已。茲將此次觀察及旅行前後所參考的前人著述，作一概略之報告。疏漏之處，尚望當代學者及旅行該處者予以完滿的指教。

一　位置

一個區域的各種自然地理現象，往往是受其地理位置的支配。所以要研究此區域的地理，必須先從其位置着手。本篇所討論的，是指烏拉山及色爾騰山以西，喀拉那倫山(Khara Narin Ula)以東，狼山山脉以南至黃河新道(Baga Khatun)之間的一片冲積地帶。西起東經一百零七度東至一百零九度，南起北緯四十度半北至四十一度半。面積約達一萬方公里[1]。

色爾騰山狼山等山脉以北，便是有名的蒙古高原；喀拉那倫山以西，屬於阿拉善沙漠的領域；黃河漸道以南是阿爾多斯高地。以上各區，都是內流地帶，惟過烏拉山以東有歸綏平原，是與後套東西遙對的冲積沃野。

黃河源流，出於四千公尺以上的山岳地帶，雨量是比較豐富的；而常年積雪的高山也供給着充分的雪水；所以黃河自甘肅境北出賀蘭山與阿爾多斯間的峽谷以後，還能有充分的力量以穿過此雨水稀少的半沙漠地域。更因爲地勢的關係，造成了後套冲積平原，以使數千里荒漠之中，有此沃野。中國史上漢蒙糾紛的複雜，多半是由此沃野與歸綏平原爲其策動力量。而中國將來之發展，尤其是關於漢蒙的聯繫問題，後套地方，實占有極重要的地位。

後套所在的位置，有三點要特別提出的：

後套地形圖

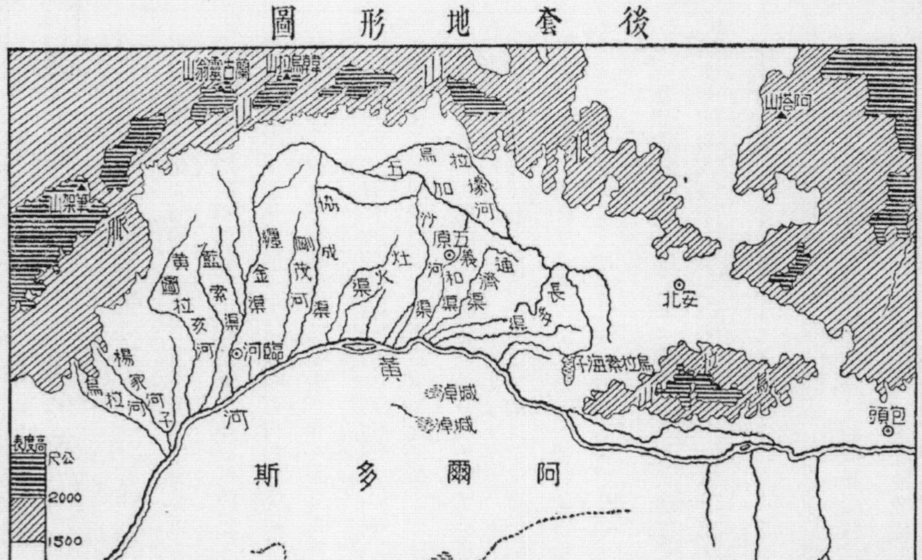

1.地在溫帶的北緯四十度左右。

2.在最大大陸(亞洲)的內部，惟向東距海較近。

3.有許多層山嶺在四面圍繞着。

因為以上的各種條件，造成了後套區必然的自然現象，以下各節將分別討論之。

二 氣候

歐亞大陸的內部，是世界上氣候變化最尖銳的區域。河套地方，因為前段所提到各種位置特點的關係，所以形成了受着季風(Monsoon)影響的大陸性氣候。

冬季中，為中亞大高壓的勢力所籠罩；到夏季便屬於印度大低壓的勢力範圍。後套的氣候，就由這兩個中心氣壓的變化支配着。冬季高壓中心在外蒙北部，所以河套地方成為西北風盛行的季節[2]。因為這種風是從廣平的大沙漠中吹來，風勢極猛，所經過的路線是由乾燥嚴寒的區域漸次向溫度較高的地帶進行，本屬乾燥的空氣，其相對濕度復漸次低減[3]，因而絕少有降雨的機會。到夏季，亞洲內陸變成低壓，而此低壓中心在中亞高原的西南，如是河套地方變成了東南季候風的勢力範圍[4]。此種東南季候風來自海洋面上，本來含水分較多，為本區雨量的主宰因子，所以本區雨量多降於東南風盛行的夏季。但因為本區與海洋之間，有幾層山嶺的阻隔，所以東南風帶來的水分，經過幾度的凝結降雨，至此已成強弩之末，亦不能供給本區以多量的雨水。涂長望先生在他的中國雨量區域的分類一文[5]中，劃本區為華北類的戈壁區，並謂「本區雨量紀錄不全，年雨量變化頗大，若在季風強盛之年，可達三百公厘，季風微弱之年，則尚不足一百公釐」。按氣候學上的慣例，氣候愈乾燥的地方，雨量的變差常愈大[6]，本區既是乾燥地帶，所以每年的降水量變差非常大。據從前的記載與本次考察時土人的報告都是這樣說法，所以本區雖然雨量稀少，亦有時因為降雨量較多而釀成水災[7]。至於河套區的雨量究竟少到甚麼程度，雨量變差究竟大到甚麼程度，現在找不到充分的紀錄來下斷語，但就其環境與現在農業經營的狀況看來，可以確定其平均降雨量是不夠發展農業的。所以灌溉事業非常重要。

本區溫度的變化，極端表現其大陸性質，夏季炎熱，冬季嚴寒，春秋兩季非常短促，惟冬季時間最長。克萊希教授說：「此區氣候，每年只分兩季，冬季延長至八個月之久，冬季過後，馬上就是一個短促而炎熱的夏季[8]」。王陶君河套五原調查記謂：「據土人云，白露即霜，霜降即雪，立冬即冰，清明始解」[9]。按綏區屯墾第三年工作報告書亦云：「後套氣候寒冷，非驚蟄春分以後地面不能解凍」[10]。可知後套之冰凍期達五個月以上，而無霜期則不過四個月上下而已。所以後套的農耕，只能年收一次。

冬夏溫度的變差極大，本文雖沒有得到本區內的溫度紀錄，但歸綏平原的二十四頃地年溫差達三七・九度[11]，較北平高七・二度，後套地方，或許比二十四頃地溫差還要大些。晝夜溫度亦有極大的差別，王陶君調查後套時，於夏至節日測其室內溫度，日中時華氏表八十六度，下午十一時則降至七十二度[12]，若以下午二時與上午六時相較，當不止此，室外溫度更不待言了。每天的溫度變化也非常快，此次五原旅行的歸途中（七月十七日），清晨七點鐘出發時，身着夾衣還很覺有點涼意，到九點鐘汽車壞了，便覺有點燥熱，到十點時候，大家都受了那強烈太陽光的灼熱，如是各人找休息的地方，在那滿目荒涼一望無際的草原上走着，簡直像在蒸籠裏一般，然而夜裏睡覺還是必需要蓋棉被的。因爲晝夜溫差大的關係，所以無霜季便非常短促了。

本區風勢的猛烈，也是值得特別提到的，尤以春冬爲甚。冬季高氣壓中心在外蒙北部，本區所在地正是氣壓傾度（Barometric gradients）很大的地帶，北面狼山山脉的相對高度，不過六七百公尺，而其北坡極緩，幾不辨有山嶺的現象，所以不足以阻擋北來的暴風。春秋兩季爲風向變換的時候，所以也常有狂風發生。又以本區周圍多沙漠或半沙漠地帶，缺乏掩護地表的植物，所以每值風起，往往揚塵飛沙，彌漫天際。而後套地方的土壤，除黃河冲積（Alluvial deposits）外，此種風積成分（Aeolian deposits）也很重要。本區空氣的濕度頗小，故蒸發極速，以加強地面的乾燥程度，而風勢強烈，對於地面水分的蒸發，也有很大的力量。

三　地文與水道

按地質構造說，本區是由於地殼陷落形成的，此陷落區的邊緣，就是斷層仰側（uplifted block）的山嶺[13]，此等山嶺環繞着本區的東北西三面；而阿爾多斯高地，則隔黃河而橫列在本區的南面。所以本區的地形，成一盆地(basin)的形勢，沉積容易，因而形成了一片沉積很厚的冲積平原。

本區的冲積情形，並不與其他一般的冲積地相同，其冲積物的主要來源，並不是由於環繞本區的山嶺，而是黃河從其上游帶來的。黃河在青海甘肅境內時，河道的坡度很大，且各支流都經行於峽谷當中[14]，所以水勢很急，而其冲刷力與負載力極強。到磴口以下，坡度銳減[15]，更在本區東部，有烏拉山等脈的阻截，因而本區之內，黃河水勢驟緩，其負載力亦低減，所以發生了極顯著的沉積現象。

水流本有直趨的傾向，先者黃河自甘肅出賀蘭山峽谷後，直向北流，迨至被阻於狼山山脈，始折而東向，即是現在的五加河（黃河故道）。黃河的冲積力極強，很容易造成其高出平地的河道，而使河道遷移；而大戈壁與阿拉善沙漠的流沙，由狂風的長期吹送，也是可以塞斷河道而使黃河改流的可能原因之一。黃河之所以放棄其五加河故道而改趨現在河道的原因，大概不外上述兩途。但就現在本區各地的高度與西部的沙邱情形看來，似以後說的可能性較大。

邊緣地方，與山嶺接壤，自然有從山嶺地帶冲流來的物質，（Alluvial fans）但據河北移民協會段承澤先生談，此等山邊冲積，只限於五加河以外的區域，因爲從山嶺地帶來的山洪，都以五加河爲其歸宿，其勢力永不能達到五加河以南，所以五加河以南的冲積層，完全是黃河造成的。

本區以內，主要是冲積地層，這地層在地質史上是最晚近的。直到現在，這冲積作用還在繼續進行。更在本區到處可見有沙邱的堆積，這自然是風成的了。沙土的來源，大概是大戈壁與阿拉善沙漠。此等沙地與戈壁不同，並不常有顯著的移動，其堆積的速度也很遲緩[16]，沙邱上面，有時也長着些半沙漠地帶的植物（Xerophytic plants）。

至於冲積層未成立以前的情形，至今還不甚明瞭。此次旅行，未能到邊緣地方，所以更不能辨認地文演變的狀況。惟自烏拉山以東各斷層山脈的山麓地帶，都見有兩層極明顯的階級地形（Terraces），分佈地帶極廣；孫健初先生曾作成烏拉山南坡的階級地形剖面圖[17]，表示的很清楚，證明在烏拉山南面至少有兩度的水位變化。

至於本區是否有同樣現象不得而知，惟其屬於地殼陷落部分，則已經地文家找到許多證明，公認無疑了。

前面說過，本區以位置地形等種種的關係，所以雨量稀少，不能單獨發展永久性的河流。除黃河自其上流滙納了充分的水量橫穿本區，與利用黃河的水由人工開鑿的灌溉渠以外，則無河流。在五加河以北，有切割狼山山脈的許多山谷，僅在降雨時有短時間的山洪，山洪一過，立成枯谷。

黃河自改道以來，沿鄂爾多斯高地的北邊東流。迨漢人移墾其地，因爲農業上的需要，鑿渠引水，用灌耕田，經過長時期的努力，始有今日水道縱横的情形。

平原以內，地形非常簡單，除時有沙邱綿亘外，起伏絕少。惟地形略向東傾斜，南部亦較北部略高，所以灌溉渠都略成西南東北向。有的消沒於中途，有的便滙於五加河，而東南注入烏梁素海子。烏梁素海子是五加河被阻於烏拉山而滙成的水渚。水勢大時，可由退水渠沿烏拉山西麓仍歸黃河。各灌溉幹渠的間隔，約爲七八里至二三十里，其間復有許多支渠，縱横聯絡，以爲後套居民生命的主宰。

疏濬水渠，往往略築小堤於水渠兩岸，藉以防水渠的漫溢。水渠只是作灌溉用的，在洩水方面爲用極微。因爲地面平坦，若逢大雨，水漫原野，很難藉渠流引至他處，所以偶有大雨，常致泛濫成災。這也是本區的特殊現象。

四　後套開發的問題

因爲人類的智慧能利用自然環境，所以漸次征服自然界，以充實人類生活的要求。如是走上了文明進化的途徑。在這進化的過程中，人類的努力總不能不受自然環境的牽制。上面說過，後套地方雨量稀少，其自然植物景觀屬於草原地帶，在人類利用自然界的簡單階段中，恰好作爲牧畜區域。但在歷史上，因爲人事變遷的關係，很早就有農業的試驗了。然而因爲天然的雨水供給，不足以發展農業，而其隣近地域，又多是遊牧部落，很難容許農業民族在那裏安居樂業，所以定居生活始終沒有怎樣發展；換言之，即漢民的農業開墾，始終沒有在那裏奠定基礎。

在遊牧民族方面，則因爲後套是一片肥沃的草地，若能割據便可自雄，且很可以有餘力以向外發展。披覽內蒙地圖，可見後套之地，南接寧夏沃野以聯甘肅，東則與歸綏平原，豐鎮高原，大同盆地，宣化盆地，懷來盆地等成聯續的幾個豐肥區域，而在此數區中，以後套平原的面積最廣，其經濟蘊力亦最大。假若有一個遊牧部落據爲根據地以向外發展，便很容易操縱以上提到的各豐肥地域而南禍中原。反過來說，假若漢族能以全力收復其地，胡人便失掉了發展的基礎，絕無餘力以南下牧馬了。中國史上漢胡勢力的盛衰，常以後套之得失爲轉移[18]，其重要性可想而知。

近年來有識之士，都覺得物質文明的進化，是建築在克服自然界以謀人類的幸福上面，各族間互相傾軋，實有背進化的原則，所以主張漢蒙合作開發富源。農業的生產遠過牧業，盡人皆知，無待多言，在後套地方發展農業的主要缺點是雨水的缺乏，若能引黃河的水，灌漑後套缺乏雨量的土地，可供荒涼的草原變爲肥沃的農田，較之牧畜的生產，何止數十百倍。歷年來的試驗已早著成效，倘按科學方法從事墾殖，當更有進步。

對於墾殖事業的政治社會以及工程等問題，作者所知有限，不敢妄談。然而若想把一個牧畜區域改變成農業社會，有必須注意的兩點需要提出的：法國地理學家布呂納氏（J. Brunhes）曾說：「發展農業固然優於牧畜，但必須有確定的利益和永續的保障」[19]。後套區偌大的沃野，自然可以吸引那些生活窮困的農民。但若渠道失修，使農耕失却保障，或使墾民終年操勞，而將其所得利益太半歸官，或納之大地主手裏，那很容易使後來的墾民裹足不前的！此外地方治安，更需顧及，此等新墾的農區，最易發生社會的騷擾，若使墾民不能安居樂業，就是破壞定居生活，阻止農墾的發展。內蒙地方曾經幾度的提倡開墾而迄未成功的原因即由於此。近自屯墾計劃實行以來，地方治安頗有保障，實爲後套開墾的最大成績，若能將農墾的收穫歸之墾民，則後套開發的成功，便可拭目立待。

1 見翁丁曾三氏編繪之中華民國新地圖。

2 高壓區地表面的空氣是向外移動的(Milham: Meteorology, P. 159-161)，更加以地球自轉的影響 (Ferrel's law)，所以河套冬季風向應爲西北。

3 (Milham: Meteorology, P. 194-197)

4 仝註2

5 中央研究院氣象研究所集刊第五號 1935.

6 Kendrew: Climate, p. 135, Variability of Rainfall.

7 綏區屯墾第三年工作報告書農事章

8 Cressey: China's Geographic Foundations,

9 王君原文見地學雜誌第十二年第二期

10 仝註7

11 見胡煥庸黄河流域之氣候，地理學報第三卷第一期

12 仝註9

13 見地質調查所：綏遠及察哈爾西南部地質誌附圖

14 見 Friderick G. Clapp: The Hwang Ho, The Geog. Review, Jan. 1922.

15 見參謀部製綏遠五百分之1詳圖

16 當地土人皆云如此

17 Geology of Suiyuan and Southwest Chahar. Mem. Geol. Surv. China.

18 Y.T. Chang: The Eco. Dev. & Prospects of Inner Mongolia, Chap. II.

19 Jean Brunhes: Human Geography.

元，折發價款六、一二〇、〇〇〇元，以上兩項總共一一、一四〇、三五〇元，由縣自治費項下開支，請　公決由

決議：分別款糧按原規定發給

乙、討論事項

一、王委員則鼎提議：茲將省立醫院歸綏包頭陝壩分院組織規程，修改爲綏遠省立歸綏包頭陝壩醫院組織規程，請　公決案

決議：修正轉咨

二、主席提議：茲擬田糧處擬具，三十五年度徵糧購糧辦法一份，請　公決案

決議：修正通過

紀述

後套水利現況概述

由竹生

後套當然是依照人們習慣所指，西起烏拉河，東迄西山嘴。談到後套水利現況，需要從三十一年開始，到目前爲一個段落，隨了抗戰的延長，奠定勝利基礎的塞上孤軍，需要有豐厚食糧爲後盾，擴大量生產是當局要政，從那時起水利是人們的殷切期望。

記得當時後套除了所謂八大幹渠以外，直接在黃河開口的，還有二十餘道小渠。楊家河，豐濟，永濟，義和，這四道大幹渠，大體上說每年平均尚能收效六七成。而楊家河因進水量大，餘水多排於沙溝，氾濫地區日漸擴大，至其他各渠，則間亦進水，但因口端引水不暢，或稍末退水不利，全年灌溉收效不過二四成。

開始整理的時候，是以能當前增產濟用，爲最迫切要求，根據這樣的要求，和那時對於物力及時間的實際情形，採取了以下原則：第一、在技術方面是「新技術配合舊經驗」，第二、在施工方面是「治標不離治本」，第三、在經濟方面是「以渠養渠平均發展」，本了這三個原則，所以測量隊在春秋時配合施工測量，入冬爲較永久性之新計劃。

這一時期的工程，簡略提述於次：每年「歲修」工程估三分之二外，新興工程估三分之一，如烏梁素海培堤，通濟義和併工，長濟塔布通梢、復興渠開挖，永濟渠口端築閘，通梢，三大股，藍瑣，担担木頭併口，黃濟渠與楊家河，烏拉河併口，這些都是爲了當時增產，和物質條件允許時即改築石閘的先期工作。

不過這時期的所謂築閘，僅是柴草和土組合而成的，（如內地之埽工）既不堅固耐久，又無閘門閘板，可供啟閉，而當黃河低期水位時，又想能多引進水來，所以作的時候，就先存下了「寧寬不窄」的心理，每遇一次開閘，須三數百人，耗一星期之時間，像這樣的口閘，當洪水來時何能濟急呢！乾脆說，這種草閘只能限制渠口被黃河冲刷的太寬而已

，像復興渠口閘，雖已改良爲三丈渠口，分築爲三個閘口，但關閉一次，亦須三二日。

近數年來每年春季枯旱，熱水較遲，而伏水早起且大，考其原因：上游積雪不多，（本年春間消凌水幾等於無）且上游連年增產用水較多，以寧夏尤甚。而寧夏作物品種更變其需水時間與本省相同，上游黃河當渠乾時，其流量約一千秒立方公尺。上游渠道全部放口後即約需二百餘秒立方公尺，（以上兩數統計材料，現存綏西大致是甞稼）套區此時恰當泡灘地澆青苗，需水最多，此之所以乾旱。伏汛時上游雨量與年俱增，各處多不用水，後套此時麥地尚未空出，秋禾雖稍需水，然水大渠滿，不敢放口，因之不潰決，則鮮找出路。

過去後套駐軍遍地，每有潰決，立呼立至，並以奮不顧身之戰鬥精神搶堵。如三十二年郭師長安師長皆親率所屬於氾濫區內，盡一月之時間搶堵，故有大化小小化無之功效。不過按河套習慣，縱然氾濫爲患，因爲現在設備不够，尙不敢遽然關口。以黃河自石嘴山口下，含沙量特別大，最高時達百分之二十五以上，若遽爾關口，則泥沙積存於口門水隨河流，即有入渠主流他移之虞，即所謂「流口」，故先賢有「通梢加背不東口」之諺。農民則有「淹則一條線，乾則一大片」之俗語。

本年春間，按歷年習慣預測黃河入夏水位當高，（見奮鬥日報王叔彬先生離陝談話）後套各縣雖擬加修沿河壩因限於糧款及人力僅以部份實現，其各渠工程，過去幾年來皆係兵工代作三分之二以上，今年兵工，于師長固已盡其全部力量，但仍不若往年多。至民夫則又因壯丁缺乏，多係老弱出工（見善救分署視察團所攝之民夫作工時像片）只將灌溉必需之工程略施整理，其他則力所不及，更談不到什麼成績了。

現在把各渠變化情形概述於下：

一、黃楊草閘：係用以控制楊家河氾濫餘水，使之輸入黃濟渠，該河流量在一百秒立方公尺以上，水勢洶湧急湍，可供百萬畝澆地之用。修於三十三年秋，成於三十四年春。當該閘設計時曾經慮及以柴土控此湧流，其壽命必短促，然供一時之增產其收益亦富有建設價值。去春興工之時，黃河水利委員會趙守鈺委員長偕水工博士李賦都處長，視察該閘，驚嘆爲全國第一埽工。迨後行政院水利委員會，薛篤弼主任委員偕水工博士王恢先工程師，亦以草土節水爲罕見，並以壽命問題爲慮。不幸於該閘落成之後未及坐沉（後套習慣新草閘作成後能經過一年之時間，柴土行動自然凝爲一體，其壽命則稍長）秋間洪水太大，致底部被冲一洞，今春加以翻修補底期能維持一年，俟石底作成，乃又以水勢過大所摧毀。當其將毀之消息傳到，我們十分震驚，即以全力搶護，幸現在尙能控水勢，截止目前止，兩渠灌溉仍能維持，不過此渠壽命已終，能維持至秋收後，亦須繼加人力物力。

二、永濟渠：該渠於三十二年大水滚口三十四年改挖新口，惟以渠身寬大，外口寬不足灌滿渠身，且該渠坡度不勻，冲積淤澄常有同時發現之弊，自二喜渡口以下渠身驟窄，俳渠西東百川兩支渠爲退水，西東渠底較高，排水不暢，入口之後於李有有渠口決口，水廻流仍入幹渠，現下游慶魯蒼門兩鄉被災重大，現臨狠兩縣正在搶堵。

豐濟渠，該渠白來圪卜決口，附近無柴可取，因柴草問題，致久負搶堵勝名之周二馬副局長三堵三決，其困難可想見一般。

烏拉壕，受各渠退水影響，在五原境內溢岸共十華里，安北沿河堝亦岌岌可危，如上游各渠不決口，全部退水入於該河，則五安兩縣將盡成澤國，以該河而論，或以後套整體而言，不築石閘，不足以解除全後套水災也。

其他如復興，義和長濟塔布等渠，間亦決口，然皆隨決隨堵，無巨大災情。不過本年災情，在渠道本身固有缺陷、但客觀方面配合不上，也有不可否認之事實，一、壯丁不敷支配，二、員工不多，三、春旱草枯取柴不易，四、渠社財政自七月一日改制，留款已盡新水費未收，現在根本無錢，五、省水利局東遷，後套管理力薄弱，在各項低劣的條件下，留套同仁，雖竭其綿薄之力，仍不能挽此頹勢，實是不勝遺憾之至。

最後我們覺得，我國水利遠與漢唐，但多墨守成規，不能逐步改善，今受外來科學影響及潮流所趨，亟須應頭趕上，惟本省以同人等才能與當前物力所限，難達要求之處尚多，除了我們自己繼續努力以外，還請社會賢達水工同仁隨時指導，能多走一步，就是離目的之距離近一步。

六十二萬畝及丹陽田一百〇七萬畝直接受運河之利者而計，每畝每年增加一元之農產，則每年兩縣即可約增一百七十萬元之生產。如再加以武進及金壇等縣之利，全年以三百萬元計，固綽然有餘裕也。

（三）便利交通　運河一經如式開浚，在最低水位時全段有一公尺即三英尺二八之水深，船隻可以經年暢行，所有因斷水而受交通上之損失，均可免除。且江北之船隻，可以在黃田港以上得一至江南之捷徑，或由京口入運，或由丹徒口均可通行無阻，木材石料之進口各項貨物之運輸，旅行之便利，種種利益，較諸以公路建築而振興交通者何啻倍蓰！如能以所增船舶貨物之稅收，用之於逐年浚渫，則可維持河床深通於永久。將來導淮完成，江北農產突增，對于江南之運輸，舍常鎮運河無更便捷之徑，此可見開浚常鎮運河，不僅關于縣與縣之交通；實則太湖流域與淮運流域，無不與之有密切之關係，誠大江南北國民之最所需要，而最有利益之事業也。

黃河後套灌溉工程計劃

華北水利委員會

一、言引

黃河後套地廣土肥，地勢西高而東下，南高而北下。黃河自西東來，水量充足，坡度適宜，實為我國開發農墾之第一要區。惟以地居邊塞，情形隔膜，國人對此雖不無號召開發，而鮮有具體計劃可作根據。十四年夏本會曾應西北當局之邀，一度前往調查考察，並代為接洽華洋義賑會總技師塔德君組織測量隊前往作初步之測勘。歷時數月，舉凡該區之地形、土質、渠道、河流等，均得有較確實之記載。茲特根據該項記載並當時調查見聞，草此規劃。

二、後套現狀

地位　黃河自甘肅甯夏出長城，蜿蜒東北流，經綏遠腹地，至山陜交界，折而南流，復入長城。故長城黃河之間，所挾地域，統名為河套。

黃河於綏甘交界之磴口分新舊二槽。舊槽在北，新槽在南。新舊二槽，復合于包頭西約二百里之烏拉山，新舊二槽之間，稱爲後套。

地形及土質　後套面積東西長約一八五公里，南北寬約五五公里，地平高出海面約一千公尺。黃河舊槽早已淤塞，所有該河水流，全部趨於新槽。幸河水在地中行，坡度適宜，故無堤防，且鮮潰決之患。後套土地，大部爲冲積土及黃土，惟到處散見沙丘，約佔總面積十分之二。間有堿土，非經長時期之冲刷淤積，不能生產。其餘大部區域，土質肥沃，若能以時灌溉，則立成良田。

氣候　河套冬季，氣候嚴寒，大致十月見冰，四月解凍，農作物可資生長之時期，每年不及五月。春季大風尤多，全年雨量稀少。每年六月至九月爲雨季，過此則降雨時日更少。據綏遠城測站之觀測，十年之平均雨量爲一七・三英寸，最大年雨量爲三六・八英寸，最小年雨量爲十一英寸。惟因氣候乾燥，故蒸發量極大。茲將綏遠測站十年之溫度及雨量平均值列表如下：

十年之平均溫度（民國五年至民國十四年）

一月	二月	三月	四月	五月	六月	七月	八月	九月	十月	十一月	十二月
-11.59°C	-6.29°	0.65°	8.39°	15.15°	20.89°	24.89°	22.40°	15.90°	8.89°	-1.09°	-9.60°

十年之平均雨量（民國五年至民國十四年）

一月	二月	三月	四月	五月	六月	七月	八月	九月	十月	十一月	十二月
5.32mm	11.97	5.34	7.55	27.31	74.43	84.25	100.36	43.2	19.3	4.06	5.08

農產　後套農產品，以麥、豆爲大宗，次爲小米、高粱、胡麻、蕃薯等，稻及棉雖間有種植者，惟產量極小。以後套之土質氣候言，華北各省

之農作物，皆可生長。

三、灌溉現狀

後套在昔爲游牧之所，清初始有關內農民，前往興墾，逐漸引黃河河水以資灌溉。於是八大渠之開挖，漸次完成。所謂八大渠者：計永濟、剛目、豐濟、沙河、義和、通濟、長勝、及塔布河。八大渠之外，更有無數小渠，或係民有，或係官修。惟各渠之引水渠口，概無導引河流流堰閘及操縱水量之閘門。各渠之水量，專恃河水之自然漲落，任意流入渠身。故大半渠道，往往僅于漲水時期，方得引水。因之農田墾植，或在大水時期，得極少次數之灌溉；或則輪年種植，冀得灌溉之利。如第一年漲水時，導水溉田，務使水量積存田地之中，深至三尺左右。秋冬之交，復將敷水放出，則土壤均已飽食水分，且濁水淤泥，均已沉澱，留存於地中，及入冬凍結，即狀如冰湖，至第二年四月解冰之後，土壤墳起，再播種五穀，自不虞乾旱。若在農產物生長時期，遇河中水位增高，亦可按土質之需要，施以相當之灌溉。若河中水位不高，引水不能入田，則藉雨量之調劑，農作物均可豐收。惟時間則太不經濟，地利未盡，是以灌溉之改良，實刻不容緩。

四、八大渠之現狀

八大渠之中，永濟渠比較最爲完整。渠口引水，尚屬便利，渠道亦有相當降度。渠之上游一段，地面高出渠水面約五六尺，灌溉時水須昇高。其下游地平較低，渠水隨處可放入田中。惟渠之兩岸，並無完善之堤身，故一任渠水之漫流。渠之斷面及坡度，適足使渠水生適當之流速，故渠中之淤塞尚少。當民國十四年十月實測時，其流量達每秒三十二立方公尺。義和渠在昔灌溉功效極著，惟近年以黃河主流南移，北岸逐漸淤塞，故渠口引水，漸不順勢，而進水量大減，大部農田，復歸荒廢。長勝及通濟二渠之渠口，原爲一體，密邇義和口下，故亦歸淤塞。剛目渠本身，無直接引水之口，僅於大水時期，河水漫溢平灘之間，則水可由灘上轉入渠中少許，而渠身大半淤塞，其斷面積僅當永濟渠四分之一。豐濟、沙河二渠，尚有相當功效，水量尚可足用。塔布渠已完全淤塞，不復有灌溉之利。茲將十四年十月實測義和、長濟等渠之流量成績，附表於後，藉作參證。

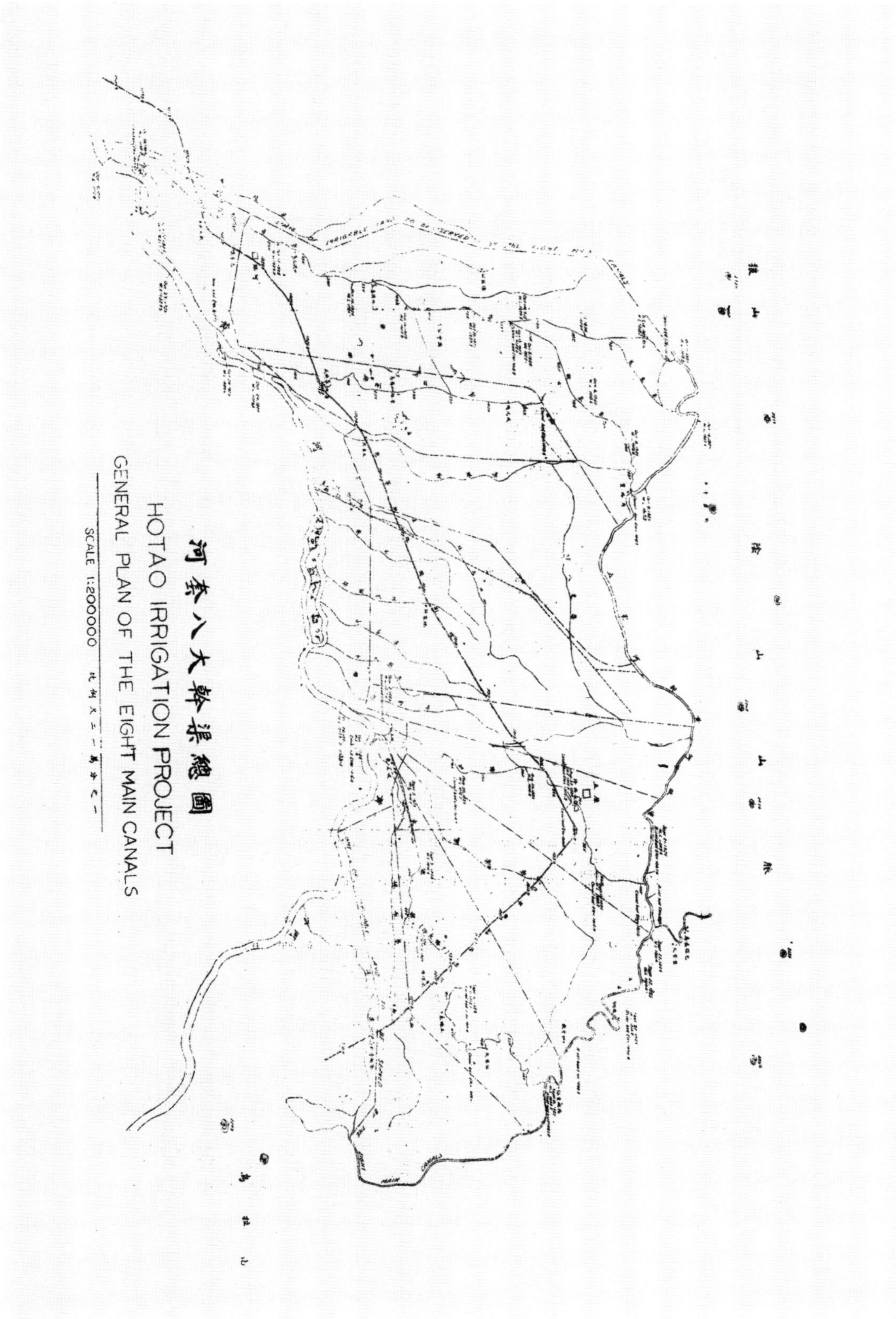
河套八大幹渠總圖
HOTAO IRRIGATION PROJECT
GENERAL PLAN OF THE EIGHT MAIN CANALS
SCALE 1:200000

Hydrographic Data of Hotao Survey

Stream	Distance from intake m	Date 1925	Water Elev. Taku Datum	Width of Channel m	Area Sq.m	Mean Vel. m/Sec.	Discharge m³Sec.	Slope L in x	Hydraulic radius "r"	Coefficient of roughness "n"	Per Cent of Silf by Wt.
義和渠（西岔）	569	Sept.1	1017.36	9.00	6.61	0.556	3.7	5.000	0.70	0.020	0.282
義和渠	15.399	,, 1	1015.35	13.50	11.74	0.527	6.2	8.700	0.80	0.016	0.135
義和渠	30.257	,, 13	1018.58	6.30	7.46	0.358	2.7	8.400	1.14	0.030	0.111
長濟渠	0	,, 2	1017.42	15.70	19.46	0.778	15.1	6.000	1.20	0.019	0.168
長濟渠	5.395	,, 2	1016.62	21.90	23.08	0.557	12.9	6.300	1.00	0.023	0.155
長濟渠	23.058	,, 5	1013.93	16.40	15.60	0.487	7.6	6.500	0.90	0.024	0.115
長濟渠	30.039	,, 6	1013.10	12.60	11.15	0.543	6.1	8.400	0.86	0.019	
剛目渠	41.262	Oct. 1	1021.10	4.20	3.43	0.379	1.3	20.000	0.82	0.017	
永濟渠	1.000	,, 19	1032.30	47.40	69.00	0.470	32.4	5.300	1.40	0.040	
永濟渠	1.000	Estimated in september	1032.80	49.00	93.36	0.534	49.9	5.300	1.80	0.040	
永濟渠	8.800	Oct. 19	1030.87	28.00	37.07	0.852	31.5	5.730	1.28	0.019	

永濟渠	24.890	Oct. 18	1028.24	25.30	39.49	0.790	31.2	5.950	1.51	0.021	0.190
永濟渠	26.820	,, 18	1027.79	30.60	40.04	0.764	30.6	7.630	1.27	0.018	0.230
永濟渠（李三渡口）	37.295	,, 17	1026.31	12.80	9.63	0.497	4.8				
永濟渠	37.340	,, 17	1026.38	24.80	36.39	0.812	29.5	7.360	1.42	0.023	
永濟渠	53.394	,, 3	1022.97	22.30	29.34	0.998	29.2	6.630	1.26	0.015	0.297 0.142
永濟渠	57.599	,, 13	1022.29	16.00	23.04	0.850	19.6	4.340	1.40	0.023	
永濟渠	57.649	,, 12	1022.29	18.20	25.66	0.652	16.7	4.840			
永濟渠	67.711	,, 5	1020.80	16.27	19.39	0.613	11.9	6.540	1.16	0.022	0.226 0.153
永濟渠	73.659	,, 12	1019.20	6.00	3.51	0.338	1.2				
永濟渠	81.886	,, 7	1018.04	14.00	18.30	0.795	14.6	5.350	1.27	0.020	
黃河		,, 28	1017.90	468.00	614.03	1.140	700.0	5.500	1.28	0.015	0.257 0.400

八大渠之外，所有其他小渠，强半受泥沙淤積之累，年需疏浚之工。

五、規復計劃大綱

八大渠之現狀既如上述，而河套需水灌溉，亦刻不容緩。規復工程，宜由西而東，逐渠改良，自易收效也。今將各渠灌溉之面積，列表如下：

渠名　　灌溉面積

永濟渠　一、七四〇、〇〇〇畝
剛目渠　五〇一、〇〇〇畝
豐濟渠　七一六、〇〇〇畝
灶火渠　九五〇、〇〇〇畝
沙河渠　三七一、〇〇〇畝
義和渠　五三四、〇〇〇畝
通濟渠　六五〇、〇〇〇畝
長濟渠　六五〇、〇〇〇畝
塔布渠　五九八、〇〇〇畝
黃河沿岸高地　六五〇、〇〇〇畝
共計七、三六〇、〇〇〇畝

豐濟渠在初成之後本可灌地一百五十萬畝。後以渠身淤塞，故又加開灶火渠等多處，水利更溥。此次規劃，擬另畫灶火為灌溉區，以其易於整理也。後套農田耕種時期，每歲不及五月，故灌溉之時期，須以最經濟之時間全體灌溉，以便及時播種。灌溉水量茲假定農田每年需水高三十六寸。據十年雨量之記載，當以民國十二年為最少雨量之年份。該年總雨量僅六英寸，故農田之最大需水量約為三十寸。灌溉時期，擬每年灌溉四次。冬春之間給水十六寸，以儲蓄於田地之中，則夏初播種不致誤事；農作初長時期再給水四寸；盛長時期，給水十二寸；結實時期給水四寸。若雨量調劑，則專就農田之需要，酌給適宜之水量，而渠身之容量，應足按日供給農田最大之需水量，方可足用，否則來源小而需要大，亦非正當之辦法也。

茲就以上之需水量，規劃渠之斷面，及每次輪流之日數，列表於后：

渠名	灌溉面積	所需流量	輪值日數	現有流量	所需斷面
永濟渠	1140,000	103,00	18	32,4	147
剛目渠	501,000	29,2	18	1,3	41,6
豐濟渠	716,000	41,8	18	15,5	60,0
灶火渠	950,000	55,6	18	2,6	80,0
沙河渠	371,000	21,6	18	10,0	30,8
義和渠	543,000	31,2	18	6,2	44,6
通濟渠	650,000	38,0	18	5,0	54,3
長濟渠	650,000	38,0	18	15,2	54,3
塔布渠	598,000	35,0	18	0	50,0
黃河沿岸	650,000				
總計	7360,000				

幹渠之容量，以能洩需用之流量為度。惟渠之土質，大半滲水，據已往之考察，其輸水之損耗率，約為百分之三十。故渠之斷面，可逐漸縮小，以適合排洩有用之流量為最經濟。

幹渠之坡度，約為六千分之一，即可到處導水入地。若遇地勢過低處，均採用較大之坡度，總期幹渠水面，常在灌溉田地之上，以二尺爲度。

幹渠之平均流速，均限于一公尺之內，一則防止冲刷渠身及渠底，且有此適宜之流速，可免原來水中泥沙之沉澱，壅塞渠道。

後套灌溉事業，欲求其一勞永逸，則于引水渠口及導引堰，均須特別注意，誠以灌田所需之水量，黃河儘可充分供給，若導引不得其道，以任水流東去，殊爲惋惜。惟黃河河底，均係淤沙，而附近又乏工程材料，故在現時交通狀況之下，導引堰宜採取最簡單之木樁，按次打入河底，以埽工及柴排沉於樁工之間，至出水後，可覆土一層，以便柴埽徐徐下沉。堰頂須常保持在大水位之上一公尺，以免浸溢之患。堰根附近，即可建築渠口閘，以操縱水量之多寡，則渠之引水，均有定量。渠首之下，幹渠之中，尤須設澄沙池二處，以備挾沙之停積，易於祛除，而免渠道之淤塞。

黃河舊槽，低於灌溉區域約四公尺，實爲良好之排水渠道。故各渠之末端，均須設置閘門，以節制渠水之洩量。

六　整理之步驟

後套之面積既廣，灌溉事業，須逐步進行。就現有之渠道，以永濟渠之成績爲最良，而整理亦最易，漸次向東整理，至塔布渠後，則全工完成。

整理之初步，應由測量入手。在水文方面，可繼續研究黃河水位漲落之情形，含沙之多寡，及永濟給水情形。在陸地應確定幹渠之路線，支渠之分布，及小支渠之分配，敷水之排洩，並灌溉之面積。地勢既明，進而計劃各項工程之工料價值，及渠道之改善，閘廂之建築。故自起始整理一年之後，即可收回工款之一部分，再以之開發下游，自易爲力。

後套農作物之改良，亦有待研究，故於灌溉工程整理之際，即建設農事試驗場，以指導研究，後套之出產，地利之開發，實有裨於民生。

甲　工作支配

第一期：(一)實測永濟渠剛目渠灌溉所及之面積，由黃河左岸直至五家河岸。(二)計劃及實施永濟剛目二渠整理工程，並籌設農事實驗場。(三)在永濟剛目二渠之渠口，建築引水工程。

第二期：(一)實測豐濟、沙河、義和、通濟四渠灌溉所及之面積，由黃河左岸直至五家河岸。(二)計畫及實施豐濟、沙河、義和、通濟各渠之整理工程，並於豐濟之東另闢灶火渠，以輔助豐濟渠之不足，兼可整理其他小渠。(三)建築引水工程及分水支渠。

第三期：(一)實測長濟渠塔布渠灌溉所及之面積，東至烏拉山麓。(二)計劃及實施長濟、塔布二渠之整理工程。(三)建築引水工程及支渠等。

第四期：(一)研究黃河左岸附近之灌溉工程。(二)建築吸水機廠，以灌溉近岸高地。(三)擴大後套灌溉工程範圍，至永濟渠西，及改良河善渠。(四)擴大後套灌溉範圍至烏拉山麓。

(乙)工程估計

一、後套全區測量經費一萬五千方里	三萬元
二、整理永濟渠	十六萬元
三、整理剛目渠	六萬元
四、整理豐濟渠	十萬元
五、開闢灶火渠	十二萬元
六、整理沙河渠	十一萬元
七、整理義和渠	十三萬元
八、整理通濟渠	十一萬元
九、整理長濟渠	八萬元

十、開闢塔布渠　十五萬元

十一、五加河航運整理工程　五萬元

十二、農事實驗場　五萬元

十三、其他整理工程　十萬元

十四、管理經費（每期二萬元）　八萬元

共計需款一百三十三萬元

全區面積爲七百餘萬畝，其間沙崗約占十分之二，則灌溉區域，最少有五百萬畝。每歲水租，以每畝收洋二角計，可收入一百萬元。若分期整理，則第一期所費無幾，即可逐漸擴充，以抵於完成。

七、結論

黄河萬里，惟富一套。誠以後套具天然之形勢，易受河水之灌溉，徒以地處塞北，致晚於開發。方今建設開始，自宜多闢天然之利源。而河套諸渠，於引水灌田之外，兼可通行民船，諸凡全區之農產物，均可藉渠之轉運，以通黄河，下達平綏鐵路西端之包頭。是則交通狀況，業經便利，農產自可儘力輸出。且包甯鐵路，勢在必行，而全段均經河套之腹地，則車運水運，俱稱暢達。故河套灌溉事業，非但關劑關內過剩之農民移植開墾；且可增加民食，永免饑饉，其富國裕民，實非淺鮮。

太湖流域擴大測量計劃

太湖流域水利委員會

（一）環湖及湖深測量

太湖湖面汪洋三萬六千頃，烟波浩瀚，濱湖諸區，港汊紛歧，水流錯雜；而湖中如洞庭西山馬蹟山等大小山峯不下五六十處；湖底深

綏遠後套引黃開渠考

吳向之

有淸之末談邊務者亟亟言興墾亟亟言移民而無尺寸之功而客民之在後套者不假官府督促之力餽運之勞遷徙之費田之成者有二萬餘頃幹渠支渠之開者有數百道要皆父子共營親友相助或數年或十數年經營不倦終能易斥鹵而溝澮化磽瘠爲膏腴荆棘而禾黍之空曠而屋宇之百堵皆興諸業同起儼然爲一大區域乃信我國民力之厚民心之專有以告竣其功克覩其盛而可與世界聚公司立商埠者相匹也後套本爲漢唐原有之地水利之見於正史水經注者匪一特隸屬或裔或夏迴與陝西山西邊內州縣不同後套在明代爲鄂爾多斯徙居之部淸代爲伊克昭盟其北爲烏蘭察布盟之烏拉特部三旗東爲歸綏道之薩拉齊托克托城各廳各蒙旗在淸初已有請墾之令華民往則植黍稷而已未知開渠其後杭錦旗請准開地還債客民於道光五年始開纏金渠今曰永濟長一百六十里溉兩旁地六千頃達拉特永租地七百一十頃（有樂善堂等大支渠六道子渠不少此渠施工最多道光五年地商甄玉等所開渠口當黃河北流東折之衝）其東爲剛目渠今曰剛濟長一百三十里溉達拉特永租地二百五十五頃（新口在永濟渠口下六十里有永盛和等支渠十餘道原係咸豐年間商人賀溎開）又東爲豐濟渠長九十里今溉達拉特永租地三百一十五頃又溉地一千餘頃（光緒中地商王同春韓鉞等所開渠口接黃河在剛濟渠口下五里）是渠之東爲沙河渠長八十五里溉達拉特旗永租地三百七十頃五原城基地五百餘頃（有和合源等支渠十餘道係光緒中王同春等開渠口自黃河岸惠德城起）沙河渠之東爲義和渠長八十二里今溉烏拉特前旗什拉胡魯素紅門圖地一千七百頃達拉特永租地八十一頃（有德泰昌等支渠十餘道亦光緒中王同春等所開渠口在沙河渠口下二十里）義和渠之東爲老郭渠今曰通濟渠長一百有二里溉達特拉旗永租地四十五頃又溉達旗地千頃（有義成公支渠三十道同治八年郭敏修等開渠口在義和渠口下五里）通濟渠之東爲長勝渠今曰長濟長一百有九里溉達拉特永租地二百一十二頃又與通濟塔布兩渠溉達旗補地一千四百二十頃（有樊三喜等支渠二十餘道咸

豐七年地商候應奎等開渠口在通濟渠口下二里）長濟渠之東曰塔布長九十七里溉達旗永租地五十頃（有樊根來等支渠二十餘道是渠係道光三十年河水沖決而成略加修挖爲後套諸渠之範）倘有分溉達拉特四成補地是爲今之八大幹渠其永濟渠西之黃土拉亥渠以庚子教案達拉特旗賠款甚鉅無法清償以所屬烏蘭巴爾等八處即黃土拉亥河地約計一千四百餘頃抵押於比國教堂外交部以各國退庚子賠款索還此地可溉兩旁地畝一千五百頃最西爲楊家河渠本道光年楊姓開厥後湮沒民國六年楊茂林復開仍其舊名但並不沿襲其舊址工作六年至民國十二年始告成功糜款四十萬兩至今仍由楊氏自辦渠口在臨河縣境西南之大灘與烏拉河口毗連向西北行入於五加河計長一百六十里每年灌地約以二千頃計而民國七年烏拉特東公西公兩旗以三湖灘地報墾開東大等渠溉田三千四百頃在包頭縣十九年民福渠引用黃河之水長一百九十里溉田二千餘頃亦在其縣其安北設治局之民復渠俗名洋人渠原名扒子補隆教堂渠於是年向教堂贖回歸公始改今名云將來可溉田四百餘頃是爲十三大幹渠而恆和渠之向稱大幹渠及包西各渠水利管理局所轄五原臨河安北私有各小渠四十餘道及其他小渠尚不在內此可徵我國地產之富民力之強而非空談政治者所可擬也證之官書道光咸豐中蒙旗即有爭地之案同治九年始頒勸墾之諭左宗棠征回曾於包頭辦理轉運而不知其時開渠之多澆地之廣已畚鍤雨集阡陌雲連光緒十二年山西巡撫剛毅覆奏長庚請纏金屯田疏曰光緒二年遭馬賊蹂躪不特纏金之僻在西隆者牛壩商號不過數家即後套左右亦不過二百餘家土本紅壚利於澆灌失所既久土質堅硬紅柳及纖機草枸杞樹等茂然成林幾無蹊徑咸豐年間達旗所收租銀不下十萬近歲所收租錢不及三千串文云云此據達旗貝子所稱但客民佃民受馬賊之害自不謬而達貝子言止收租錢三千串者未必盡確二十四年巡撫胡聘之又奏開三湖灣屯田亦以蒙阻而止推究其原蒙人皆慮一經官開深恐地非我有故百計阻撓督墾侍郎貽穀實宜加意拊循不務征斂原有者仍聽自辦報効者優予酬金自不致有參案而蒙田廣莫遂漸開闢可爲中國西北開無限利源今之議者謂五加河宜可開通（今下游不匯河）後套水利可期永逸生計繁榮斯利莫大又五原臨河安兆縣局渠多而不貫串如能橫貫其地開一大幹渠南北之地可以普澆計爲里數三百二十由永濟渠以入四櫃五加河所有幹渠全改支渠需費雖多宜有不惜竊謂此後如有王同春侯玉諸人此等重難工程

自可興辦惟國家對於開渠開地並無優獎於渠則往往責令報効於地則急於催收押荒糧賦此實足以阻渠務墾務之進行而所得之利僅如千百分之什一殊非爲國興利殖民之本計也

防洪研究

任公

一、緒言　我國以農立國，而防洪關係農產最巨，賈讓治河三策，上策移民避水，中策建閘洩水，下策繕完故隄，上中兩策需費甚巨，增卑培薄，遂爲歷代河工治理之原則，元明以來，建都北平，故運河之疏治，黃河之防理，尤爲國家之大政。如元之賈魯，明之潘季馴，清之靳輔等，皆因時代之需要，而成爲治河之專家，其所著述，多憑經驗，合於新學理者甚多，其足以供後代治河防洪之參攷者，殊非淺鮮，昔年江淮大水，災情甚重，運隄至今未得完成，各地圩田，無力恢復，在今日研究防汛工作，時不可緩。

二、總綱　防洪工程，爲水利工程之一種，包含洪水狀況之研究，防洪計劃之擬議，以及工程之完成與修護。

三、洪水狀況之研究。

甲．洪水之週期，各河之洪水，小者幾年必一見，稍大者每隔五年或十年一次，更大者二十五年至五十年一次，以過去之記載，測將來之結果，則淮河洪水，不過十年，民十大水，漫溢及於霍邱潁上鳳台壽縣懷遠宿縣靈璧五河泗縣盱眙等屬，民二十，又大水，所溢面積相埒，測得流量，亦不相上下，太湖流域，自有記載，三十年中，洪水四次。

第一次光緒三十二年　第二次宣統三年　第三次民國十年　第四次民國二十年

考河道洪水之發生，概由於暴雨，然水工之興廢，實直接影響於潰決漫溢，人類在地面上之工作，隨時足以增加洪水之週期，如城市發展，碼頭橋梁，以及其他建築，皆足以束狹河身，河湖淤塞，低地墾殖，皆足以減少容量，山荒開闢，

▲論著▼（本欄論文詞旨著者自負責任）

華北水道之交通

李儀祉

一，引言

茲所稱華北者，自淮安以北，上達北平，東薄東海，西抵西傾，包括淮河，黃河，海河三大流域，括蘇皖北境，以及魯，豫，薊，晉，陝，甘數省在內。方域面積一百四十餘萬方公里，人口一百兆，物產豐富，民性剛毅。然而今以貧瘠稱，災荒迭見，人民流離失所，甚至轉死溝壑。交通之阨，厥爲其大因也。

處今日之勢，非可以閉戶蟄居老死不相往來者，必與環球各國經濟相通，則不能不與之起相頡頏。其勢必藉於交通，而尤以水道爲急。以一百四十餘萬方公里之地，所佔海岸綫只一千四百餘公里，每方公里只分配海岸綫一公尺；內地通海之困難，於此可見。若有大江巨河，深入堂奧，尚可補救；不然，則內地物產，永不能與舶來者相競；即內地工商，永無發展之一日，內地人民生計，永無優裕之可望。此國民生計癥結所在，不可不注意也。

蓋經濟之波展，如水之流行也；運脚之耗費，如水道之有糙率也。設甲乙二水櫃之水，並可流於丙渠，甲櫃水面高於乙櫃，而其他情形相同，則甲水先至多至，而乙水則後且弱焉。或甲乙二水面相懸甚多，則甲櫃之水或且漾及乙櫃，而丙渠之水有甲而無乙矣。設乙櫃水面與甲櫃相埒，或且過之，而入丙渠之路，則遠於甲渠，其糙率甚於甲渠（如甲渠爲木槽而乙渠爲礫石）；則乙櫃水面雖等，或高於甲櫃，而及其臨丙渠也，甲渠水面反高於乙渠，則丙渠之水，來於甲渠者多，來於乙渠者少，或乙渠受其反漾焉。

陝棉與美棉相若。生產之地，陝棉價一而美棉價三，及其運於上海，陝棉價二而美棉價一，則誰肯購貴而捨賤哉？如此則陝棉不能及於上海；不惟不能及上海，美棉且反漾而侵入，是陝棉之銷售地面愈促。銷售地愈促，則生產微。生產微，則民計窮。民計窮，則無志無力以求精。無志無力以求精，則生產益微。生產益微，則物價愈增。物價愈增，則銷售地愈促。展轉相因，美之業棉者成巨富，陝之業棉者成乞兒矣。

貨物之運脚，隨交通道路之糙率而增。只據奧人蘇盤所考，一噸之貨物行一公里，所需運脚以奧幣亥爾計（合國一分），等差如下：

1. 人力（推挽車）	40－60
2. 獸力（馱載）	30－40
3. 鐵路	1.6－3.0
4. 檣船上行緩溜中	1.5－3.0
5. 檣船下行及木筏	0.15－0.50
6. 汽輪行天然河道	
大溜中 下行	0.3－0.8
大溜中 上行	1.5－2.5
小溜中 下行	0.2－0.5
小溜中 上行	0.2－1.0
7. 渠中航行	0.2－0.5
8. 海航	0.1－0.4

註、Suppan, Wasserstrassen und Binnennhiffahrt 1902, S. 218

歐洲諸國水道經營，倡於義，承於法，盛於德，荷，奧；而尤以德國近七十年力事經營，無有少懈，成績最著。茲將其已成及正在建設中諸水道，列爲下表，以供借鏡。

渠　　　　　名	建設年代
1. König-Wilhelm K.	1863-73
2. Ems-Jade K.	1880-87
3. Oder-Spree K.	1887-91
4. Konigsberger Seekanal	1894-1900
5. Brake 河下游之渠化	1877-1880
6. Breslaner 大航道	1891-1896
7. Netzei 河上游之渠化	1878-82
8. Oder 河上游之渠化	1891-96
9. K. Güstrow-Bützow	1895
10. Kaiser-Wilhelm Kanal	1886-1895
11. Elbe-Trave K.	1896-1900
12. Märkische Wasserstrasse	正建設中
13. Planer K. 改造	1890-1891
14. Ihle-K.	1868-72
15. Fulda 河之渠化	1890-96
16. Dortmund-Ems K.	1893-99
17. Hannover, Moorkanäle	前世紀末季
18. Neckar 河之渠化	1884
19. Main 河之渠化	1884-86
20. Teltow-K.	1901-06
21. Rhein-Herne-K.	1906-14
22. Ems-Weser K.	1906-15
23. Lippekanal, Datteln-Hamm	1906-15
24. Lippe 渠之 Weser-Lippstadt 一段	建設中
25. Berlin Stettin 大航道	1906-14
26. Oder 河渠化之繼續	已落成
27. Oder -Weichsel 連渠改造	垂落成
28. Celle 下游之渠化	垂落成
29. Kaiser Wilhelm K. 改造	落成
30. Nogat 河之渠化	落成
31. Masurischer K.	建設中
32. Mitland Kanal. Hannovel-Peine Hildesheim	建設中
33. Planer und Ihle K. 新改造	建設中
34. Oder-Spree K. 新改造	建設中

歐戰以後，德國河渠改造者多，以前通航四百噸至六百噸船之河道，頓覺不適於現時之用；於是悉以千噸至千五百噸爲準。德國之鐵道汽車道，可謂完密矣；然於河渠，猶進行如是之急，可以知河渠之爲利溥矣。乃吾國幅員遼闊，鐵道國道幾如蔑有，人民行道之難，嗟吁不絕於路。不提倡建設新水道已矣，乃有欲並古代已成之運道而廢之者，是亦不思甚矣！

英美之水道，視德法瞠乎後矣。英島國也，內航視爲無足輕重，誠有然矣。美則爲鐵道所誤；蓋其經營鐵道者皆私商性質，其目的在乎贏利，而不在乎減輕國民脚價，故凡於鐵道有抗衡之嫌者，皆摧抑之。其政府初在提倡鐵路，故不惜逢迎之；然今亦悟矣。據 Hansa Kanal Blatter (1930, Jan. 15) 報告，美國近經營河渠甚力，與亥奧河一千英里長之閘渠（Lock System of Ohio River）業已告成。軍政秘書古介梅 (Mr. James W. Good, Secretary of War) 以爲其功不下於巴那馬運河。自此渠告成，每年運費已可省六百兆美金。現正研究與亥奧河與米細昔比之關係，將計畫一長九千英里之運河，貫通諸大湖與墨西哥灣，賓西凡尼亞及坎薩，成一互相銜接之河系。又擬直通諸大湖之一，與海相連，以湖港作海港。胡佛總統大贊是策，以爲不但工業家應贊助是舉，農業家亦宜竭力贊助，務使十年之內，成一長千英里之運渠。胡佛又謂：是策若行，於解決米細昔比水患問題益近。

內河航道爲國內一切發軔之資藉，故不能望其落成後即獲大利也。且內地工農礦商於航道成後，始能覺醒，日趨進境，年有所增，非可一蹴千里也。茲舉德國道特猛脫愛姆司運河爲例，以概其餘。該渠於落成後，第一年上下貨物不及十萬噸，十年後增至一百七十萬噸，二十年後增至四百五十萬噸，及今三十年一九二七年，上下貨物六百五十萬噸，一九二八年五百六十萬噸。至於航道及鐵道，國民經濟發展之後，不惟兩不相妨，且互相助益焉，此亦証於德國五十年來之經驗而不謬。

二，華北現有水道及其通航狀況

華北水道擧其較大者，現時通小火輪或民船，或現時不通而可以有通航之望者，列爲下表：

河名	某地至某地	長(公里)	省分	通航情形
黃河	海口至鞏縣	七〇〇	山東河南	千担以下之航船
	鞏縣至陝州	一〇〇	河南	有三門之險船弗能通僅輕船可放下
	陝州至禹門口	二〇〇	河南陝西	通二百担以上之帆船及煤船
	禹門口至包頭	六〇〇	陝西綏遠	以有龍門龍王潭等險船不通行
	包頭至蘭州	一〇〇〇	綏遠甘肅	通民船有試行小輪上
	蘭州以上			未考

運河	北平至通州	二〇	河北	現不通航
	通州至天津	一五〇	河北	
	天津至臨清	五〇〇	河北	千担以下之民船
	臨清至黃河	一一四	山東	現不通航
	黃河蔣家溝至袁口閘	六〇	山東	一百担以下之民船
	袁口閘至梛林閘	二〇	山東	現水涸不通
	梛林閘至夏鎮	一四〇	山東	通一百担至二百担之民船
	夏鎮至台莊	七〇	山東	現時水涸中斷
	台莊至清江浦	二〇〇	江蘇	通一百担至二百担之民船
	清江浦至瓜州	一七八	江蘇	通千担以下之民船並通小輪船
海河	天津至大沽口	七五	河北	通海輪
衛河	臨清至道口	二八〇	山東河南	通千担之民船
東河	天津至蘆口	一八〇	河北	通民船
西河	天津至保定	三六〇	河北	通民船一半通小輪船
子牙河	天津至獻縣	一六〇	河北	通民船一半通小輪船

河名	區段	里數	省份	航運
淮河	廢黃河由海口至淮陰楊莊	二一五	江蘇	全涸
	楊莊至盱眙經張福河洪澤湖	七〇	江蘇安徽	通民船
	盱眙至五河	八〇	安徽	通民船水大時通小輪
	五河至正陽關	三五〇	安徽	通千担之民船及小輪
	正陽關至烏龍集	一四〇	安徽	通民船
鹽河	淮陰西壩至新浦	一三八	江蘇	通民船及小輪
臨洪河	新浦至臨洪口	四〇	江蘇	通民船及小輪
灌河	龍溝至海口	七四	江蘇	通民船及小輪
沂河	龍溝經六塘河至齊村	二〇〇	江蘇	通民船
沭河	新浦經薔薇河至新安鎮	一四六	江蘇	間通民船
潁河	正陽關至阜陽	一〇〇	安徽	通民船及小輪
	阜陽至周家口	一六〇	安徽河南	通民船
淠河	正陽關至六安	八〇	安徽	通民船
渦河	淮遠至亳縣	二〇〇	安徽河南	通民船
淝河	鳳台以上	約百餘里	安徽	通民船

沱河	五河至宿縣	一〇〇	安徽	通民船
北淝河	洪澤湖至符離集		安徽	通民船百餘公里
睢河	臨淮關以上		安徽	通民船百餘公里
渭河	潼關至咸陽	一三〇	陝西	通千担之民船
小清河	濟南至羊角溝	一六〇	山東	通千担之民船
賈魯河	周家口至中牟	三二〇	河南	淤淺僅通河南小船

上表於華北通航之道，略盡其要，所舉河道，共長七千八百餘公里。其中現時通航者約爲七千公里，通小輪者不及其十分之一，通大輪者只海河一段，只爲其百分之一。以地域面積分配，每平方公里只佔民船航線長五公尺，通小輪者爲五公寸，通大輪者爲五公分，亦劇可憐矣。

以上所舉通航水道，以分省計，約如下表：

江蘇　一四〇〇公里
山東　一〇〇〇公里
河北　一五〇〇公里
安徽　一四〇〇公里

河南 一〇〇〇公里 其中四百公里黃河航道與山西共

陝西 一二三〇公里 其中一百公里黃河航道與山西共

甘綏 一〇〇〇公里

至所謂小輪者，不過拖船以載客，於航業上地位殊微。所恃以轉運貨物，仍以民船爲主要。據前清天津鈔關所調查，天津每歲貿易約有七千萬兩，而由民船所營者佔四千二百餘萬兩，則民船航業又爲可渺視也。其船之種類名目甚多，約計之有以下各種：

(一)槳子船載客用	(二)午拉船仝上	(三)自貿船即廠船	(四)艀子船最多運貨用
(五)搖櫓船	(六)莽牛船	(七)南漕船	(八)牛舌船
(九)碰頭船	(十)西河對	(十一)西河單船	(十二)上河煤船
(十三)太平船或曰南船	(十四)小粮船一名帮船漕運用	(十五)改造船	(十六)炮划子或曰官船
(十七)生鹽船	(十八)沙船	(十九)寧波船	(二十)改巧船
(廿一)登仗船	(廿二)小海船		

民船分等，按其大小在天津分爲六等：

一等船 闊十五尺以上

二等船 闊十二尺以上

三等船 闊十尺以上

四等船　闊八尺以上

五等船　闊六尺以上

六等船　闊六尺以下

在山東以担數計，分等如下：

一等船　二百担以上

二等船　一百担以上

三等船　五十担以上

四等船　十担以上

五等船　五担以上

雜等　（磚石木料石灰魚菜等船）

頭等加一　三百担以上

加二　四百担以上

如此例推以至千担

豫陝之間，載貨爲條子船；載鹽者爲鹽船，形方；載棉花者爲棉船，形橢圓質輕，亦名團船。

行於江皖運河及淮河之船，有以下各種：

網子　載重千担　吃水四尺　長五十尺　寬九尺　裝鹽及雜粮等

對連划　五百担至一千担　吃水二尺至四尺　長六十尺　寬九尺　載貨同上

小拋划　一百担　載貨同上

江船　又名扁子　二百担至一千担　載貨同上

糧划　南淮子　風快子　關駁子　載粮米俱二百担以上

各地船式，大抵各依其習慣而爲之，至其多寡，尙無一定之統計。

各河道直接通海之口，自南而北：

(一)灌河口　載二千噸行海輪船可入口至陳家港，爲淮沂二河出口。潮差在响水口約三公尺，距海口四十三公里。

(二)臨洪口　海船之小者可入口至大浦，距口三十公里，爲沭河出口。

(三)小清河口　海船難入。潮差於羊角溝約二公尺許。

(四)黃河口　海船不能入。

(五)大沽口　海船可入口至天津。潮差在天津爲二公尺許，爲河北五大河之出口。

北方大港現正由華北水利委員會設計，位於大沽口及秦皇島之間大淸河口。將來有開渠通入內地之計畫；若成，華北北部一大出口也。

三，航道整理之計畫

竊見中國腹地之廣漠，非有河道交通不足以濟民生。爰擬簡略計畫，以貢政府採納。河道與鐵道等，應先整理總幹線數條，縱橫條貫以爲綱。次經營其連屬之支派，或開渠連通以爲網。若網在綱，有條不紊。大權操之中央，劃定區域，由中央派員分任整理；如是竭力經營數十年，可與德國並步矣。所擬大綱有如下圖，爲幹線三：曰運河幹線，黃河幹線，淮河幹線。並列其主要附綫，誌於圖中。

說明

(一)爲運河幹綫，南起瓜州，北達北平，共長約一千四百公里。本爲古代已成之漕渠，以鐵道通，聽其廢棄。竊以爲吾國古時水道交通，多以帝王都會爲趨向。故漢唐都關內，則營輔國渠鄭當時渠，注重河渭；宋都汴則營汴渠；元都燕則營會通河；明清繼之，運河賴以維持不廢。但今日之水道交通，則不以帝王爲主，而以國民經濟發展之趨向爲主。運河爲貫通南北之要塗，晉，冀，豫，魯，蘇數省貨物，賴以委輸，工藝賴以發達，不能不求恢復。不惟恢復，且必隨工商之發展逐漸而擴大之。此路現時之貨物，主要者爲徐屬之粮食，台莊之煤，韓莊濟寧之粮食，以及各種雜貨。工廠前有宿遷之玻璃廠，原料甚佳，惜已停閉。中興煤礦之煤，質美而富；運河若通，其業可大宏展，以抵制日本之煤。沿

華北航道幹綫圖

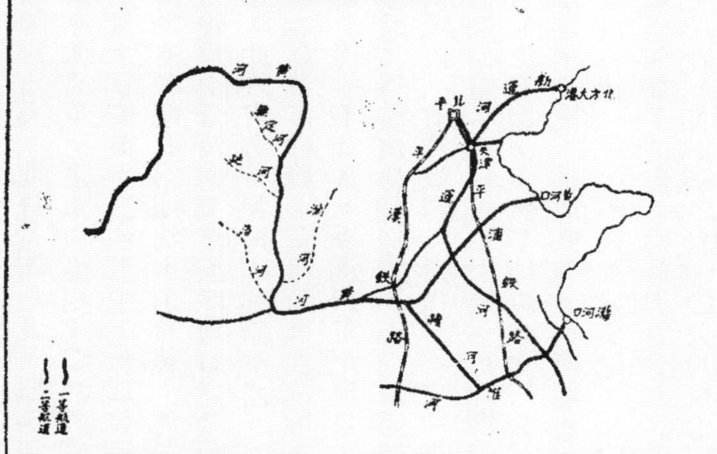

岸工廠必日有起者，不愁無貨運也。初始經營，宜以行六百噸之船爲準；以後工商發達，再擴展使可行一千噸至一千五百噸之船。古渠闊深，已敷初始之用，有須濬深者少數耳。但築新式船閘於上下，計由揚州邵伯鎭至清江浦（即淮陰），一閘可達（高差六公尺），淮陰至微山湖，三閘可達（高差二十五公尺），微山湖至南旺，二閘可達（高差十二公尺半），南旺至黃河，一閘可達（高差至三公尺許），黃河至臨清州，二閘可達（高差二〇公尺），臨清州至天津，三閘可達（高差二八公尺）。

全運可使完全成爲渠之性質，洪水另有歸納。有閘節制，需水無多。全運有洪澤湖，微山湖，獨山湖，蜀山湖，以爲水櫃足矣。其他諸湖，皆可放墾，水不可勝用。以之灌漑，最難之點，厥運河穿過黃河一段。黃河本身，在運河穿過兩口，上下至少各一公里，須加以治導。北運黃河以北，臨清以南，渠水接濟，成一大問題。其法只有二途：（一）築庫瀦清黃河之水以應用；（二）設唧水機器二處，一在臨清閘，一在聊城閘，上下接替，唧衛水以濟渠。二法之中，恐以後者爲適用也。本河以大沽及崇明爲二出口。

附於本幹綫者爲臨清至道口綫，連於平漢及道清兩鐵路，西河（大清河）連於平漢鐵路。二綫爲山西河南東出天津海口之要道，亦必整理之使可航行四百噸之貨船。必要時加以渠化。此外尚有子牙河，亦附依焉。

（二）爲黃河幹綫。黃河須大加治導，始可通航；然非無通航之望。海口三角洲展出二百餘里，海船不能入。濮洲以東至海口，民船航行尚便利。小清河麗附於本幹綫，可望於濟南附近，與黃河幹綫穿通，而間以船閘。小清河口或易爲力，加以治導，以爲出海之便。河南境內，河流散漫，所需治導之功更多。惟必山東之河及海口治，而後可及河南。三門可設閘而登，或以機器引船，炸除門口之石以除障碍，船即上下無阻。鞏縣以上兩岸高山，黃河淺灘甚多；然平均深皆在二公尺餘。兩岸以犍相逼，必可治一深槽以達禹門。禹門兩岸煤田豐富，質地優美。河南境內三門上下，亦處處皆煤。山西潞鹽聚於河濱之會興鎮。黃河在此一段，不能加以渠化，而治導之功，必可實見。

馬頭關龍王潭間，爲深四百公尺之狹谷。龍王潭之瀑布（即壺口）跌落九公尺，遠射六百公尺許，其下繼之六〇〇公尺至七〇〇公尺之寬床，而繼之則又入一狹谷五公里，出而達禹門，則又一湍流。故此段能設何法以利航行，今且難爲斷語，必更加以研究。壺口之上，雖尙有湍瀑數處（天橋等）；然易設法。延水可治之使通民船至延安；無定河可治之使通民船至榆林。延長之煤油，神木之堿，榆林之皮革毛織，必能隨交通之便，一日千里以供全國。包頭以上至蘭州，更易施治。甘肅之皮革，毛織，礦產，藥材，烟絲，皆由是路。總而言之，黃河航道，治之雖難，而爲西北深遠之地之民生計，政府不能不注意也；尤必先事研究如何可以達其目的者也。至於航船下游，可以六百噸爲開始目的，以後漸擴充至千噸；上游則未敢斷言。又延長石油，若能大事開發，而壺口則終於難通，則可於上下設油棧，中間以鐵管相接，使油天然流下禹門口下，再行裝船。

附於此幹綫者，尙有渭河，爲渭北之粮食棉花，陝西之藥材，必由之路。渭北產棉極富，將來涇水灌溉功成，四百萬畝棉田，加以選種擇肥，必可駕美棉而上。若再於本地設廠，紡織並興，則全國大半衣料，可以取供；故此綫亦極重要。渭河低水時，平均深一公尺至二公尺，淺灘多處，大抵由於坍岸所致。此河治法，應注重護岸，加以短楗，可得深二公尺以上之槽，以行三百噸之船。

洛河加以渠化，亦有可以通航之希望。由三河口上達甘泉鄜延一帶，可爲森林畜牧重要之區。此河或先求其能附木材以達豫境。

此後洛河之上，工農發達，再謀航船。又澄城老洑，瀑布高四公尺許，流量有恒，一水電場佳所也。中部爲黃帝喬陵所在；我國民不欲數典忘祖，亦須有以宏大便利之，而資瞻仰焉。

（三）爲淮河幹線。江蘇灌河可治之使海船直達武障鎭，距海口七十四公里，於此設海閘。武障鎭以上，內河航船繼之。循鹽河經順河集至淮陰，凡九十二公里，中間需閘一所。過淮陰閘後，經張福河入洪澤湖至龜山八十四公里。由此循淮而上，經盱眙則有三十餘公里。葦蕩須行堵塞，以劃一河身；否則可道由溧水河鑿雙溝土梁（高二十公尺厚三公里），直達五河。五河至蚌埠四十餘公里，需治功甚微。蚌埠至正陽關三百餘公里，則在乎縮狹低水面以治深槽，兩岸並需築堤以護岸田。穎河上至周家口二六〇公里，須施治導後加以渠化。賈魯河與黃河可用堅固船閘，於滎澤相連通，下達周家口，擴展河身，並以閘節水，期望於開始時能行六百噸以上之貨船，以後擴充至一千五百噸。

淮河貨物甚多，淮遠以上有大通煤礦公司，煤礦頗富；六安茶竹絲蔴，銷行頗遠。通六安之畀河，亦必施治，使至少可行二百噸以上之船。惟畀河多沙，來自山上，故山谷間攔沙建築，不可少也。

附於本幹線者，畀河之外，若渦，淝，沱，睢等河，俟幹線成後，皆可逐次開發。淮河上游自烏龍集以上，河曲多沙，有穎河與平漢鐵路相連，故烏龍集以上之淮河，可以不須再治。

又武障鎮北至新浦，亦為附於本幹線主要附線之一，向南則又可望鑿廢黃之堤，與串場河相通。將來沿海一帶地面發展，此項南北貫澈交通道路，亦不可少也。

四，管理

水道與鐵道，同為一國血脈，非可劃疆分界，節節截斷。故德國歐戰之後，於一九二一年毅然由國會議決，全國水道俱為國有。吾國法制更新，要在統一，於此處更應注意。凡通航之道，皆由中央政府直接管理。中央管理之後，於華北水道，即從三幹線着手，各設專管關機，定其基金，以專責成。惟運河貫澈南北，與海，黃，淮三河，息息相關，各自為謀，反多不便。則不如以微山以南之運河，歸於淮河主管機關，微山以北臨清以南，歸於黃河下游主管機關，臨清以北，歸於河北諸河主管機關。關乎運河之事，由三機關會商辦理。同理賈魯河與潁河相連。但潁河則歸於淮河主管機關，賈魯河則歸於黃河下游主管機關。黃河全線遼遠，非一主管所可及，則分之為三：(一)自海口至陝州為下游主管範圍，兼管汶，沁，伊，洛等水利。(二)陝州至府谷為中游主管範圍，兼管渭洛及其各支流之水利。(三)府谷至蘭州為上游主管範圍，兼管綏遠，寧夏，皋蘭一帶水利。如此則此次中全會議議決之開展西北水利一案，可以責有攸歸，利於實施。責任既專，各在其所定範圍內，先作種種之基本研究，再謀貫通航道之規劃，一面培植人才，以資應用，則十年之後，必大有可觀矣。

由河套水系變遷說到黃沙分佈和南移

鍾呂思

一、河套的地勢，地質，和古代水系變遷的揣測。

「河套」指黃河在綏遠大彎曲內所包之地。東西北三面皆臨河，南倚邊墻，東西寬一千里，南北長亦如之。與「鄂爾多斯艸原」範圍相當。「鄂爾多斯艸原」是以部族標地的地名，而「河套」純是地形上的地名。和「西套」「後套」對稱。

河套平均拔海一千公尺，外圍有高山斷續環繞，西部有寧夏賀蘭山，延袤五百餘里，與黃河相平行，高度二千公尺以上，後套之北，沿五加河有狼山。自西北走向正東，歲爲一彎形，高約二千公尺以上，北部五原包頭間，有烏拉山，逕接狼山，長約百餘里，平均高約千八百公尺，東北部包頭，薩拉齊，歸綏之北，有大青山，巉岩峭壁，俯瞰歸綏平原，高度亦在二千公尺以上，狼山，烏拉山，大青山皆屬陰山山脈，爲中生代中末期之燕山造山期所生之水平運動所造成，大青山岩石多砂岩片麻岩，爲最近地面向上撓屈而成。東境亦爲黃河，經達托克托縣西北，折而東南，受清水河縣境諸山攔阻，南流入山西境，河套南部有陝北榆林高原，隨邊白子山蜿蜒邊墻內外，高度亦在二千公尺，地質有古生代層。至河套內部，以東部東勝一帶，地勢較高，硬山起伏，縣城東南拔海爲一〇五四公尺，南部高約一四〇〇公尺，西部則一二〇〇公尺以上，潢水於此南北分流，故可稱爲鄂爾多斯艸原的屋脊。中部杭錦鄂托克兩旗，地勢較低，鹽硷淖爾，星羅棋佈。鄂托克旗的西北，黃河東岸，有卓資山，產鐵鑛，高約一千公尺以上。整個河套地勢而論，爲一片平坦高原，但中部較低，東部高峻，南聯陝甘邊境諸山。北瀕河岸，有狹長冲積地。西臨沿岸有石嘴子，卓資山及沙漠屏峙，高度並未減低。舊水泊及老年期的濁流（大多僅春夏有水），分佈其間。

河套的地質歷史極久，地面極硬，以變質岩，火成岩爲主，而含片麻岩，石灰岩閃岩砂岩等，南部扎薩克旗郡王旗一帶，地質構造與陝北盆地相同，如旅行於烏蘭木倫河的斷崖下，可窺見其地層自上而下爲黃沙，黃土，灰白沙土，紅土，或雜以沙礫層，紅土顏色濃厚，厚約二三丈，被風化成長方形或斜長方形的碎片，每片寬約三寸至半寸。此紅土似即陝北盆地中，砂岩頁岩基磐之上的三趾馬紅土層或第四紀三門系的紅色土層，其時期距今約數十萬年。河套的東南部諒必爲陝北內湖之一部。至東勝以北，達拉特、準噶爾兩旗，地質顯然不同，平曠邱陵，綿亙起伏，老年期谿谷縱橫交錯。土質多黃褐色沙土，如在哈什拉川所見，西岸上層爲黃土，下爲橙色土，間雜有純白或灰白色泥土，但紅橙色土，較郡王旗紅土爲鬆軟，岩石多黑褐色或淡褐色，質頗重，似褐鐵鑛。又有黃色或紅色石塊，質疏鬆脆軟，在達旗城塔西南的阿貴廟山上，有無數黑褐色堅硬岩層，亦似褐鐵鑛，漸爲風雨所崩解。達旗縣道會川西岸，高鑒窯煨炭窯中所見地層，自上而下爲：沙土與黃土，厚約一丈，砂礫岩層。（質疏鬆）厚約一丈，煨炭、（或稱塊炭，質硬，爲煙煤之一種）厚約三尺至一丈餘，白色砂石層，石塊爲圓形，與灰白色石層 其厚約一丈，最下又爲年齡較老之煨炭，似無煙煤，厚約八尺，但爲地下水浸潤，不易挖掘。此煨炭層爲侏羅紀煤田，與薩拉齊包頭兩縣境內者相連。達旗沙梁與河岸間的冲積地，土質除黃沙土外尚有黑膠泥與紅膠泥，爲肥沃農田。

就地史學探討河套古代地勢變遷，誠屬有趣味的事，據地質學家推斷，亞洲地域，在古生代中葉石炭紀以前，由二大陸一大海構成，今蒙古新疆西藏大部分即石炭紀的大海，以後海涸陸升，中生代時，歐亞內海依然存在，至新生代之第三第四兩紀，中國全域已露，惟地形變化無已，有洪積層及冲積層發生於各地，

㊁

河套的黃土及冲積層，卽於此時以後由岩土逐漸風乾或古代湖海泥沙淤積而成。賀蘭山、狼山、烏喇山，大靑山爲中生代侏羅紀末期，水平運動自西而東，又轉向北，逐步造成。是期蒙古內海先有，而後陰山山脈隆起。（註一）

現在，河套內留給我們去探究古代地勢變遷的媒介，厥爲水系，卽湖泊與河流。河流卽指黃河及其支流。古代黃河河道的變遷，除下游幾次變遷與本文無關，暫不置論外，關於上游及中游變遷，有二說可資借鏡：（一）黃河正源爲渭水說，渭水發源甘肅渭源縣，與黃河支流洮河，相隔一山，距離不過二十五公里。說者謂在昔黃河上源逕由渭河東流趨海，以後地層隆起，河道被截爲今渭洮兩河，黃河遂彎曲繞流寧綏晉陝，果如是則有一時期河套地區黃河未經流其間，僅浩渺碧波之內海，或一片潤濕艸原而已。（二）黃洋交通說，「一八六五年美國地質學家潘本來氏曾至綏遠一帶調查，謂黃河自河套而東，遽變南北方向，必爲近代所成，其以前故道，當自河套取道黑水，經岱哈泊，再經今之洋河永定河入海，嗣經李希霍芬考察，否認黃洋交通之說。然謂套及歸綏平原屬於黃河冲積層」。（註二）

據作者的實地考察和揣測，河套於石炭紀大陸乾涸升起後，其中部南部爲內海，或與陝北爲地之內海相連，此可以郡王旗紅土地層証之，其後地形屢有變化，地層升降不已氣候漸轉寒冷，雨量缺乏。冬春季上空有高氣壓團，發爲極猛西北風，鼓吹不輟，內海水量乃逐漸減少，面積亦日見縮小。至新生地之第三第四兩紀，終於變成大湖。黃河流入此大湖，復溢出由今榆谿河無定河，經陝晉邊界折東行入海，至侏羅紀前，大湖爲黃河帶來之沙泥壅塞。河床亦逐漸升高，普通河流曲折處，除非有峻峭山嶽攔阻，每有改道直流之自然趨勢。黃河遂衝決賀蘭山，卓資山間峽谷，奔流至今後套，取道五加河，折而東又折而南流，惟造成賀蘭山之自西而東水平運動，於侏羅紀末期，改取東北方向，綫邊後套陸續掀起狼山，烏喇山，大青山，黃河河道被迫遷至五加河之南。以後經無數次改道，造成後套一帶冲積層。東勝附近高地亦於此時掀起，日後漸被濠流剝蝕，形成邱陵地。今日達旗境內，自南而北平行流入黃河之低岸平低濠谷，柳濠哈什拉川，罕太濠，蘇道會川（柳濠），黑賴濠，博爾噶斯太濠，毛不拉濠部此等濠流之老年期狀態。東勝郡旗東南流之烏蘭木倫河，河谷峭陡深入，年齡較幼，發生期當去今不遠。

黃河曾經流河套中部南部（卽鄂托克，烏審，扎薩克三旗地及杭錦郡王兩旗南部）之大湖一說，乍聽似頗荒誕，但不無相當理由，蓋此河套大湖最深部分，當在鄂托克旗東北象限內，其邊緣北至杭錦旗大鹽海子，西至鄂旗都思兎河南畔察斌達不素淖，南至邊墻附近之花馬池，漣花池，苟池，脂包池，鄂漢套海。東至郡旗之黑達兎淖，百灸蘭口力海，紅海子，學運海子，東南至扎旗紅鹹淖。此湖略似三角形，南北長約二五〇公里，東西寬約二三五公里，烏審旗全面積均爲湖底。黃河入口處爲石嘴子對岸鄂旗都思兎河與羅岱濠，現在羅岱濠長一百里，自卓資山東南麓新台山西南流入黃河及都思兎河，都思兎河全長約二百里，上源有寬約二十五里之濕地，在鄂旗王府之南四十里，鄂旗境內及烏審旗西北邊境共有大小淖爾三十四個，其中鹽淖四，鹼淖十一，水淖十九，此等淖爾爲大湖乾涸後殘存者，因長面蒸發量與流入淖爾之溪濠，水量相等，水中礦物質乃漸漸沉澱，結成鹽鹼。黃河由大湖出口通路，當爲郡旗烏蘭木倫河，扎旗南禿尾河上源之公布濠，烏旗南縣乾河上源之榆谿河海溜兎河，那泥河，尤以榆谿河河床平廣，岸低水淺，屬于老年期河濠。發源於烏旗王府東南三十里銀蓋腦包，曰白河，西北經烏鄂邊境湖泊常不過百二三十里，其間黃沙約互，古代黃河循此濠附近南流，頗有可能。

二、河套黃沙的分佈，來源及其移動

河套伊盟七旗的地形可略述如下：達旗準旗東勝，及郡旗之北部，硬邱疏邇，濠濠錯列，如達旗「梁外」有六大濠平行流入黃河，準旗有可可利濤，圪袞濤等。郡旗爲烏蘭木倫河之流域，郡旗之南半部及扎旗全部則平野多沙，梁少，杭旗沙梁平地各參半，鄂旗平地、沙梁、山邱，湖泊皆有，似平地所佔面積較大。烏旗全境沙梁幾佔三分之二。黃沙在河套的分佈，大致作南北兩道平行線。南道沙梁，西起陶樂湖灘，蜿蜒東行，經鄂旗南部，鹽池，定邊兩縣境，稍折爲東北，至烏旗南部中部，又折爲東南，經十八爾台之南，延伸至神木府谷邊墻內外，而止於河濱。共長約六百公里。其間分支小沙梁無數，如十八爾台至榆林之間，長一百八十里，大小沙梁橫亙，大者寬約三四十里，小者寬約七八里，十二三里不等。黃沙又每沿河谷窪地延伸，如榆林之南，無定河兩岸黃沙漠漠，二十八年黃沙最南頭，已離綏德永寧橋約二里。北道沙梁，西起阿拉善旗，經臨河，杭錦兩旗之北，以迄準達邊境梁家圪堵，此沙梁與黃河平行，共長約二五〇公里，距岸六七十里至三四十里構成一種長沖積灘地，沙梁寬度自二三十里至七八十里，尤以杭旗境內，沙坡陡峻，厚達七八十里，爲河套與後套間交通大障礙。至南北兩道大沙梁之間，時有小沙坡錯雜，如郡王旗南帶禿海一帶之沙土地，王子濛灘旁紅沙地等。

黃沙的分佈，除河套外，西至阿拉善額濟納爾旗，布隆吉河流域，及新疆吐魯番等地，東至綏東綫南，尤以宣化洋河南岸一帶沙立綿亘，起伏不定，有如沙海。

如檢視黃沙顆粒，則發現其形狀有均勻圓滑者，粗糙稜角者，直徑自一公厘至二三公厘。大抵在溝谷中及沙梁向風處，沙粒較大，背風沙坡，沙粒較細，又愈往南走，沙亦愈粗。普通顏色分黃，紅，灰白，黑四種，黃色沙粒係片麻岩風化而成，紅色沙粒來自正長石，灰白色成自石英質，黑色成自角閃石等，黃沙中多夾有黃土紅土，如郡王旗之紅沙係混有白紅土層風化而成之紅土粒，黃土則來自風乾之黃土層。

河套上部地層爲砂岩片麻岩，砂土，黃土，經河源侵蝕及風乾後，變爲碎粒，受溝水滾動及風力，移動愈久，顆粒愈細。但主要來源當爲河套大湖及黃河故道中淤積沙土，湖水蒸發乾涸後，爲西北風北風吹至南岸，遇有障礙或阻力，堆積成無數起伏沙梁。約當新生代第四紀至西周時代，氣候雖漸趨乾燥，雨量尚稱豐沛，至漢初則爲減少，旋又變濕，西晉末年五胡亂華之世，匈奴赫連勃勃據有今陝北隴東北鄂爾多斯地，背秦稱大夏天王，建都朔方統萬城，即今陝北橫山縣北境，凡三主，二十五年，可見當時河套南部，氣候溫潤，水草肥美，決非現在黃沙瀰漫可比。隋唐以後，乾旱特甚，尤以近二百年來爲最，南北兩道大沙梁，即於近代先後造成，南道沙梁爲河套大湖及黃河故道沖積沙土風乾而成，故含有頗多甘青高原乾燥黃土及砂礫之碎粒。北道沙梁，則爲自陰山沖刷而來之砂岩片麻岩花崗岩等，冬季水量減少，淤積河底，被西北風吹集南岸而成。

沙梁具有很大的移動性，向風面的沙，借着風力，被吹過梁頂，堆積在坡度較大的背風面。到相當時期，背風面的沙，逐漸堆積，受到阻力，又被捲起成爲沙坡，如是形成無數起伏綿亘的一道沙梁。河套的沙梁，有高出平地約十五丈至二十丈，普通向風面坡度約在三十度以下，背風面竟有達六十度至八十度者。

沙梁的移動正可比擬海波的前進，如風力愈大，則波頂愈高，波凹愈深，波頂與波頂間之距離或長度愈大。水面下的激動愈深，同時前進運動愈速。由暴風所成的大海波，向前推移，能保持原有的長度和距離，但高度將逐漸減少，這一串海波，曰「滾滾波浪」，沙梁亦有如是性能，不過所不同者，沙梁前進，無倒退作用，且速度不及海波，高度亦各不同。海洋大波浪高約三十至四十英尺，長三百至一千五百英尺，每小時速度二十至六十英里，每一波浪，自起至伏時間，約十秒鐘，而蒙古猛烈西北風每小時速度達二十七公里，但僅能挾帶細微沙土，至沙梁乃爲經較長時間逐漸堆積而成。

三、防止黃沙南移的耐旱植物。

邊疆月刊第二期上，許錫五先生寫了一篇『防止沙漠和鹼地能耕種的實地考察』的文章，向大家提出防止黃沙南移的問題。的確，還是關乎民生的大問題。黃沙的南侵，其來雖漸，可是不知不覺中一大塊一大塊牧場和農田，給黃沙覆蓋了，食糧生產和牧草栽培的面積日見縮小，伊盟陝北的人民和牲畜，將愈益接近饑餓線上。所以是值得大家聚精會神來科學地討論研究的。不過黃沙南移的現象是早已存在，最先發覺的，當然是居住在附近的牧民和農民，以後纔逐漸被國內外專門學者注意研究，英人渥思頓，曾有內蒙沙漠南移之說，西北農學院喬敬鑫氏證實之，其實這也是一個舊問題。

黃沙以西北風為主要傳播力量，其南移速度，雖無詳確記載，但較比大江三角洲，每八十年向外擴張一哩或三哩為快，旅行邊牆外扎烏各旗地，每見黃沙掩沒了低矮的邱陵，和緩了陡峻的山坡，或把海子填塞，或把柳樹人家包圍，黃沙在地面上的猖獗，和給人們的威脅，處處可以顯露出來。作者曾在十八爾台，察雞兎，蘇舊等處詢問土人，究竟黃沙每年南移速度多少，他答曰約十餘步，合約七丈，即每二十六年向南移一里，假定南道沙梁最初在十八爾台一帶，如純借風力傳播，則需四千六百三十年始侵至榆林，今靖民堡附近之北道沙梁，約再過九千年，可移至十八爾台，但事實上黃沙傳播除風力外，尚有河川搬運，及岩土乾燥等因素，且黃沙愈南移，面積愈大，厚度將愈小，而所謂一年速度，實則僅冬春季有西北風北風季節而言。

「如何防止黃沙南移」為抗戰建國中西北生產建設急待解決的問題。其方法惟有自廣植耐旱之草木着手，使「淤沙」變為「固沙」，「瘠沙」化成「沃土」。至適宜於黃沙生長之喬木灌木草本，據作者實地調查所得，其種類有如左所述：

一、喬木類：榆楊柳樑為蒙地最多之樹木，皆落葉喬木，木材堅實，用以架蓋房屋及製作牛車與用器。樫柳多生長於低窪有水地，榆則耐性極大，蒙地有「大旱不死榆樹」之諺。水枕，落葉，青皮，葉形橢圓，網脈，長約三公分，寬約二公分，幹高八九丈，用作燃料木材。木瓜，蒙語曰「色克丁木獨」落葉，開花結子，多植於召廟僧房附近。「黑格賴」蒙語曰「耶西勒不獨」一種高約丈許之耐旱喬木。杏木，亦名櫻桃，蒙語曰「貴利蘇木獨」烏審旗所產，其子為黑色，能染綠綢等物。

二、灌木類 烏柳，皮黑紅色，高約七八尺，烏審及郡王旗速灰川畔盛產之。紅柳，皮紅色，葉細長，約二公分，冬季落葉，仲春發芽，有毛狀芽胞，灰白色或紅黃色，在邊外各地，烏審旗，扎薩克旗南部沙土地帶最多，為良好防沙植物，用途極廣，可為羊圈苫屋編筐，無異南方之竹，紅柳、蒙語「烏蘭博爾噶蘇」，此外又有一種沙柳，與紅柳酷似，蒙語曰「戶博爾噶蘇」，寧條，有刺豆科植物，葉圓小，對生，冬季落葉，為羊所愛吃之植物，蒙語曰「哈爾噶拉克」。臭栢，高不過一二尺，葉稍有臭味，如郡王旗東邊速灰川伍家壕烏蘭鄂博附近，兩岸沙石山上，臭栢叢生，蒙語曰「阿爾察」。沙蒿可分為黑沙蒿（蒙語曰「喀喇沙博克」）：黃沙蒿（蒙語曰沙喇克沙博克）氣沙蒿（蒙語曰阿古爾沙博克）水沙蒿（蒙語曰博嚕沙博克）四種扁形針葉，有葉托，芽胞，春初發芽，八月開花結籽十一月乾枯。普通高約二三尺，為黃沙地最繁盛之灌木叢，其根蟠結相連，深至五六尺以下，不明者以為一株一株獨立生長，其實幾乎整個坡坡的沙蒿，是同根一串的，所以沙蒿是最好的防沙植物，同時也是目前蒙地人民的不可或缺的燃料。「湖輪掌」，有刺，葉中空，圓稜，「紅溜溜」，有刺，冬季，結小紅子，此二種灌木名稱，皆係郡王旗土語，牛心棒為一種堅韌之灌木，葉長一寸，寬二三分，五月發芽，六月開黑穗花，八月為霜所侵，遂至枯萎，牲口除駱駝外，皆不愛吃，可作綠肥之用。

三草本類：（一）沙米又名登香籽，高一

尺，葉針刺狀，長一寸五分，五月生，六七月開白小花，結子如穀粒，包於片鱗狀花托中，九月乾枯，其子去殼炒熟，磨成粉末，爲貧農食糧之一，亦可作牲口飼料，蒙語曰「諾爾嗐」。（二）沙蓬，高約一尺，一叢平徑寬約一尺餘，葉長約二寸，寬約一分，有刺，無子，每年四月生八月開小黃花，九月乾枯，爲牲口所嗜吃。蒙語曰。（三）面蓬，高約一尺至二尺，葉長約一寸餘，寬二分，無刺，四月生，八月開小黃花，結籽九月乾枯，將其籽浸水中一夜後，取出搗搓，再加洗滌，用鍋炒熟，磨成粉末，爲貧農食糧之一，其莖葉亦爲牲口所愛吃。（四）沙竹，一種蔓藤狀植物，葉長一尺多，寬約四五分，高約四五尺，四月生，七八月間開花，花如高粱穗，無籽，冬季地凍後即枯，根皮暴露，如苧麻纖維然。牲口亦愛吃。（五）白艸：高約一尺，葉長四五寸，寬二分，四月生十一月枯。（六）蘆艸，高五尺，葉長七八寸，寬五分，有穗，四月生，十一月枯。（七）馬鬃草，高約一尺，葉長一尺，寬一分，四月生，八月出穗，十月死。（八）蒲艸：多生於沙湖中。（九）鹼草：其根長至五六尺，隨地蔓伸，每節長距一寸餘至二寸，節下生鬚根，節上生莖，莖上叢生尖長形小葉，長約三四寸，寬約半分，葉有葉托，莖高約一尺左右，三月生，五月出穗，穗狀如秕，惟稍小，溶化鹼性力極大。（十）「狗見愁」亦曰「白季艸」一叢叢生長於沙地上，如刺蝟然，郡王旗紅沙地最多，蒙語曰「額爾格蘇」。（十一）纖箕草，高約二三尺，叢生，葉根極軔，與狗見愁同爲牲口所懼怕。外有駱駝刺，沙芥，綠尾巴蒿，沙葱，莠林（苜蓿）苦菜，黃油子等。或謂開墾牧地，因芟除堅韌雜草，而農作物之莖根，遠不及雜草之能把住沙土，以致逐漸風乾，變成蓋沙，要亦不無理由，故保存草類，亦爲防止蓋沙辦法之一。〔完〕

（註一）見西北地理第十六章第一節。

（註二）美國人文地理學家亨丁頓氏在西亞及中亞觀察所得結論，謂大抵紀元前一千年雨量當較今爲富，至紀元前二世紀則減少，旋又變濕，至紀元後第四第七第十三及第十五世紀，均乾旱特甚，尤以近二百年來爲最，故沙漠日廣，草木衰亡。

本文主要參考書：

台維斯編 英文自然地理 葛綏成編譯

地形學 汪公亮編著

西北地理 陳增敏著

宣化畚地 綏遠省政府編印

綏遠概況

本期第三期要目

國父逝世與邊疆民族……禹九

實現總理的國族主義……白崇禧

外蒙與西藏……馬鶴天

伊盟當前的嚴重問題……李誠聲

回到祖國的懷抱裏……曾梓

伊東調查通訊……召思

本刊創刊號要目

創刊詞

邊事述評｜西北經濟建設……鶴天

蒙政與國防……公玉

伊盟兩個嚴重問題……聖倫

抗戰三年與邊疆……馬鶴天

治蒙政策與邊疆教育……朱綬光

與王處輔君論伊克昭盟蒙古問題……楊令德

論保衛伊盟……湯昭武

怎樣推進伊盟教育……誠聲

告邊疆讀書青年……李劉

幾個蒙古名詞的解釋……韓澤敷

邊疆文藝｜爲邊疆月刊獻詞……誠聲

外蒙軍歌二首……謝再善譯

伊盟歌謠之一……召思譯

本刊第二期要目

邊事述評｜變亂前仇殺爲公的復仇……鶴天

所望於綏蒙政會青年委員者……誠聲

應該表彰的俺答可汗……樂群

防止沙漠和鹼地能耕種的實地考察……許錫五

研究蒙古問題的先決精神……李劉

邊疆建設的幾個問題……謝再善

蒙古音樂的發掘……喬力

談邊疆文學的創作……李誠聲

邊學雜記——曲齋支踴……鶴天

郡王旗蒙古情歌三首……召思譯

論著

整理河套渠道之管見

于培祥來稿

此次奉委赴五原勘驗移民地址過行河套遍覽各渠平原沃壤一望無際生長五穀不需天雨所謂天府雄國中華西北之富饒區域也及行至村落則人烟稀少十室九墟於是就土人而問之曰河套古稱富庶之區今何敗壞至於此亟土人蹙額疾首而告之曰河套之敗壞原因甚多若土匪之搶掠軍隊之需索官紳之敲剝稅局之苛擾皆足傷地方元氣而其最致河套之死命者莫如渠道之辦理不善夫前清修鑿渠道公私費如許金錢官紳耗若干心力當時成績之優美定章之緊嚴於河套之前途固有極大之希望奈法久弊生人亡政息水利局則但知收租不肯修渠以致渠多淤澄地多荒蕪而且上下其手百弊叢生纍纍之多難以舉數無論弊端何在總歸苦我小民此渠歸官辦之流弊情形也前都有鑒於此將渠改歸商包從此水益深火益熱而小民益不堪命矣蓋商人惟利是圖安肯多出血本大修渠道所以商包以後渠愈淤地愈荒百姓乃愈苦已淤之渠顆粒難得小民之困苦無論矣稍能上水之渠包戶非全行放稍既中途當埧務使澆其多獲租金之地而後已所謂領墾之糧地窮民之租地苟非預交租金得動渠頭即令十年未收飢餓將死亦萬難沾其一滴所以然者澆糧地一頃不過得銀四兩五錢澆永租地一頃即之銀十九兩五錢亦有得三四十兩者若澆私墾地一頃可得銀三十兩至五六十兩不等人情之於金錢恒愛多而惡少苟非至愚誰肯舍五六十兩不取而取四兩五錢也耶此所以租地多荒而糧地尤多荒也且年前預交租金成爲河套惡習優餘之家常以此爲難事而貧苦百姓租地爲生安有餘款預交租價租價不到地即轉租是逼使甘爲流氓

也地勤耘則草稀用肥料則苗碩草稀苗碩即來年豐收之基或因預租未交將地轉給他人或因他人運動地竟不爲已有勤耘肥料徒勞無功是以河套農夫均存苟且之念不肯修整田地是迺使廿爲懶惰也預租未交地被人奪青年壯丁無所事事愚魯者死於溝壑狡黠者流爲盜賊是逼使土匪日多也以上種種又歸包辦之流弊情形也官辦商包均有弊端然則如何辦理方可有利無弊曰總修歸官歲修歸民組一水利委員會以爲監督機關委員對渠負監督之責任自不敢放棄地戶與渠有密切之關係更不忍忽視上既不需公款下可永保渠道作地方自治之濫觴樹興修水利之模範謹將委員會組織大綱略陳於左

草擬水利委員會暫行簡章

一本會定名爲水利委員會

二本會設總會於五原縣城設分會於八大幹渠

三本會以督催疏濬渠道討論農田水利爲宗旨

四本會設委員長一人以水利局總辦兼任設副委員長三人以五原縣知事水利局坐辦西盟墾務局長兼任幹事六人由各縣局科長兼任均由督辦或都統委任之每一幹渠組織分會一處設委員長一人副委員長二人幹事四人或六人由各渠地戶票選或推舉由總會委員長委任之並呈報督辦及都統異備案

五本會委員長總理全會事務有指揮職員執行職務召集開會表決議案之權遇有特別事故不能行其職權時由副委員長代理之各分會委員長受總會之指揮召集職員會議估計全渠工程支配地段分配工人督辦濬渠事宜

六本會於每年春分夏至秋分前十日召集總分會職員開全體大會報告各渠狀況討論疏濬手續並估計工程告具圖說頒令各分會按期執行各分會於總統會後十日召集全渠地戶宣佈總會計劃分配工程定期開工

七本會職員概盡義務不支薪金其郵電紙筆各費由水利局經費項下撥支

八本簡章未盡事宜經大會討論修改之

附各分會修渠簡章

一各分會職員遵總會議決辦法估計本渠共需若干工共有若干地每地一頃出工若干均匀支配分定地段劃開工程令地戶按地出工遵期修理若職員不遵總會計劃放棄職務或地戶不受分會指揮抗不出工致渠淤壩決由委員長查明情形送交縣署懲處

二各地戶出工一名須帶鍬一柄或筐一個各分會職員既係各渠地戶亦應按地出工作爲表率不得藉口辦公希圖取巧惟其個人因公羈身不能經營他務亦准頂工一名以示公道

三各地戶如無工可出須自行另雇不得折錢交付分會以杜流弊

查河套地戶以渠爲生命渠流通則全家生渠淤塞則坐待死是以祇能渠流地澆無論出錢出工無不惟命是聽先前之官辦是得錢不修渠嗣後之商包是水多澆私墾辦法雖異而妨害農民之生活阻止地方之發展則同是以救濟之法惟有地戶自行修理之一道章程內祇准地戶出工不准出錢是又恐蹈先前之流弊也

擬各渠輪流澆水草章

各渠輪澆地須有一定章程方免地戶爭執今擬草案如下

一春由上流澆起依次下以水盡爲止餘水放梢

二熱由下流澆起依次上以水盡爲止餘水放梢

三伏由上流澆起依次下以水盡爲止餘水放梢

四水由下流澆起依次上澆以水盡爲止餘水放梢

五冬由上流燒起依次下澆以水盡爲止餘水放梢

按上下輪流澆水無偏陂似較公道惟何水宜先澆上流何水宜先澆下流及流水時間之短長當壩度數之高低

須召集全渠地戶按照地方情形詳細討論以期有益農田無損渠道即所頒章程如果施之各渠有不適宜之處地戶十人以上之署名得將情形報告總會呈請修改法期盡善不必拘守成規也

墾務須知（續）

周晉熙編述

第三章

山川形勢

疆域有變更山川無改移此自然之理按以綏區以陰山爲主一曰大青山又曰大斤山亦曰秦山延長一千二百餘里山勢起自內蒙古河套西北賀蘭山（賀蘭山蒙語爲附拉善）橫亘綏境五原固陽兩縣至包頭設治局屬內後口子爲中斷落點之處又分脈爲二循後口子不門幛起點西至五原縣西山嘴名曰烏拉前山又曰歷爾根嶺在五原縣境內者名曰烏拉後山又由包頭後口子起點東經薩拉齊歸綏武川三縣以達察哈爾之北接於興安嶺則爲本幹統名曰陰山陰山爲北條崑崙之系當中原西北之屏蔽在五原縣境內分脈之山曰狠山（即古之陽山）曰狠居胥曰喀爾占布特曰納林碩龍曰策爾曰色爾騰曰阿爾坦曰翁金朔龍曰哈那那林烏拉嶺曰碩霍音打報領曰沙喇鄂累曰穆尼烏拉嵛曰色倫布電克嶺曰木納曰東德爾曰西德爾曰牛頭朝那曰赤城曰阿爾柴曰馬神曰河套曰雪山曰林山曰鄂博圖喀喇曰碧柳圖曰龔孛曰麥境曰伊克鄂博曰音納祿曰察漢呼曰白音納祿曰克球曰火燒曰格郡曰格那曰桃葉呼都克曰鎖布落那呼都克曰馬陰在固陽縣境內者曰敖西喜曰哈拉海圖曰伊克哈達圖曰固爾斑喀喇曰和岳爾伯爾克曰察汗鄂博曰黑山曰官山曰方山褪諾克曰羖羊曰哈拉特克曰齊齊爾哈察漢曰齊老圖曰郭岳會察汗齊老曰喀喇托羅海曰哈拉海圖曰賀爾賀固爾斑喀喇在包頭設治局境內者曰烏拉前山曰歷爾根嶺曰阿爾布坦曰居延曰省嵬曰老虎在薩拉齊縣境內者曰夾山曰紇那又名跋那曰拜壽古爾曰錫拉德布色克曰白側郭爾曰克壽曰托蘇圖在歸綏縣境內者曰何因貴曰牛心曰石綠曰哈拉克沁在武川縣境內者曰爾嶺（一名毛德爾）曰翁袞曰岳索曰查爾曰陽山一名杜爾百曰鵲山（一名沙齊哈圖）曰羖羊

治理黃河之歷史觀

朱延平

(一)禹道及其以後之變遷

黃河是中國最難治底河，大概稍有智識的人都知道，就是在世界上大河裏頭，黃河的難治，也是數得着的。中國第一個治河專家，當然是夏禹，因爲他治河治的好，後人稱他爲神禹，他的本領若何，就可想而知了。

中國書籍載著有關於治河的文字，第一篇就是禹貢。吾人既談黃河，這禹貢內導河的一段文字，不能不首先提出來說一說。這段文字就是：「導河積石，至於龍門，南至於華陰，東至於底柱，又東至於孟津，東過洛汭，至於大伾，北過洚水，至於大陸，又北播爲九河，同爲逆河入於海。」這段文字所說的地方，如積石在青海，龍門在山西，華陰在陝西，底柱孟津洛汭大伾在河南，洚水就是漳河，也在河南，大陸就是河北省任縣境內那個大陸澤；但他的範圍，比現在大的多，這均可以在地圖上查底出來，九河說是徒駭，太史，馬頰，覆釜，胡蘇，簡，絜，鈎盤，禹津，在河北山東兩省境內。可是有人說：「這九河之名，是靠不住的，」至於逆河，更是言人人殊，有的說：「九一歸一後，合現在的滹沱大清永定各河爲一，轉而南行入海，因與原來方向相逆，故謂之爲逆河。」；有的說：「逆河是逆沒之河，如現在之減水河，藉以洩汛時漲水的」；有的說：「逆河現已淪於海中，」；有的說：「河分爲九，又合爲一，以一迎八，故謂之爲逆河。」；有的說：「逆河就如同現在的海河，因爲有潮汐逆流，故謂之爲逆河。」；有人說：「現在的渤海，就是逆河。」究竟誰說的對，我也無從證明，如就個人觀察，我以爲末兩說近乎情理，尤以末一說爲近是。

這黃河淤積的能力，平常看起來，似乎沒甚麽要緊，如長期計算起來，實在是令人可驚。黃河在宋神宗十年，全河改道南行，由雲梯關入海，後來過了六百餘年，至前清初年，他的入海底地方，已突過雲梯關一百二十餘里，計算起來，約五年的時間，即淤進海中一里。黃河在河北省境內入海，由夏禹至王莽年間，爲時約二千三百餘年，按上列比例計算，應淤進海中四百餘里。由現在的海邊，量進內地四百里，即是雄縣任邱河間一帶地方，當時大陸澤的範圍，據說概括前順德府北部，及前趙深二州之地。由此看來，黃河出大陸後，去海不過百數里，現在的黃河，在山東利津入海處，尙分爲若干股，或南或北分流，長約數十里；當時黃河入海的情狀，與此應無大異。所以我以爲黃河自播爲九河後，卽各分途入於渤海，沒有更將九河合而爲一，造成一個逆河。現在東淀及文安一帶地面高度，比海面高不過三四公尺，這一帶地方，經二千餘年黃河的淤積，又經桑乾滹沱兩渾河及他多水清水河四千多年的淤積，淤得比海面高三四公尺，似乎是在人意之中。

至於禹時謂渤海爲逆河，似乎也有原故：（一）渤海的形勢，東寬西窄，當時西部，由甯河寶坻天津靜海灣進東西兩淀一帶，當然是更窄，南北兩邊均高，中間成一寬渠，確乎是像一個河；（二）北邊有潮白桑乾白溝等河入之，西邊有滏龍滹沱等河入之，黃河與此諸河滙而爲一，滔滔東下，更確乎是像一個河；（三）河水是渾的，海水是淸的，多數人均有這個印象，中國的帆船，在現在看起來，是很粗笨的，要是在四千年前，恐怕連這粗笨的帆船還沒有，平常用的仍是刳木之舟，也未可知，不能划之入遠海，所以他們認定渾水是河，淸水是海，在渤海內，因北面各河流入之故，直至昌黎縣碣石山左近，才是淸水，所以另章說：「夾右碣石，入於河」。

古今來對於禹道，多有爭論，茲特就所知，略爲陳述，究竟對不對，那就得等著專家考究了。黃河由禹至今，其大變遷凡爲六次，歷代河渠志溝洫志中，載之甚詳。茲略述之如下：

第一次變遷，是在周定王五年，按書上說，禹道所經之地，證之今日地圖，爲由武陟縣東北，經大伾山之西，過彰德，穿大陸澤，又北經東鹿交河天津，以入渤海。這第一次變遷，改由濬縣西南，出濬滑二縣之間，循今之衞河，掠大名臨淸，循南運河，達天津入海。

第二次變遷，是在王莽建國三年，其時河決魏郡，由今之濮陽濮縣間，至壽張入黃河今道處，忽東北瀉入馬頰河，至尾閭復趨今黃河口。

第三次變遷，是在宋仁宗慶歷八年，當時河決商胡埽，嘉祐元年，又分派於魏之第六埽，分爲二股河，北派似今之南運河，而上流偏西，南派似今之馬頰河，而下流偏北。

第四次變遷，是在金昌明五年，河決陽武，至壽張分爲二派，北派由今黃河入海，南派由運河淮河入海。

第五次變遷，是在元至元二十五年，河決仍是在陽武等縣，經徐州，奪淮河入海，即今之地圖上淤黃河道。

第六次變遷，是在清咸豐五年，河決銅瓦廂，奪大清河入海，即今之黃河道。

其餘小徙潰決之事，歷代無間，不勝覼縷，姑不贅述。

（二）四瀆及濟淮江與河之關係

中國從前所說的四瀆，就是河濟淮江，為甚麼叫作四瀆呢？瀆就是獨自入海，旁的河隨牠入海，牠不隨旁的河入海。在現在看起來，這獨自入海的河太多了，為甚麼不全給他們一個瀆的名義呢？或者是當時起這瀆的名義時，所知道獨自入海底大河，就是這四個。黃河的源流，前節已經述說過，茲將河濟淮江入海底道，就禹貢所載的，合并著說一次，以清眉目。

（一）河的入海的道：

導河積石，至於龍門，南至於華陰，東致於底柱，又東至於孟津，東過洛汭，至於大伾，北過洚水，至於大陸，又北播為九河，同為逆河，入於海。

（二）濟的入海的道：

導沇水，（源出王屋山）東流為濟，入於河，溢為滎，東出於陶丘（在今定陶縣西南）北，又東至於荷，又東北會於汶，又東北入於海。

（三）淮的入海的道：

導淮自桐柏，東會於泗沂，東入於海。

（四）江的入海的道：

岷山導江，東別為沱，又東至於澧，（在湖南今注洞庭）過九江，至於東陵，（湖南岳陽縣）東迤北會於匯，（與漢所匯之彭蠡匯）東為中江，入於海。

這四瀆因為前節所述河的多次變遷，其系統早已紊亂了。且河之與濟，據余的觀察，可以說是一個河，說濟是河的一個減水河也可，說濟是河的舊河槽也可。這河淤積的力量很大，一個河槽經過走了幾百年，甚而至於幾十年，必定將這所經之地淤高，水性是就下的，所經之地既是淤高，這河水勢必另尋低地通流，歷代河的變遷改道，其理由不過如此。自禹時至元代，河的變遷大勢，是由北而南的；由元而後，河的變遷大勢，似乎是由南而北了。由此推溯上去，可知在禹以前，河的變遷大勢，必是由南而北，大禹以前的河道，如在禹道以南，余以為濟最像是河的舊槽，當時河已將這舊槽，不知淤積了若干年，淤積的很高了，一時漲溢，改道北行，就成了現在所說的禹道。這河雖然改道北行，而舊槽仍然過水，當時治水的，因為這兩股水，仍然均大；且舊槽之中，下游亦仍有水注之，所以就一名之為河，一名之為濟。怎麽又說濟是河的減水河呢？這導濟文內明言「導沇水，東流為濟，入於河，溢為滎，」由河中溢出的水而成河，不是減水河是甚麽？現在這類的減水河很多，僅就河北省內言，永定河有盧溝橋減水河，金門閘減水河；北運河有蘇莊減水河，青龍灣減水河，筐兒港減水河，新開河減水河，現在又在北倉迤上新開了一個減水河；南運河有馬廠捷地四女寺各減水河；這各減水河，均是正河溢水成河。有人說：「濟水是清的，河水是濁的，濟水入河，並流數十里而南截河，又並流數里溢為滎，濟是清水，既入河與河相亂，迨至溢出後，仍為清水，所以說河水是河水，濟水是濟水，」這話余以為是事實，但不足為溢出之水，仍為濟水的根據。濟由王屋山發源，去入河處並不甚遠，去水源近處之水多為清水，那是自然的。至於溢出之水是清的，也自有說，大凡水流之中，總是上層較清，下層較濁，溢出之水，當然是上層之水，所以他就較清，這似乎是沒有甚麽深思大意，更有人說：「有人伏入河底，見渾河中有清流一道，直貫之者，却是濟水，」又有說：「河水是一種味道，濟水是一種味道，所以於溢出之後，仍知為濟水」，那就更似乎是附會了。

以上所說的，是說河與濟，自始即有點牽混。至於到王莽時，河之第二變遷，改由千乘入海，流經濟水流域，那就更不用說了。河之改道匯淮入海，在漢時即有過一次，但不久就挽過來了。至於宋代又轉而南去入淮，迨河將淮之入海之路，逐漸淤塞，致使河在河南境內決口，分流南竄，經渦入淮，一時由清江至海之路不暢，此竄出之水，不得不擁潴於上河高郵寶應各湖中，而慢慢的由運河輸之於江。由此看來，這河在四瀆之中之位置，與所及於河南河北山東安徽江蘇五省地面之影響，不用細說，就可以知道大概了。故在中國言水利，這黃河問題不解決，旁的河就便治好了，恐怕不免受牠的影響哩！於河道之治理，知所先後，那是在當局的措置了。

(三)泛濫淤積的情形

黃河淤積情形，前邊已經說過大概，就是黃河由宋神宗十年，全河改道南行，由海州雲梯關入海時至清初，為時約六百餘年，他的入海的地方，突過雲梯關一百二十餘里，平均每年淤進海中，約三百六十尺。現在黃河入海的地方，是在山東利津縣，黃河改由此處入海，是在清咸豐五年，前頭已經說過，咸豐五年到現在才六七十年，雖說利津地方，已被黃河淤進海中一二十里，據之已往事實，似乎是不無可信。黃河所以有這麽大的淤積力量。因爲牠所含的泥沙太多，黃河的含沙量，考之往籍，有的說：一石水六斗沙，有的說一石水八斗沙，這種數目，是當時試驗而知的，抑或是隨便約略的，現時可以說是不知道，玆將前督辦運河工程總局試驗而得之數，及其影響於淤積之程度，約略的說一說。

黃河含沙量，在低水位時，以比重計，約爲水量百分之一之三分之一；在民國八年盛漲時，以比重計，約爲水量百分之十；是年由七月三十一號，至九月二號，黃河盛漲時，由六處得有十八件試料之平均含量，以比重計，約爲水量百分之六•五，以體積論，約爲水量百分之四•五。

在黃運交會處之黃河流量，當八年八月時，一秒鐘平均爲三千五百立方公尺，卽一秒時平均爲十二萬四千立方英尺。此數流量所含之沙，以百分之四•五計算之，二十四小時內所洩之沙，應爲十一萬一千二百五十英畝尺，卽一月內所洩之沙，爲三十五萬英畝尺。此數英畝尺之沙，若堆之十英里長，五英里寬，可有十英尺深。黃河一年所洩之沙，此月約居其半。

八年之漲溢，是當時十年內之最大者，水之冲刷力，以河流之速，及漲溢之體積爲比例，故該年所含之沙，較往年爲多。八年五月低水位時，一月所洩之沙，僅爲上數百分之一，卽約三千英畝尺。三千英畝尺之沙，若堆積一英里長，一英里寬，僅可高五英尺，較上節所云含洩之沙，遜之遠甚，此蓋由低水位時所洩之水，祇盛漲時十分之一，而所洩之沙，其量亦祇盛漲時十分之一的原故。

黃河含沙一年入海之量數，就民國八年異漲之年計之，可列之如下：

月別	含沙平均比重百分數	含沙平均比體積百分數	平均每秒時之流量(立方公尺)	平均每秒時之流量(立方英尺)	一月內之流量(英畝尺)	一月內之含沙總數(英畝尺)
一月		0.21	500	17,600	1,090,000	2,290
二月		0.21	500	17,600	985,000	2,000
三月		0.21	500	17,600	985,000	2,030
四月		0.21	600	21,000	1,260,000	2,640

五 月	0.50	0.35	400	14,000	870,000	3,050
六 月	0.77	0.50	1000	35,000	2,100,000	10,500
七 月	1.50	1.05	3500	124,000	7,700,000	81,000
八 月	5.00	3.50	3500	124,000	7,700,000	270,000
九 月	3.00	2.10	1500	53,000	3,200,000	67,000
十 月	1.00	0.70	1000	35,000	2,170,000	15,200
十一月	1.00	0.70	800	28,000	1,680,000	11,700
十二月	0.70	0.50	600	21,000	1,300,000	6,500
總 數					31,040,000	473,000

據上表觀之，黃河每年洩入渤海內之沙，約有四十七萬四千英畝尺。四十七萬四千英畝尺之沙，足塡三十七方英里之地，高二十英尺。八年水漲異常，所洩之沙，或者較往年所洩之沙爲多，假使往年所洩之沙，亦若彼之多，而其數適足爲多年之平均數，則黃河改道，由清咸豐五年至民國八年，六十七年間，其河口應已漫淤一千二百五十方英里之面積，足深二十英尺。現下黃河河口，平均寬四十英里，按上述漫淤之數計算之，河口應已展入海中約三十英里，卽每年展入海中約半英里。

黃河前循其由雲梯關入海之道，由元自元年算至清咸豐年，爲時約五百五十年。五百五十年漫淤之沙，按上數計算之，應足漫淤一萬方英里，足深二十英尺，設平漫淤三十英尺深，則所覆之面積，可減爲六千七百方英里。卽一縷之地，寬六十七英里，長一百英里。

據前所述，雲梯關外，實未淤積如此之多，此或由在彼期中，各年所淤之沙，不盡如前云之多。蓋河之淤積，前百年與後百年不同，前十年與後十年不同，這全看河之冲刷力與雨量之損毀力，施於流域山地底怎麼樣。

督辦運河工程局諮詢工程師費禮門，研究現黃河口平均每年淤積之數，爲民國八年粗計之數之四分之一，前述之數爲半英里，卽二千六百四十英尺，四分之一則爲六百六十英尺，較余前年之三百六十華尺。多二百餘華尺，就上所說的黃河含沙底情形，大概可以知道了。尙有旁的書上載著關於黃水含沙之試驗的，因爲這次不單是說黃水含沙，所以不再贅述。

（四）歷代黃河之治法及今後應進行之事項

中國第一個治河成功的是大禹，這是普通人都知道的，可是他那些年的工作，忙的至於三過其門而不入，究竟忙的是些甚麽工作？現在已是無從考查了。自來學者解釋古人的道理，各有不同，如孟荀以爲孔子的道理是一樣，賈董以爲孔子的道理又是一樣，程朱對孔子有一個說法，陸王對孔子又有個說法，降而至於顏李，又有顏李的說法，究竟誰說的對，淺學之士，眞是不敢下斷語，誰知歷代河工家，對於大禹當時的工作，其解釋亦有如後來賢哲對於孔子之不同，有的說：「大禹曾將黃河播之爲九，以殺其勢，所以後人治河，遇有洪流，亦應使之分洩。」；有人說，「當時禹雖將黃河播之爲九，可是於入海時，又復合之爲一，以便集中力量，沖刷沙泥。」；有人說：「治水應仿大禹，令水由地中行，不應專重堤堰。」；有人說：「禹貢載『九澤旣陂』，所謂陂者，卽是堤堰。」；有人說：「禹貢載『導河積石，至於龍門』，這段河很遠的，兩句話就說完了，因爲地方荒遠，不能詳紀。」；有人說：「這段河沒有甚麽工程，所以從略」。這些話究竟誰說的對，現在無從斷定，也不必去斷定，就只拿來作一種參考材料，也是很好的。

這防河的工作，以到將改道時爲難，蓋泥沙已將河槽淤得很高，洩水量漸漸變小，易於漫溢，堤培得太高，易致崩潰，外則宋以後比宋以前爲難，在宋以前，防河就是防河，不屬雜著旁的意思。至宋代都城建在開封，常恐北人侵入，拿黃河當作一道防線，所以河改向北流，必要費若干年的力量，又設法把牠挽之東流。至金元明清四代，建都北平，北方產米不多，多藉南漕，一年就得運輸數百萬石，陸運不成，於是就開會通河，因爲維持漕運，這錢糧花在黃河上的實在是可觀了。因此也就成就了許多的河工家，如元之賈魯，明之潘季訓，清之靳輔等等，這些人著的書，有許多合於新學理的，研究新河工的，這舊河工書也應當參考參考。

在禹貢以後，治河文字較爲詳細的，較爲有具體辦法的，就是賈讓的治河三策。這三策，第一是移民避水，第二是建閘洩水，第三是繕完故堤，增卑培薄。這第一策在漢代就沒有能夠實行，後來人民愈多，村莊愈密，就越發的不好實行了，第二策自漢以來，實行的也少，清康熙年間，總河靳輔，曾在徐州睢寗等處黃河的兩岸，建築閘門十餘座，預備著分洩盛漲之水，徐州睢寗地方有山，閘基容易保固，若在平原地方，盛漲時水深可至六七丈，基礎稍有變動，堤防卽有崩潰危險，所以試作的很少。歷代以來，最普通的防河法，仍是賈讓所說繕完故堤，增卑培薄的下策，卽第三策。這第三策包含著兩項工作，一係平時的，一係臨時的，平時的：每年將堤防的損毀部分，修繕完好，預備著捍禦汛期的洪流。臨時的：遇有不幸，堤被冲決，做堵築的工作，漢武帝宣防著績，就是這第二項臨時的工作。

前清嘉慶年間，有個徐心如總河，他著了兩部書，一部是迴瀾紀要，專載第二項臨時工作法子的；一部是安瀾紀要。專載第一項平時工作法子的，現在黃河用的，還是這些法子。這些法子項目很多，一時也說不盡，簡單的說說，不幸遇有決口的事，兩壩須用裹頭包住，使他不要將口子刷得太寬。堵築的時候，第一當然是丈量口門多長，估計壩修多寬，應用料物若干，這料物應當多估若干，免得臨時不夠。在河工上這停工待料，是最危險的事，有時因爲停工待料，將全工弄得功敗垂成也是有的。大概的說，料有正料雜料之分，正料是秫秸，雜料是蔴麻木樁等項。工作的時候，由兩壩頭生根，用正雜料物下做占子，向中間推進，待兩頭進至中間差不多的時候，再進占子將口門堵住，就叫作合龍。看工程之大小，有時用二壩，有時不用二壩，二壩就是於此大壩之外，又做一壩，恐上下水面相差太高，合龍不易，做二壩將水高分做兩層。做工時人山人海，組織指揮上，須精細敏捷，工作方有效率。賈魯在河史上佔一重要地位，就是他堵口工程做底實在是不錯，這事之重要，就可想而知了。

堤有縷堤遙堤之分，近水的是縷堤，在縷堤外邊的是遙堤。距縷堤較近的，也說是月堤或越堤，月堤有裏月堤外月堤之分，在縷堤外邊的是外月堤，在縷堤裏邊的是裏月堤，接連縷堤月堤之堤，叫做格堤。各有各的用處，在這各堤上的工作，應時有簽堤的工作，叫鼠穴獾洞不要有，免得大水時發生漏子，致成決口。又爲減少水溝浪窩之毀壞，包淤是一件應當作的事，包淤就是將淤底膠土，包於堤面，以外此防護堤坡，種草也是一件應當做的事。在頂衝或緣邊溜處之險工，這些法子是不中用的，必得壓做大埽，方能捍禦洪流。一段埽長四五六丈不等，每段大埽，做起來得五六千元，一處險工，有時埽段至數十段，如全做大埽，就太費錢了。省錢的辦法，就頂要緊的地方做大埽數段，將溜逼出，再於大埽之旁，做較小之埽，這大埽叫作當家埽。

又有所謂挑水壩的工作，凡遇有頂衝或是緣邊溜的地方，理當做埽防護大堤。

可是做埽有時得做底很長，太爲費錢，且做埽的東西是秸料，極易腐壞，如常時有水在埽下還好點，若是河溜上提下挫，將埽露放旱地，那腐壞底更快。於是有做壩的辦法，凡是由大堤做出去土堤一段，實行挑水的作用，就叫做壩。這種壩有長有短，幾十尺的，幾百尺的，甚而有逾千尺的，他們能將水溜支出，使水不再靠堤流，省掉做沿堤邊埽底費用。這種壩有土的，有筲頭上裹廂埽段的，有用石拋的，那全看工程的危險程度若何。從前東明縣附近高村地方，曾一連修建十三個壩，先前壩頭裹廂埽段，將溜支出，後以工款支絀，壩頭的埽逐漸冲失，繼而土壩不能禦水，於是亦就冲失，至民國十九年這第十一第十二兩壩，完全冲完，刷至大堤，搶險一月，才幸而沒有决口。又東明劉莊地方，因爲有壩百餘段，歲修費太重，經荷澤縣紳民之各方營求，集款修了兩道石壩，這修埽的費用，就減輕多了。這些年河南山東兩省，雖然是河道綿長，總沒有大開口子，就是因爲數十年以前，就有當局見到此點，修建石壩很多的原故。

平常說河工上應辦的事，就是二守四防：二守是官守民守，這堤有的地方是官守，有的地方是民守，有的地方是官民共守；四防是晝防夜防風防雨防，晝防防漫溢，夜防防扒掘，風防防浪油，雨防防冲刷。河官將這些事情辦到，也就算是盡職了。

以上所說的全是舊的工作，現在說說新的工作，新的河工工作：第一是地形測量，第二是水文紀載，黃河雖長，有官家管理的地方，只是河南河北山東三省，三省各有一河務局，管理各該省內之黃河。三省黃河河務局，雖各有其新的工作，然既非歸一個上級機關管轄，體例是不一樣。所以黃河將來要是實行整理，想一個治本之案，這黃河上中下三游總應當歸一個機關管理，關於此節，中央曾於十八年一月明令組織黃河水利委員會，但總沒有成立，至十九年五月二十三日，經七十七次國務會議議决，所有計劃治理黃河事宜，由建設委員會統籌辦理，將來總有個相當的辦法，是其一。

現在中國水旱頻仍，水利底事項，是亟宜講求。講求水利，這地形測量，和水文紀載，是不能不設法實行及蒐集的。關於此節，聽說建設委員會，已有測量計畫及預算，分上中下三游同時舉行，計上游自河源起，至河曲以北之長城止，在皋蘭以下之平原部分，沿幹河兩岸，擬各測地形三公里。皋蘭以上之山地，及主要支流，如大通河洮河等，擬從事踏勘測量，計測量面積，約爲一萬方公里，踏勘路綫，約長二千四百公里，並設水文站三處，約需經費五十萬元。中游自長城至孟津，幹河所經多屬山地，擬施踏勘測量，其主要支流，如洛涇汾渭各水，測量與踏勘並施，計測量面積約爲八千五百方公里，踏勘路綫，約長二千五百公里，並設水文站四處，約需經費四十八萬元。下游自孟津以至海口，擬沿幹河兩岸，各測至大堤外之地面止，其支流如沁伊洛各水之重要部分，亦沿兩岸各測三公里，計測量面積，約七千二百方公里，並設水文站三處，約需經費三十六萬元，共計約需一百三十餘萬元，是其二。實行防河的工作，新的法子是很多的，但是一河有一河的情形，在此河用的好法子，到旁的河用著就許不合適。所以現在防河的新法子，在黃河上用，應當在試驗時代，試驗好了；再慢慢將舊法子換下去，關於此節，聽說建設委員會，擬在黃河下游，擇定適宜地點，將中外名人治河之各種建議，加以實地之試驗。更在濟南設立水功實驗場，以輔助之，如果實行，將來總得著成績，是其三。黃河改道，在歷史上看來數百年一次，現在底黃河，自清咸豐五年改道，至今才六七十年，果能盡心修守，應當沒有改道之事。

治理黃河的我見

鄭德坤

我們一提到「黃河」兩個字，一定會聯想到「水災」「決口」等等，好像這種情形是黃河第二個天性。我們西洋的朋友們便給他一個外號，叫『支那的騷慮』(China's Sorrow)。

是的，如果我們拿歷史來看一看歷代黃河的決口成災，的確是很多。前沈怡先生曾做個統計，他說：

「自周定王五年（西歷紀元前六百〇二年）河徙砱礫（今河南滑縣）斷代起，至今二千五百多年，已有四百餘次的決口和氾濫。平均每六年便有一次決口或氾濫。」

——黃河問題，現代評論第四卷。

這是何等驚人的事體呵！

今年黃河又在河南蘭封孟津一帶決了口，災及河南陝西河北山東及江蘇五省，五十幾縣盡成澤國，災民有四百多萬，流離失所，其慘酷情形，實在沒法子形容。但是我們知道這是中國人民的家常便飯，有什麼可注意呢！文獻通考國用考的賑恤門所記何可勝舉？中國堂堂皇皇的歷史之外還有一部世界最慘酷的天災史呢！因為數千年來沒有根本把黃河治好，所以悲觀的只說『河性喜決』了。

但是世界各國也都有河流，文化的產生要以河流為根據地，何以他們的河流不鬧水災，不鬧決口？又何以他們的河流還可以利用？一句話就可以回答，就是他們能應用科學方法來治河。在科學還沒有發達以前，歐洲人治河也是同我們一樣的沒有辦法，到了十九世紀中葉他們才改變方針，而從此以後，河水為災便很少聽見了。

中國歷代水官僅有補苴罅漏，苟安旦夕的計劃，並沒有根本治理，轉害為利的政策，未嘗不是缺乏科學智識所致。民國以來，河工廢弛；這次大水，國府好像有意思要把河治好，所以於九月一日在首都成立了一個黃河水利委員會，以李儀祉先生為委員長。李先生發表他治河的意見說：

『民國以來河工廢弛，雖求苟安，亦不可得，至於測量研究，江淮早經舉辦，黃河則一切關如，其根本治導，自非旦夕所可成功，尤非所可幸致。爲今之計，須先維持河防，使十年之內不至爲災，一面探討全河形勢及水文，以爲治本計劃。蓋欲求治，必先求知，期以三年，可得大計，流域廣大，尤須倍力工作，始可有成。』——大公報九月九日。

可見國府任用人材，並不是隨便的。

黃河水利委員會於九月十六日在河南開了首次會議，事前先通電全國徵求治黃的意見，其虛心求知最可令人佩服。九月二十五日他們便在開封正式宣誓就職，開始工作了。這是中國治河史上的一個新紀元，我們希望中國復興的人，對於這種建設的工作應該盡量來幫忙的。

我是一個古書堆中生活的人，本不配來談治河的科學，但是我治國學素抱實用的目的，研究歷代水道的變遷，便旁及了治河的方法，以及其方法成敗的原因。英國文學家兼哲學家 Francis Bacon 說：

"Histories make men wise".

我們要治河也應該知道前人所用的方法，及其失敗的原因，庶幾可以知道那幾條路是走不通的了。現在將歷代治河的方法舉其要者分述如次：

一、堙塞法　傳說當堯的時候，洪水氾濫，帝命鯀治河，九年而水不息，功用不成。山海經說：『洪水滔天，鯀竊帝之息壤（郭璞注「言土自長息無限故可以塞洪水」）以堙洪水。』他的方法是用土把水的去路塞住了，因此東西不能兼顧，而患益大，所以史記說：『舜登用，攝行天子之政，巡狩，行視鯀之治水無狀，乃殛鯀於羽山以死，天下皆以舜之誅爲是。』沒有問題，這種笨法子是不能用的。

二、順自然疏導法　後來舜舉禹以續其父，禹便通九道，陂九澤。他用的方法是順自然疏導河道，居然成功了，禹貢這一篇便是記他疏導的故跡。這種傳說是否可靠，那另是個問題，不過到了漢代賈讓上治河三策，竟以這種方法爲上策了。疏導河道固然是治河善策之一，但是用人工去疏導整理，工程巨大，也不是根本的辦法。至於順自然，清末曾實行過，理由是中國地土廣大，何必與河爭地，順河之性，喜東則東，要西則西，不必與河爭。因此有光緒己丑年（公元一八八九年）廢濟陽以下民埝的舉動。那時老殘遊記的作者劉鶚正奉檄測量東省的黃河，親眼看見尸骸逐流而下，自朝至暮，不知道有多少。所以他作老殘遊記竭力反對這個方法，而他的理由是很充足的。

三、分水法　這是賈讓的中策，就是立了許多水門，穿了許多漕渠。一方面可以使人民得到灌溉的便利，一方面可以分散水勢。這種方法是根據黃河水勢太猛爲理由，所以應該分散水勢。明潘季馴論此法的缺點說：

『水分則勢緩，勢緩則沙停，沙停則河飽，尺寸之水，皆由沙面止見其高。水合則勢猛，勢猛則沙刷，沙刷則河深，尋丈之水，皆由河底止見其卑。築堤束水，以水攻沙，水不奔溢於兩旁，則必直刷乎河底。一定之理，必然之勢，此合之所以愈於分也。』——河防一覽。

可見分水法也不能治好黃河的。

四、隄防法　這是賈讓的下策，就是在河岸上建築了隄防，使洪水不至氾濫到人民居住的地方。這種方法一方面可以說是鯀堙塞法的擴大，一方面也是像築城無可如何的辦法。國家有強敵便築萬里長城來保護，一村有土匪就築土城來保護，一家關販也築土牆來保護；其實匈奴要進來長城是守不住的，土匪打劫土城也是守不住，賊人盜竊，最高的牆也有法子爬過去的。黃河設隄防也是這樣，漢明帝以王景治河就是用這個方法，築隄修埽，起自滎陽東至千乘海口，一千多里，工程實在很大。當時極受一班人士的讚頌。其後治河都是用這種方法，現在黃河的隄防大半相距非常的寬，自七八里至一二十里不等。這種方法不能使黃河不鬧水災，是最容易見到，因爲他的目的是保護人民，並不是治河。

五、隄防束水法　我們下面已經提到潘季馴反對分水法，而主張以隄束水。他又說：

「河之性宜合不宜分，宜急不宜緩。合則流急，急則蕩滌而河深；分則流緩，緩則停滯而沙淤。此「以隄束水，借水攻沙」，爲以水治水之良法。」——同前。

潘氏四次治河，前後二十七年，是一個主張以隄束水的實行者。他對於治河的理論在中國河工史上一定可以佔着極重要的地位的。他最大的功績就是在理論上說明以隄束水的需要，在實用上證明隄防的價值。所以自從他以後『以隄束水借水攻沙』便成了河工上的口頭禪。

六、裁灣塞枝法　這是河工上常用的一句話，也是治河常用的方法，其所根據的理由是要河流通暢，使沙土不易沉澱下去，目的也是在於集中水勢。清傅澤洪編行水金鑑記康熙論治水道。

「黃河處處灣多，以至各處受險。

朕欲將黃河各險工頂溜灣處開直，使水直行刷沙。若黃河刷深一尺，則各處河水少一尺；深一丈則各處水淺一丈。如此刷去則水由地中行，各壩亦可不用。」

這個方法有沒有實行我們不知道，但是根據歐美百餘年來治河的經驗，也只有「工」字形的河道最能持久不變，所以這個法子的施行，不是逢灣即裁使成直線，而是遇到不整齊的灣才裁，遇有枝流便把它堙塞以集中水勢。

七、治河口法　清初靳輔就是主張用這種方法，他著治河方略說：

「臣聞治水者必始自下流，下流疏通則上河自不飽漲。故臣又切切以雲梯關外（黃河故道口）爲重，而力請築隄束水，用保萬全，不敢潦潦從事以貽後世之大患也。惟是近海之隄，止期足以束水，不必過於高厚。」

民國十五年沈怡先生著黃河問題，也以治河口爲治河的第一步。他說：

「治河當先治下游，治下游當先治河口。治河口仍不外乎集中水勢，沖刷淤沙，以水之力，治水之患。黃河河口潮汐上下，本有二公尺半的差別，因爲口上有一個極大的三角洲，攔住潮水，所以三角洲以內的水平時只有半公尺，上游水勢愈微，沙積愈多。現在一方面固然要集中河口以內的水勢沖刷沉沙，一方面還得維持潮水的強度，使之深入河口。潮水一進一退，必能將河口蕩滌日深，暢流無阻。集中水勢以及使潮水深入河口，都是非請隄築牆不可。美國治理密西西比河口時就是用的這個方法，並且還得到很好的效果。」

可惜在中國還沒有試用過。

八、人工湖泊法　這種方法是前鐵路部一位顧問提議的。他以爲長江之所以不出毛病乃是因爲沿江有許多大湖，如洞庭湖彭蠡湖太湖等，可以瀦蓄剩餘的水，又可以截留砂礫。這在理論上好像很動聽，可是前年長江大水，這個方法便露出破綻了。去年我曾爲吾師顧頡剛先生作禹貢川澤變遷考道：

『春夏水漲時，長江上游雪消，洪流下瀉，遂由西道倒灌入（洞庭）湖，周圍大至八九百里，爲中國第一淡水湖。冬秋江水減量，則又大半涸爲洲汊濟港，湖水但由東道入於江，故洞庭實爲長江蓄洩湖。……江水自岷山以下，過山越峽，挾沙重濁，今湖口沙灘沈積，口廣土民築圩成田，產米極豐，居民利之。然上游之水宜洩不暢，水盛時每病水災。前年長江流域大水，雖謂上流積雪過多，然亦洞庭閉塞，江水出巴峽，過宜昌沙市，入平原之地，失其主要蓄洩故地，有以致之也。洞庭淤塞不清，長江巨流恐將永與黃河同爲中國患矣。』

——禹貢研究講義。

可見無論多大的湖泊，年復一年，終要填滿，而且工程鉅大，經費太重，前美國治理米西西比河時也有人作同樣的提議，乃以經費太重沒有實行。

九、植林法　這是民國以來許多森林家所主張的，他們的理由是說，要治河須先在黃河上流植林，一來可以使山上的雨水有充分滲入地中的機會，二來兩岸黃土的沖蝕也可以由此而減少。至於成林以後將來材木的利用等等利益，當然更不用說了。關於這一法，沈怡先生批評的很好，他說：

『種樹是費功夫的事，四十年或五十年之中，怎能擔保我們的黃河不出毛病。所以植林之事不是不能做的，可是像許多森林家所發表的那種議論，以爲除河患只要植林就得；或者像許多治河的人，以爲植林乃迂緩之圖，可以不必。那兩派議論都是同樣的過於偏激，不合事理。我們承認植林有益治河，但是又認定目前之河患非植林所可救止，所以我個人的見解以爲治河與植林應當并行而不相悖，各行其是，各盡其能。』

是的，植林法實在有點遠水救不了近火的毛病，但是也是治河所應該進行的。

十、合河淮江法　去年大公報十一月十四日載國府賑委員楊專員由豫返平的談話，以河南省由建設廳及水災會共同負責引導黃河南入長江的計劃，就是導黃河至周家口入賈魯河，引賈魯河入晶河，引晶河入沙河，再引沙河入淮以入江。中國地傾東南，以爲這樣一來河南便可以沒有水災。當時安徽各界紛紛通電反對，並不是沒有理由的。我們記得金時黃河奪淮水故道入海，淮水瀦積爲洪澤湖，千里良田頓成澤國，其後到清康熙時舊泗州城還沒入湖中。今洪澤淤淺，淮水仍不能通海，又欲引黃河入淮，引淮入江，是加長江下流至少兩倍負擔。沒有不虞，不獨安徽東北立刻淹沒，就是江蘇一帶勢也不能免其氾濫，首都冲到東海去，那是一種兒戲嗎？

以上說的是歷代治河十種主要的方法。其中（一）堙塞法，（二）順自然疏導法，（三）分水法，（四）隄防法，（八）人工湖泊法，（十）合河淮江法等六法可以說一點用處都沒有，我們不必再提。其餘（五）

隄防束水法（六）栽濬搴枝法，（七）治河口法，（九）植林法等四法，各有各的效用，連合起來實在有希望把這數千年喜決的河流治好了。我試本這四種方法來擬一個治河的原則。李委員長說。『欲求治，必先求知。』所以我們第一步要明白黃河的現狀，及其爲災的原因。

黃河發源於星宿海，共長八千餘里。上中兩流地勢較高，河牀固定極罕爲災。Renner 著黃河之地文說明說：

『庫勒氏所著之黃河地形生成論之中，謂其尙在極端幼年地形，第四紀初期之洪積世曾經一度劇烈之下切作用，始得其河底之基準，至今其上游及中游之全部，仍見此種作用之繼續進行。其上源仍向上流進行侵蝕，已侵入西藏青海，將青海及其他之湖泊汲出。』——見燕京學報第十一期二三一九頁。

因爲黃河年紀尙輕，所以挾沙重濁，及過了永濟潼關入河南境，由高原流入平原，水勢驟緩，所挾土沙多數沉澱，將河牀塡滿，因此此淤彼決，遂成爲下流的家常便飯。土沙之沉積在河口的，便蓄成一個極大的三角洲，所以在那裏的水便特別淺，特別慢。

黃河在低水時每秒鐘平均行半公尺，在洪水時比低水時急四倍至五倍。在洪水時沙佔全部百分的四十五，低水時佔全部百分的點二八。這是民國十五年沈怡先生所說的，據此我們可以求得一日之間，黃河輸出的沙量，在洪水時期是三千一百萬立方公尺，在低水時期爲六萬四千立方公尺。沈先生又設一個譬喻說：

『我們知道北京紫禁城的高爲六公尺，面積爲一、六六四、〇〇〇平方公尺，因此體的容量恆爲一〇、〇〇〇、〇〇〇立方公尺。我們又知道在洪水時期黃河一日間所輸出的沙量有三二、〇〇〇、〇〇〇立方公尺，大過紫禁城之容量約三倍有奇。換言之，在洪水時期單是八小時間黃河所輸出的沙，就可以把整個的紫禁城齊城牆塡的結結實實。』

這是何等驚人的事實呵！

黃河爲災其主要原因就是多沙，治河不外治沙，所以沙的來源實在不可不知。誰都知道黃河流域現在樹木極少，每一次大雨便沿山傾盆而下，在最短的時間以內可以使河水突然增加，愈是連綿不斷的雨，愈容易發生危險。又因黃河流域最新的地層是黃土的，最容易沖走，大雨的時候，土便隨水行，毫無顧忌，河水便成了黃色。其原因也是因爲兩岸的草木太少，黃土層一點兒保障也沒有。

說到這兒，有一個問題應該注意的，就是黃河流域的樹木爲什麼消滅了。地質學家，生物學家以及考古學家都告訴我們黃河流域從前是一個草木暢茂的地帶，中國文化因之而發源於此，但是現在的情形與古完全兩樣了。考樹林消滅的原因當然是中國人的錯處，歷來他們只知道採木爲薪，而不知造林。他們崇儒學，但是孟子斧斤以時入山林的話，他們並不遵守，甚至自然生長的林木也沒有好好的培養，所以森林漸漸消滅了。

可是這不是唯一的原因，還有一個更急迫的原因乃是西北沙漠——流沙——的內侵。我們記得現在新疆的沙漠是古代西域繁盛的地方，後來因爲沙漠侵入，把城市都淹沒了。漢代西域大國如鄯善，且末，精絕，小宛，戎盧，渠勒等等都淪爲戈壁，這是史上的事實。新近探險家如英人 Sir Aurel Stein 及瑞典人 Seven Hedin 都在這沙漠中發現了古代的城廓。這種情形正在急迫着黃河流域。西起甘肅，東至河北，蒙古的沙已漸漸向內移，這是個最可怕的現象。

最早見到這種趨向的是中國科學美術雜誌的編輯 Mr. Arthur de Sowerly，他在該雜誌發表他的意見，遂爲學術界所承認。今將他的意見合我自己所知道的略述黃河流域快變成沙漠的證據如下：

（一）生物學上的證據　新近生物學家在蒙古南部的沙漠裏找到海狸的遺骨。海狸之爲物，生於林木暢茂，水泉充足的地方，可見這處的沙漠本是很好的地方，現在淪爲沙漠了。

（二）考古學上的證據　現在的長城以北約一百英里，古代曾建築了長城，其功用與現在的長城一樣，可見現在長城以北本是農民耕種很好的田地，後來也淪爲沙漠了。

（三）地質學上的證據　誰都知道沙漠會移動的，又特別是沙的。這種不連結的沙土會順着風的方向移動。黃河流域最強烈的風是西北來的，而西北正是大沙漠——古書稱流沙，——中國的黃土層乃是沙漠內侵的先鋒，如果沒有法子防禦，黃河流域會淪爲沙漠是一定的。

（四）氣象學上的證據　現在黃河流域的氣候，正合於沙漠的發展。天氣潮溼就沙不容易移動，天氣乾燥正合於沙士的飛移。黃河流域的天氣是很乾的，是一種內蒙古的氣候。冬天越來越冷，冰雪滿地，春天的風一年大似一年，一年強似一年，沙颺到夏天還有，有時六月還是這樣，整個春天及初夏一點雨水也沒有，接着便是夏天百度以上樹下的熱度。這完全是中亞沙漠的天氣。又加以全年雨量全在夏天傾盆的下着，這種情形最容易使河水決口氾濫。

（五）事實上的證據　陝西榆林處大漠之南，最是個好例。從「榆林」這名子便可以知道其地在古代是榆木成林的，現在只有幾棵官栽的柳樹而已，從大漠來的一片沙把城牆包圍着，榆林城以南三十英里都是這種光景。

山西河北的長城北面，沙已進至牆根了。

甘肅省城蘭州，黃河過其地，其地本爲繁盛區域，現在黃河以北已變成沙漠，河南一帶也快遭同樣的運命了。

河北定縣保定邯鄲，河南開封鄭州，陝西西安等處的城牆的西北多是沙土堆植，游人上城，可以不走台階了。

北平呢！民國十九年冬，燕京大學地質學系做了一個實驗，在刮土風的一夜，置一長方紙片於戶外的空盆中，大四百八十方寸，塵土降落其上，此夜得士重十三零十分之七格。以此比例計算，每畝合得土五百四十斤，所以這次刮風，北平城內便降落四百五十二萬二千五百斤的塵士，這種塵土是西北沙漠來的。照這樣下去，北平還不會淪爲沙漠麽？

根據以上理由黃河流域變成沙漠是免不了的，如果沒有較有效防禦的方法。其補救的方法可分爲兩種：

（一）自然的補救法　這就是希望上帝或菩薩或我們的祖先的神靈，本着他們愛中國人民的心懷，把天氣改變，由乾的天氣變成溼的天氣，那末沙漠自然沒法子再前進，因爲有潮溼的天氣，草木便可以暢茂。但是什麼時候才有這種現象，誰也不知道？

（二）人力的補救法　這個方法可分爲兩步：一步是大規模的造林，二步是積蓄水量以資灌溉。灌溉得當充足，造林纔可以有成績；有了森林，西北的沙漠便較難欺進。栢水開溝，灌溉便利，不毛之地也可以耕種。法國對於非洲沙漠就是用這個方法。英國救濟埃及也是用這種方法，因此埃及的棉花竟可以把印度的打倒了。這種方法的實行，不獨可以防止沙漠的內侵，同時也可以減少黃河的沙土。因爲黃河多沙土，沙漠的內侵便是其主要的原因。

治河不外治沙，治沙的方法有二：斷絕來源，其一；代謀出路，其二。斷絕沙的來源，除了大規模的造林沒有第二個方法。理由前面已經說過，這兒不再贅述了。

但是植林的力量只可以把沙土減少了一大部份，而不能把沙完全斷絕，因爲上中流兩岸的侵蝕，是樹林所管不到的。這一小部份的沙我們一定要代它謀個出路。

沙土作孽，是上中流所沒有的，其患乃在下流。因爲下流是平原，水勢頓慢，沙土便沉澱下去，把河牀填滿了。所以爲沙謀出路——沖刷到海——河的下游及河口是不能不治的。

河身的治理沒有問題，要集中水勢，用水的力量自己去沖洗河牀，使河水深而急，以奠定河槽。其法有二：

（一）裁灣塞枝　黃河下流最是一種老河多枝的樣子，大概走過津浦或平漢兩條路的人都可以知道。原因是河牀過大，所以河流多枝多曲。這種過於不整齊的灣及枝流應該裁塞。灣裁枝塞，河槽才可以固定，然後進而施行——

（二）築隄束水　隄的大小及其距離的遠近，應該參考地勢的高低，水量的多少，水流的急緩而定，我們不必來紙上談兵。但是我們可以作一個圖例如次——

黃河每逢大水之後，河槽總有變動。河槽不定的影響，最顯著的是河道中每年沙灘的移動。其移動方向不一，或東或西，或前或後，老是改變。但是無論如何變動，總不出河身範圍之外。甚且愈積愈多，入海的路漸塞，次年大水再來時，便可隨時泛溢。或者灣處愈灣，一旦逼近隄身，決口之禍隨時可以發現。這都是現在放着的病象，沈怡先生說無論何人來治河，都應當着注意的，甚是。

河口的治理要和河身的整理同時進行。河口及河身的修治是互相爲用的；河身流暢，便有力量可以蕩滌河口的積沙；河口修治，河水便可以暢流入海，潮汐也可以幫忙河口的沖清。二者應並行。

但是黃河的沙土比較別的河流特別多，沈怡先生曾作一比較如下：

黃河（洪水期）	五六二〇格（每立方公尺水中所含沙量）
歐洲多惱河（洪水期）	二一五一格（同上）
歐洲來因河（洪水期）	一一七四格（同上）
美洲米西西比河（平均）	六七〇格（同上）
非洲尼爾河（洪水期）	一五八〇格（同上）
印度恆河（洪水期）	一九四〇格（同上）

據上表可見黃河帶沙實較其他大河多兩三倍，所以一面治河，一面也要斷絕沙的來源；因此我對於治河的意見，要治河上中流，治河下流及治河口三件事情同時進行。從前治河失敗的原因，就是牢守一法，所以一面治河，而河一面決口，一面氾濫與不治一樣。

如果政府有治河的決心，成功以後不獨水災可以打消，同時還有以下數種利益，就是花了幾萬萬元也值得的：

（一）河水深可以航船，至少可以直通洛陽以西，交通便利，黃河流域實業可以發展。

（二）水流急而均，可以利用發水電，實業藉以振興。

（三）樹木長大，材料不可勝用；中國紙業的振興纔有辦法。

（四）農民無沙漠內侵之患，可以安居樂業。

這種種的利益，如果政府有決心治河，是可以指日而實現的，因爲在這科學昌明的時代，治河並不是一種很難辦不到的事情。

最後，清乾隆時寧海劉永錫著河工蠡測（余藏有當時抄本），他對於治河方法上沒有什麽貢獻，但是他末後有一章信與約，我以爲治河的人應該注意的。信有三：信專任，信正人，信賞罰；約有四：約同誠敬，約共甘苦，約無虛靡，約無累民。在清代河工是一個『肥職』，做了一任河工便可以隱居起來。現在黃河水利委員會成立了，每月經費纔六萬元，政府能否發給整數，還是個問題，可見並不是個『肥職』。但願政府與水利委員會的職員們都把劉氏的三信四約放在心上，本着爲國爲民的精神向前，這纔是中國的幸福！當此水利委員會剛宣誓就職的時候，我敬以十二分的誠意祝你們努力，祝你們成功！

民國二十二年國慶日完稿於廈門大學

流弊滋生。則必考慮下面三端：

（一）出口津貼，獎勵出口，應先以統制物價入手。蓋我國出口不振，以國內物價偏高，出口無利爲主因。今之貼補出口，商人有利可圖，當可鼓勵出口無疑。但自該辦法公布後，出口物價率多上漲。據二月七日電，上海之茶葉，桐油，豬鬃，喊價漲達五成以上。天津原售三萬元之豬鬃，當日亦升至四萬五千元。暫時雖不致超過實行補貼後之外銷成本，但如物價繼續上漲，出口貨成本日增，政府雖補貼百分之百，恐仍無濟於事。故補助辦法效果之大小，問題在於控制國內物價。故望政府早謀控制物價爲上策。

（二）出口津貼應有差別，查出口津貼百分之百，旨在扶助出口事業。但按之事實，出口貨海外市價，與產地價格之差額，並非一律。津貼百分之百，在政府所費不爲不大。而若干出口貨，以海外市價太低，仍無利可圖，無利之貨當然無人經營，對輸出貿易，不無影響；若干出口貨，以海外市價差度較小，津貼百分之百，穩獲厚利，大家競事收購，必極易刺激貨價之上升。欲防此二弊，出口津貼，應有彈性。津貼數目，應視海外市價與產地價格之差額而定津貼標準，使出口商同佔利潤，而無怨尤。出口貨品應可普遍增加也。

（三）應加强緝私，以收進口加稅之效。當玆走私猖獗之際，進口加稅之後，所有應加之進口貨物，勢必成爲走私之對象，似此則加稅適所以造成冒險家發財之捷徑。當此推行進口加稅之初，實應早加防範，嚴密注意之。

六、結論

統上以觀，我國自國際貿易恢復以來，對外匯率已有二度之調整。進出口貿易辦法，亦曾三次變更。竊其目的皆在謀求挽回入超。而其所以未收實效者，其主因實爲國內經濟紊亂，物價狂漲之故。今雖制定治標辦法，然捨本求末，雖挽危急於一時，恐更加重國內經濟之危機。故今後之道，必以穩定國內經濟爲前提，則我之對外貿易方有進步也。

註一：參閱本刊第一卷第四期經濟法規彙編

註二：參閱本刊第二卷第九期經濟法規彙編

治理黃河工程之過去與將來

詹汝珊

一、黃河流域地區

我國本部大河有三，即黃河，揚子江，西河。黃河發源于青海之巴顏哈喇山北麓。經甘肅，陝西，山西，河南，河北，山東境內。陝西之渭水，山西之汾水，河南之洛水等，各滙其省內水源下流入于渤海．長約八千八百餘里，爲我國境內第二大河。其流域經過各省，概爲漢族文化發源地，于歷史上及經濟上，均有極大之影響。

黃河發源地自噶達素齊老峯下，源源噴湧，稱爲百道，皆作金色。下流爲阿勒坦河，曲折約百五十里至星宿海，位于青海高原，在羣山圍繞之中，平地湧泉，千百在望，宛若星辰，實爲黃河第二源原。河出星宿海，水量驟增，至巴顏渾圖嶺南　水色漸見渾黃，始名黃河。再過積石山，河勢東北行，經貴德，蘭州，沿賀蘭山東麓，至寧夏出長城，經綏遠平原．灣爲河套，盡收航行利益。過包頭至河曲，由山西交界處急趨南下，滙集大小數十川之水　流量更增，含沙量亦愈多，至潼關折向東行，蜿蜒二百餘里，再入華北平原，由此流量大增，含沙亦驟增，河位因之南遷或北徙，變動無常．其勢澎湃幾不可制矣。

黃河大堤，北岸起自孟縣堤北頭，南岸起自鄭縣平漢鐵路橋，經中牟，開封，蘭封，長垣，東明，濮陽，范縣，壽張，齊河，歷城，濟陽．惠民，利津等縣入海。此大堤皆自明清兩代數百年來所積極經營，隨時防守修補成歷史上大工程。

二、歷代決口經過

帝堯在位八十載癸亥（西歷紀元前二二八十七年），禹治洪水，是我們先民征服自然環境一個偉大的史蹟，如孟子所說，「禹掘地而注之海，驅龍蛇而放之菹，水由地中行，江淮河漢是也。險阻既遠，鳥獸害人者消，然後人得平土而居之」。自人得平土而居以後，我國即開始成爲農業社會，數千年以來，農田水利成爲我國根本技術。但我先民尚征服自然效能，只能達到一相當階段，尚未能根絕水患。黃河自大禹治水三千餘年至今共改道六次，決口一千五百八十餘次．決口的原因有天災的有人禍的，天災是由于河水暴漲，衝壞堤防，人禍則由于軍事的關係，淹沒敵人或爲自衛而以人工決口。

民國二十六年七月蘆溝橋事變起，我國發動抗戰，治河事務爲之中斷，黃河又于二十七年六月在鄭州北方京水鎮花園口附近，及中牟西北方之霸灘，三劉砦堤防，接連潰決，主流循淮河南下，造成黃河空前未有的大水災。

此次黃河決口泛濫情況，較光緒十三年鄭州之決口，所經之區域，尤爲廣闊，大溜自賈魯河渦河諸水瀰漫由東南入于淮，經過豫皖蘇三省區域，約四十餘縣，面積佔十餘萬平方公里，災民佔一千二百萬人，並殃及江蘇裏下河一帶農田是時災情最重者爲河南省，水災之後，該省被災區十餘縣，狂浪往復冲刷，無數村鎮淹沒水底，無數人民流離失所。豫南方面，幸免於水又經中日長期拉鋸戰，信陽羅山一帶，縱橫百餘里富庶區域，人烟滅絕，猿狐遍野，災民八百萬左右，流離無依者五百餘萬人，非賑不活者二百餘萬人。職是之故，去年救濟總署曾在河南境內，工賑兼施，對治河工程，不特予以技術之援助，即器材方面，亦源源接濟。災黎受益非淺。

三、黃河決口後施策

黃河決口後至今已九年，在此九年中，黃河下游原道大堤已殘破不堪，新道變成新黃河大堤。該堤工程自開封朱仙鎮起，經過許縣至太康縣遜田口止，沿黃水氾濫區的東界修築，全長八十餘公里，于二十九年三月開工，六月完成，目的不過防止氾濫擴大而已。

我國政府于勝利後，決定採用黃河堵口方策。因黃河氾濫廣大，受災人民衆多。擬定工程計畫分爲兩年進行。三十五年修復下游重要堤防準備堵口材料，並在堵口局部動工，三十六年底完成全部復堤工程，並在大汛以前，將京水鎮口門合龍，在未合龍以前，河南境內的防汎新堤，仍照舊培修，合龍以後，立即整理氾濫各河，使之各歸故道，黃河下游舊有堤防一千二百餘公里，失修有日，亦須趕緊培修。

經濟方面由行政院與善後救濟總署分担，行政院去年撥付五十萬元，善後救濟總署先由美國支出三百萬美元，同時該署又將八十萬噸麵粉運至開封一帶，所需食住與衛生及重要器材皆由善後救濟總署負責供應。預計所用民工約三十三萬人，食糧需十萬噸，器材二萬五千噸。

黃河的堵口與復堤，是今日治河的兩種工作必須兼籌並顧，黃河之所以爲害，就是上下游地勢高低懸殊，六易其道，最後選擇最北的較高道路（即今日之所謂舊道）。目前最緊要的工作是花園口堵口爲相當偉大的工程，修堤的辦法，因爲此口門有一千四百六十公尺寬，不能同時兩岸修堤使水面逐漸夾窄，然後合龍，要須在口門搭架便橋，在橋上拋石平堵。在此計劃中，先於西灘培築土堤，長八百公尺，再進淺水工作，留四百公尺打樁架橋，並於事先在故道下游挖一引河，水位高時則導入故道，合龍後加修埽工，泛埽，墊土閉氣，修復原有堤身。

據最近報告花園口堵口工程進行，極爲順利，決定另開引河三道，業已動工，預定本年三月底合龍，黃河全部水量，預計四月中旬抵達魯境。所有魯境國軍轄區復堤工作大半完成，險工埝埽中水位以下部份，亦已修整完竣，現繼續搶修水位以上部份。

此次黃河改道所經區域俱是人煙稠密，資源富庶之鄉，當今黃河堵口工程，已爲我國最重要建設之一，其進行應無問題，無論何黨何派當國，首先尊重國計民生，如謀國家民族復具奠定萬無基礎，必先治理黃河，但黃河堵口工程又爲治黃之最要先著。當今所積極進行的花園口堵口復堤工程，本實在於先行除害，藉以拯救目前六百一十餘萬之災民，恢復一千七百七十餘畝之耕地，及每年一百五十萬噸之農產。這個搶救工作，雖非根本之計，亦可暫濟目前之急，恢復農村經濟，保持國家元氣。任何黨派莫不以國家人民爲重，無論何人均應協助其完成，一舉而根絕黃患，進而造福于人民，則根本治黃方案，始可從此實施，此乃百年之計。豈可忽諸？

四、治黃根本計劃

治黃根本計劃，政府對之已十分注意，所以去年年底組織治黃顧問團，由美國專家四人即美陸軍總工程司雷巴德中將、美國墾殖局顧問揚子江水電工程主計人薩奇博士、美國鉛業公司水利總工程司葛羅同及秘書奧塞等組成。專視察黃河的實在情形，研究澈底修治黃河興利除害的辦法。現在預備的工作。（一）以水攻沙，疏濬淤塞，使河床及水面深入地下。（二）上游及中游經過晉陝甘寧各省盡量植樹種草，防衛沙壩，防止沙土冲入黃河。（三）上游中游及其支流之河口建築攔水壩，調節水勢，使下游減少洪水不致決口爲災，並引水灌溉耕地，增加農產，並能利用水力發電，推展華北工業。

以上三種治黃方案，其工程實相當龐大，故請美國四位專家考察，決定此三種方案配合程序區別輕重緩急，逐次實施及解除技術上一切困難，藉收最後之大效果。茲將未來計劃預述如下：山西西部，陝西，甘肅東部各主要治黃工區，實施防冲工程，山嶺植樹，地面種草，溝谷建築攔沙壩，防止肥沃冲失，藉此增加農產。黃河上游中游及其支流河谷間建築若干攔水壩，既可防洪又能灌溉兼能利用水力發電。例如晉陝交界禹門口築壩，即能消除晉陝區之洪水，即能灌溉耕田藉水發電。渭河寶雞峽築壩，即能防洪與灌溉，關中平原發電，供給寶雞應用。三門峽築壩，防洪發電，供給晉豫鄂區，調節低水流量，便利下游航運。完成上述主要水庫以後，下游不致再有洪水，可以斷言吾人可充分整理水道，適於汽船，同時籌設放淤工程，改良土地。目前黃河兩岸地土低于河床，半係碱地及沙土，如利用黃河所含的黃土，淤成肥沃田地，頓可大量增加農產其利益實不勝計數。

五、綏西的水利與黃河

目前綏西水利工程，將在科學基礎上澈底整理，以改進黃河水利。綏西渠道現有幹渠，支渠，子渠三種，幹渠最大者直通黃河，支渠較小，由幹渠引水，子渠最小，接連支渠，此三種渠，大小合計長達九千餘里。按水利來說，可灌溉十萬頃田地，但引水乏術，控制無方，十餘年來只能保持兩萬六十頃灌溉而已。綏西人民深知其弊擬將此種渠道設法改良，三十二年在綏遠水利局協助下，開始合併渠口，增長吸水量工作，遂使大渠獲有充分水量，此種改革曾使綏西耕地，增進灌溉，達一萬餘頃，成績非常進展，但是年秋間不幸發生大汎濫，淹沒房屋田禾造成的損失約二十億餘元，去年黃河又大汎濫造成的損失更十倍于三十二年，更屬空前之不幸。

因此想要安全措置及達到充分灌溉的程度，勢非再事改進不可。因此綏西地方人士組織水利參事會和綏遠水利局共同提出所謂「四首制」計劃，將綏西現有主要幹渠渠口合併四個總渠口，建立四個進水閘，引納黃河之水從事灌溉。此四個總渠口如下：（一）揚家河渠口—合併揚家河，烏拉河，清濟渠，黃濟渠四大幹渠口。（二）水濟渠渠口—合併水濟渠合濟渠兩大幹渠渠口。（三）復興渠東口—合併復興渠豐濟渠兩大幹渠渠口。（四）義和渠渠口—合併義和渠，川惠渠，通濟渠，長濟渠四大幹渠渠口。各渠口擬用現代建築水利方式建築鋼骨水泥的大石閘，可以自由啓閉，以控制進水量。不特于洪汛可以避免漫溢潰決種種危險，就是水小時亦可吸收黃水，充分引灌，絕不致有潰決或乾涸的現象。照此種改革計劃，使綏西舊田灌溉將增加兩萬四千餘項，連以上合計六萬餘頃。其全部增產預計可增小麥一百二十萬石，以去年之價值，每石二萬元，値二百四十億元。而地價每畝以一次增加五千元計算，則地價總値爲一百二十億元，合計增益三百六十億元。聞全部費用約八十億元。則一次總收入便超過建築費用四倍有奇。此種整理黃河計劃，綏遠水利局和綏西水利參事會，現正呈請國防部及水利委員會核示，以便今年春季如期興工，倘能核准，兩年內可以完成，雖爲綏西水利大業，亦吾國治黃之模範先聲。

大、結　論

總之，我國黃河向以「中國的夏患」聞于世，黃河一日不治，則中國無一日之安寧。自大禹治水以後，歷代均以治黃爲重要工程之一，然終以缺乏科學技術，迄今仍爲患不已，若吾人從長計劃，澈底改革黃河故道，非特目前之汜濫立即防止，即整個農田灌溉及供電華西華北各問題，亦可同時解決，吾國數千年來多災多害之黃河，未始不可變成中國最富庶之資源，興利除弊，惟我賢達當局是賴，不勝拭目以待。

治理黄河工作綱要

李儀祉

黄河水利委員會委員長

一　測量工作

甲　地形河道測量　測量爲應用科學方法治河之第一步工作,蓋以設計之資料多是賴也。然黄河各段之情形不同,故所需測量之詳略亦異。例如鞏縣以下,河患特甚,測量宜詳;鞏縣至韓城次之;韓城至托克托則在山峽之間,又次之;托克托至石嘴子較爲平坦,有灌溉航運之利,宜較詳;石嘴子以上則次之。

鞏縣至河口一段長約 850 公里,兩隄間之距離,有爲 15 公里,有爲 4 公里,今估計測量之寬度爲三十公里,測定河床形狀及兩岸地形,繪製 1:5000 至 1:10000 地形圖;若組織四大隊測量,約三年可以竣事。鞏縣至韓城一段,長約 400 公里,測繪 1:10000 地形圖。韓城至托克托一段,長 600 公里,亦測繪 1:10000 至 1:20000 地形圖;於山峽處,測量區域可窄;於欲修築工程處,如閘壩等,則測量較詳;約二大隊,二年可竣。托克托至石嘴子一段,長亦約 600 公里,亦測繪 1:10000 地形圖;二隊,約二年可竣。石嘴子以上,則暫作河道縱斷面及切面測量,一隊,約二年可竣。黄河上游之地形及河口之狀况,概以飛機測之。如是,則組織五大隊測量,五年内即可竣事。

乙. 水文測量　水文測量包含流速,流量,水位,含沙量,雨量,蒸發量,風向,及其他關於氣候之記載事項。其應設水文站之地點如下:皋蘭,寧夏,五原河曲,龍門,潼關,孟津,鞏縣,開封,鄄城,壽張,濼口,齊東，利津，河口，及湟水之西寧，洮水之狄道，汾水之河津，渭水之華陰，洛水之鞏縣，沁水之武陟。其應設水標站之地點如下：貴德，托克托，葭縣，陝縣，鄭縣，東明，蒲台，汾水之汾陽，渭水之咸陽，洛水之洛寧，沁水之陽城。並令各河務局於沿途各段，設水標站。

於河源，皋蘭，寧夏，河曲，潼關，開封，濼口各設氣候站，測量氣温，氣壓，濕度，風向，雨量，蒸發量等，並令本支各河流域之各縣建設局，設立雨量站。

二　研究設計工作

治河之事，環境複雜，其受天然之影響亦至巨，故必有充分之研究，方可作設計之依據。河床之變遷，河道冲刷之能力，沉澱之情形等測驗，流量係數之測定，泥土試驗，材料試驗，模型試驗等工作。舉凡一切工程，於實施之先，必有充分之探討。對於採得之張本，必加深切之研究。

於開封濟南各擇一段河身，作天然試驗。又擇適當地址，設模型水工試驗場一所，以輔助之。

三年之後，上項測量與研究工作，大半充足，即可根據以計劃治導之方案，以便作工之實施。舉凡黄河之根本治導工作，即可於第五年起實施，次第進行。

三　河防工作

黄河之變遷潰决，多在下游，故於根本治導方法實施之前，對於河之現狀，必竭力維持之，防守之，免生潰决之患。欲各河務局之工作，與將來計劃不衝突，及其防護合理起見，冀魯豫三省河務局，統歸黄河水利委員會指導監督，委員會並常派員視察指導，改良其工作。舉凡埽壩磚石之應用，增鑲新修之工程，皆應努力爲之。查我國治河，有四千年之歷史，其成績與方法，殊可欽仰。惟防决之法，似有改進之必要。對于汛員兵弁，宜加以訓練，俾得明瞭新法之運用,同時並訓練新工人,以作遞補之用。

四　實施根本治導工作

按照上項計劃,約四年之後,即可實施治導之工作,其項目如下:

甲. 刷深下游河槽　換言之,即對於下游河道橫切面,加以整理,河口加以疏濬。河水含沙過多,爲黃河之一大問題。欲河槽不淤墊,則流速與切面,必有合理之規定。如是,則河槽刷深,水由地中行矣。其法,或用束隄,或用丁壩,因地制宜。

乙. 修正河道路綫　河道過曲,爲下游病症之一,故應裁直之處甚多。惟同時亦應顧及現有之事實,相勢估計。規定之後,於何處應裁直,何處宜改弧,亦當次第興辦也。

丙. 設置滾水壩　於內隄之適當地點,設滾水壩,俾供水暴漲時,可以漫流而過,流入內隄外隄之間。既可免冲決之患,且可淤高兩隄間之地,以固地形。惟必加以測驗,審慎處置,以免河水因疏而分,因分而弱,因弱而淤河床。

丁. 設置谷坊　山谷間之設坊橫堵,既可節洪流,且可澱淤沙,平邱壑,應相度本支各流地形,以小者指導人民設置之,大者官力爲之。

戊. 發展水力　沿河可發展水利之地甚多,宜利用之,而以測量壺口爲第一事。

己. 開闢航運　黄河上下游,必整理之,俾便航行。凡比降過大,或礁石隔阻之處,可設閘以升降之,或炸除其障礙。

庚. 減除泥沙　於泥沙入河之後,應使之播澱于海。然爲治本清源計,以能減少其來源爲上。其法爲嚴防兩岸之冲塌,及選避沙新道;再則爲培植森林,平治階田,開挾溝洫。(參看第六第七節)

辛. 防禦潰決　於各項新工程實施之後,則水由地中行,水患自可逐漸減除,惟仍宜竭力防護之。

以上工作,有須待四年之後起首者,有隨時可以興辦者,期十年小成,三十年大成。

五 整理支流工作

支流之整理,與幹流本爲一體,惟各支流之情形不同,則治導之方法與利用,自當因地制宜。例如渭水,航行及灌溉之利與其含沙量,是當特殊注意者。其他若汾洛沁等支流,亦皆應加整理,以清其源也。

六 植林工作

森林既可減少土壤之冲刷,且可裕埽料,防泛濫,故沿河大隄內外,及河灘山坡等地,皆宜培植森林。造林貴乎普及,非一機關或少數人所能爲力者,故必與地方政府及人民合作之,嚴定賞罰條例。

七 墾地工作

墾地工作,一則有利河道,再則增加生產,實屬有益,玆分述之

甲. 恢復溝洫 治水之法,有設谷閘以節水者,然水庫善淤,若分散之爲溝洫,則不啻億千小水庫,可以容水,可以留淤,淤經濮取,可以糞田,利農兼以利水。惟西北階田,必須以政府之力,督令人民平治整齊,再加溝洫,方爲有效。

乙. 整理河口三角洲 河口三角洲淤田三百萬畝,且河道遷移不定,水難暢行,棄富源於地,亦殊可惜,應即着手治理,則工程農田,兩收其利。

丙. 整理河灘荒地 沿河兩岸荒地甚多,或由於河道之變遷,或由於兩岸之淤高,多爲未墾之地。如豫省之沿河兩岸,及陝西韓郃朝華一帶是。

丁. 鹼地放淤 沿河鹼地,多爲不毛,每畝價格極低。即以山

東而論,已有近十萬頃之數,其他若河南河北兩省,沿岸亦甚夥。若能整理得法,則荒田變佳壤,其利甚溥。

戊. 河套墾地　河套一帶,未墾之地尚多,宜墾殖之。

己. 灌溉田畝　黃河上游及各支流,宜施行灌溉工作,况上游雨量缺乏,尤宜行之。惟在下游,頗有考慮之必要。蓋以鞏縣而下,支流無幾,若引多量之水,以資溉田,則所取者多爲水面及河邊之水,含沙量必較少,因之河水之含沙量之百分數必增加。是故下段灌溉,應于河道切面設計時,加以考慮也。

八　整理材料工作

我族沿黃河而東,開拓華夏,其與黃河之關係,尤爲密切,而黃河又具其難治之特性,泛濫變遷,時有所聞,故益爲人類所重視。是故史册所載,私家著述,汗牛充棟,極爲豐富。今者各實業家及水利機關,或派員視察,或施行測繪,研究亦不乏人,惟以分地保存,散失不完,若不早日搜集而整理之,則恐年久無存。且昔人之經營,可作今日之借鏡,是以應將各種材料,搜集整理之也。

治河名言

治河之道,千頭萬緒。既無一定之公理,又無一成不變之治法。苟稍不慎,發爲錯誤之主張,復從而實現之,則大錯成矣。因此,每十公里之河段,卽應作一單獨研究。而每百公里之間,或須數易治法,亦非偶事。總之解決此項問題,必須經長時期之研究,然後步步實行,決不可自始卽立一不着邊際之方案,致貽後日無窮之悔,此則可以斷言者也。(錄費禮門致沈怡論治河書)

僉載

治理黃河計劃

黃河自孟津以下，挾其建瓴之勢，奔騰浩瀚，南犯淮陰，北薄津沽，數千里膏沃之平原，任其縱橫蹂躪，河流所至，廬舍爲墟，數千年來損失之巨，奚可以數字計，歷來治河者，多以築堤堵口爲能事，竭有限之人力，應無常之變化，欲其長治久安難矣。本會前奉國府明令，統籌規劃治黃事宜，以爲非另謀根本治理之方，華北各省，將永無安枕之日。惟以近年黃域各省，軍事未息，調查測勘，無從着手，本會祇得先向各方搜集，關於該河測量及工程之圖案記載，與夫古今中外人士治理黃河之策議，從事整理，分目標類，編成報告，以資參考。此項工作，不日當可竣事，至於計劃治理，非有精確之地形測量，與悠久之水文記載，均近於紙上空談，黃河上中二游，向未測量，下游一段，雖先後經各省河務機關實測，又多各自爲政，體例既非一致，掛漏在所不免，且事隔多年，情勢變遷，尤難適用，故本會擬於最短期內，組織治理黃河委員會，一方面籌劃下游冀魯豫三省管理之統一，注重治標工程，以利河防，而免潰溢，一方面從研究治本方案，先從測量入手，已由本會水利處擬定測量，詳細計劃，及預算，分上中下三游，同時舉辦，計上游自河源起，迄河曲以北之長城止，皋蘭以下之平原部分，擬沿幹河兩岸，各測地形三公里，皋蘭以上之山地及主要支流如大通河洮河等，擬從事踏勘測量，計測量面積約一萬平方公里，踏勘路綫約長二千四百公里，並設水文站三處，約需經費五十萬元，中游自長城起迄孟津，幹河所經，多屬山地，擬施踏勘測量。其主要支流如洛涇汾渭各水，測量與踏勘兼施。計測量面積約八千五百平方公里，踏勘路綫約長二千五百公里，並設水文站四處，約需經費四十八萬元，下游自孟津以至海口，擬沿黃河兩岸，各測至大堤外之地面止，與華北水利委員會所測區域相啣接。其支流如沁水及伊洛等水之要部分，亦沿兩岸各測三公里，計測量面積約七千二百平方公里，並設水文站三處，約需經費三十六萬元，共計約需一百三十六萬元。又為研究治本方案起見，擬於黃河下游，擇適宜地段，依據中外名人治河之各種建議，加以實地之試驗。同設水工實驗場於濟南以輔助之，綜計測量實驗及設計期間約為三年，實施工程所需之時期，則須俟治本方案完成後，方能確定也。

開發西北水利計劃

西北隴甯綏陝各省，居黃河上游，以灌溉不興，常苦亢旱，近年災情奇重，赤地千里，致釀成人爭相食之慘狀。本會為求解決西北民食問題起見，特於三中全會，提出由中央與地方建設機關，合資開發涇渭洮黃洛汾穎等河水利一案，經修正通過，並奉明令主持辦理在案。嗣經會同內財兩部，商定具體辦法，徒以西北各省，久在軍事範圍，測量調查，無法進行，工程計劃，尚未能全盤確定，茲特參考各水利機關，業經測量調查之區域，先行規劃。其一為黃河後套灌溉工程，其地點在包頭以西，黃河新舊兩槽間，清初，經關內農民前往開墾，先後開鑿永濟剛目豐濟沙河義和通濟長勝及塔布河八大幹渠，引黃灌溉，惟以各渠上游，均未見操縱機關，徒恃黃河水位之天然高度，順流入渠，致水量時感缺乏，渠槽亦日漸淤塞，已墾之田，遂日就荒廢，華北水利委員會，所擬規復計劃大綱內，擬定渠身縱斷面之比降為六千分之一，平均流速約為一公尺。並根據農田之最大需水量，規定渠身之橫斷面，至各渠上游，均建築引水堰閘，而以黃河舊槽為排水渠道，且于其尾閭，設置閘門，以資操縱洩量焉，此外又擬設澄沙池兩處，以資沈澱泥沙，設農事試驗場，以資研究農作物之改良，統計測量及工程，經費共約需百四十萬元，灌溉面積

第二目	旗杆	四〇、〇〇	豎立標旗用竹桿紅布等項共支如上數
第三目	紅油鉛絲	一〇、〇〇	寫木樁用紅油及拉標旗用鉛絲共支如上數
第四項	旅費	五一三、〇〇	
第一目	職員旅費	二四六、〇〇	隊長一員月支三六元測量員四員月各支三〇元助理員三人月各支二四元事務員一員月支一八元共支如上數
第二目	工役旅費	八七、〇〇	工八名月各支六元小工勤務伙夫共十三名月各支三元合共支如上數
第三目	搬移費	一八、〇〇〇	測量儀器用具樁牌等項僱用車馬搬移共支如上數

公函

准國民政府黃河水利委員會函徵求關于李委員培基張委員靜愚提議水利意見案本廳參照原案擬就甘肅黃河流域應行治理各點分別陳述意見希查照由　二十二年十二月二十八日

案准

貴會函達，徵求關於李張二委員提議，導引支流平緩，山峽陝隴水，開闢水路等案意見，並附原提案二件，等由准此，當經本廳，參照原提案計劃，擬就甘肅黃河流域，應行治理各點，分別陳述意見，相應檢同意見書函請

貴會查照，為荷，此致

國民政府黃河水利委員會

計抄送甘肅黃河流域意見一份

查黃河水利委員會李張二委員所提議之導引黃河提案計劃綦詳極表贊同茲就甘肅省黃河流域應行治理各點擇要分別

陳列於左以供採擇

一、關於疏導支流以減少入河流量者

黃河在甘肅省境內因地勢高峻泛溢之害較少民國十七八九年之旱災竟致赤地千里災民遍野言之痛心但因河道失修泥沙淤積日甚一日致水流不暢一遇霪雨或山洪暴發則水勢汎濫爲害亦不減於下游如本年夏秋之交雨水稍多水位陡增其支流如洮渭涇大通漳莊浪等河均奔騰泛溢致皋蘭天水武山甘谷靖遠等縣皆遭水災而漳縣甘谷且淹斃人畜不少若水利稍有整理利用以資灌溉必可增加農業減輕災情故爲宣洩水旱計黃河上游之本支流實有從速改良之必要茲就管見所及分述如左

（一）在永靖縣屬可由案子渠接引黃河之水以灌永豐川一帶長約四十里灌田三萬畝又由旱橋東上口接引大夏河灌溉全川長約二十五里灌田三萬餘畝

（二）在皋蘭縣屬可由八盤峽口開渠導黃灌溉新城古城長約五十五里灌田六萬畝又由三代王廟開渠導引皋水注之張家河灣夾灘達家川一帶長二十五里灌田三萬畝再由東西二岔開渠引灌焦家灘窩家坡柳溝一帶長四十二里灌田三千餘畝

（三）在靖遠縣屬由靖遠北灣造堤填地長約十里寬可丈餘能成土地三萬餘畝

（四）永登縣屬由黑馬圈河開渠鑿通猩家塘山腰灌紅水縣永泰川一帶長四十里灌田七萬畝又在老鴉峽東口新庄子開渠引灌紅古城一帶長三十五里灌田六萬畝

（五）在臨洮縣屬由塔下開渠導引洮河經荀家灘蘇家集以灌衙下集川一帶長五十餘里溉田十萬畝一由南鄉右營開渠導洮以灌北鄉皇后溝八里鋪一帶長約五十餘里灌田三萬畝由麥吉坡引水灌蘇馬集川長十五里灌田四萬畝由窰店河引灌東峪溝口之川地長六里灌田六千畝由楊家河引水灌鼠哈之地長六里灌田五千畝

（六）在隴西縣屬由縣南二十里渭河河流設閘開渠長二十里灌田十萬畝

（七）在天水縣屬自三陽川卦召山出峽入川至道流山入

峽出川一段應築渭河堤長二十餘里實可墾得田二萬餘畝並免氾溢之虞由二陽川郭家寺出峽入川之處另行闢一河道導入渭水長二里許可變良田二萬畝

（八）在平涼縣應引導涇河灌溉平涼川一帶長一百里灌田萬餘畝

（九）在涇川縣屬由平涇交界涇流入境八里墈引水至縣城西三里舖長四十里灌田六千畝由龍王廟汭河南岸民窰灘開至該縣西南楊柳灣長二十里灌田四千畝

上列各條如能擇要實施不第可以減少入河流量且可得灌溉之利故有補充之必要

二、關於阻滯山峽灘水支流以和緩入河流量者

原議之外擬就不通水運之各支流擇其適當地點分段設立橫柏樁以蓄水以緩入河之時間一面利用水力抽水分注兩岸田園亦可減少其流量

三、關於引溜歸槽以攻刷泥沙免致淤澱者

原議外擬多採用樹枝束成叢埽利用水力將河道截彎取直使水流永保平衡免致冲決其法係每就河道彎曲處之外向（即凹之部份）擇其適當地點三五處設立木樁再用樹木細枝每十餘條爲一束十餘束爲一組二三十組爲一叢繫於木樁順水之高低以浮沈水流至此以其柔能克剛被其阻折而反冲其對岸（即凸處）之積沙必隨之順流而下以之填補於被冲塌陷之處如是陸續利用水流攻刷積沙能在極短期間內可使曲者直而直者深水性既順其害自免比之挑挖及設置石埧費利廉而成功速

四、植林於黃河上游流域傾斜之地以減少入河流量

森林對於雨水之棲與流放在某一定雨量降落時雨水被其幹條枝葉及林地堆積殘枝敗葉地下根鬚等所吸收者約有百分之七十同時枝葉亦可蒸發百分之八僅有全雨量百分之二十即行流放林外其餘暫行存留林地之內相相當時間後逐漸徐緩流出故森林足以防範驟然多量之奔流且在西北較諸東南各省尤爲重要蓋以甯甘寧綏山陝位居黃河上流地勢高原森林稀少不惟多釀旱災且無以涵養水源一遇山洪暴發汹湧萬里

而黃河遂為害於下游故上游各省對造森林實與黃河流域下游各省有密切之關係似應注意及之

上述四點係就其概略而言至於工程若何進行費用若干則有待於測量計劃

●公函

函印花菸酒稅局奉省府令對于長途汽車客票仍舊暫緩貼用印花函請查照

二十三年六月十六日

案查前准

貴局函請轉令平涼汽車站，車票均應粘貼印花，以符部章等由，到廳本廳當以長途汽車，為交通事業之一種，部頒印花稅暫行條例，對於官營民營交通事業，如火車，輪船，汽車，各種客票，尚無貼用印花之規定，惟本省暫行印花稅則第三類，雖定有長途汽車客票，每票價一元，貼印花二分，十元貼印花二角二項但尚未實行貼用，良以本省公路，均未修築完竣，交通事業，未臻發達，往返各處長途汽車，消耗油類既鉅，營業成本必重　原定票價，已屬昂貴，若再貼用印花，勢亦附加票價，增高商旅負担，交通前途，殊多窒碍，即經呈請省政府察核准予對於長途汽車票，仍舊暫緩實行貼用印花，以維交通，在案。茲奉財字第四四三一號指令內開：

「呈悉。案經提交本府第二百一十一次省務會議，決議，「緩辦」等因。仰即轉達查照。此令」

等因奉此，除分令知照外，相應函復

貴局查照，即希轉飭知照，實紉公誼。

此致

甘肅印花菸酒稅局

●訓令

應用科學

治理黃河之歷史觀

朱延平

(一)禹道及其以後之變遷

黃河是中國最難治底河，大概稍有智識的人都知道。就是在世界上大河裏頭，黃河的難治，也是數得着的。中國第一個治河專家，當然是夏禹；因爲他治河的好，後人稱他爲神禹。他的本領若何，就可想而知了。

中國書籍載著有關於治河的文字，第一篇就是禹貢。吾人既談黃河，這禹貢內導河的一段文字，不能不首先提出來說一說。這段文字，就是「導河積石，至於龍門，南至於華陰，東至於底柱，又東至於孟津，東過洛汭，至於大伾，北過洚水，至於大陸，又北播爲九河，同爲逆河，入於海」，這段文字所說的地方，如積石在青海，龍門在山西，華陰在陝西 底柱孟津洛汭大伾在河南。洚水就是漳河，也在河南。大陸就是河北省任縣境內那個大陸澤；但他的範圍，比現在大的多，這均可以在地圖上查得出來。九河說是徒駭，太史，馬頰，覆釜，胡蘇，簡，絜，鉤盤 鬲津，在河北山東兩省境內。可是有人說，這九河之名，是靠不住的，至於逆河，更是言人人殊：有的說「九河歸一後，合現在的滹沱大清永定各河爲一，轉而南行入海，因與原來方向相逆，故謂之爲逆河」。有的說「逆河是逆盈之河，如現在之減水河藉以洩汛時漲水的」。有的說「逆河現已淪於海中」。有的說「河分爲九，又合爲一，以一迎八，故謂之爲逆河」。有的說「逆河就如同現在的海河，因爲有潮汐逆流，故謂之爲逆河」。有人說「現在的渤海，就是逆河」。究竟誰說的對，我也無從證明， 就個人觀察，我以爲末兩說近乎情理；尤以末一說爲近是。

這黃河淤積的能力，平常看起來，似乎沒甚麼要緊；如長期計算起來，實在是令人可驚。黃河在宋神宗十年，全河改道南行由雲梯關入海。後來過了六百餘年，至前清初年，他的入海底地方，已突過雲梯關一百二十餘里。計算起來，約五年的時間，即淤進海中一里。黃河在河北省境內入海，由夏禹至王莽年間，爲時約二千三百餘年；按上列計算，應淤進海中四百餘里。由現在的海邊量進內地四百里，即是雄縣任邱河間一帶地方。當時大陸澤的範圍，據說概括前順德府北部及前趙深二州之地；由此看來，黃河出大陸後，去海不過百數里。現在的黃河在山東利津入海處，尙分爲若干股：或南或北分流，長約數十里。當時黃河入海的情狀，與此應無大異。所以我以爲黃河自播爲九河後，即各分途入於渤海，沒有更將九河合而爲一，造成一個逆河。現在東淀及文安一帶地面高度，比海面高不過三四公尺。這一帶地方，經二千餘年黃河的淤積；又經桑乾，滹沱，兩渾河及他多數淸水河四千多年的淤積，淤得比海面高三四公尺，似乎是在人意之中。

至於禹時謂渤海爲逆河，似乎也有原故。(一)渤海的形勢，東寬西窄。當時西部由寧河寶坻天津靜海灣進東西兩淀一帶，當然是更窄。南北兩邊均高，中間成一寬渠，確乎是像一個河。(二)北邊有潮白桑乾白溝等河入之，西邊有豬龍滹沱等河入之。黃河與此諸河滙而爲一，滔滔東下，更確乎是像一個河。(三)河水是渾的，海水是淸的，多數人均有這個印象。中國的帆船，在現在看起來是很粗笨的。要是在四千年前，恐怕連這粗笨的帆船還沒有。平常用的仍是刳木之舟，也未可知。這刳木之舟，不能划之入遠海；所以他們認定渾水是河，淸水是海。在渤海內因北面各河流入之故，直至昌黎縣碣石山左近，才是淸水。所以另章說夾右碣石，入於河。

古今來對於禹道多有爭論，茲特就所知，畧爲陳述，究竟對不對，那就得等着專家考究了。黃河由禹至今，其大變遷凡爲六次；歷代河渠志溝洫志中，載之甚詳。茲畧述之如下：

第一次變遷，是在周定王五年。按書上說，禹道所經之地，證之今日地圖，爲由武陟縣東北，經大伾山之西，過彰德，穿大陸澤，又北經東鹿交河天津，以入渤海。這第一變遷，改由濬縣西南，出濬滑二縣之間，循今之衛河掠大名臨淸，循南運河達天津入海。

第二次變遷，是在王莽建國三年。其時河決魏郡，由今之濮陽濮縣間，至壽張入黃河今道處，忽東北瀉入馬頰河，至尾閭復趨今黃河口。

第三次變遷，是在宋仁宗慶曆八年。當時河決商胡埽；嘉祐元年又分派於魏之第六埽，分爲二股河。北派似今之南運河而上流偏西。南派似今馬頰河而下流偏北。

第四次變遷，是在金昌明五年。河決陽武，至壽張分爲二派；北派由今黃河入海，南派由運河淮河入海。

第五次變遷，是在至元二十五年。河決仍是在陽武等縣，經徐州奪淮入河海，即今之地圖上淤黃河道。

第六次變遷，是在清咸豐五年。河決銅瓦廂，奪大清河入海，即今之黃河道。

其餘小徙潰決之事，歷代無間，不勝覼縷，姑不贅述。

(二)四瀆及濟淮江與黃河之關係

中國從前說的四瀆，就是河濟淮江。為甚麼叫作四瀆呢？瀆就是獨自入海，旁的河隨他入海，他不隨旁的河入海。在現在看起來，這獨自入海的河太多了。為甚麼不全給牠們一個瀆的名義呢？，或者是當時起這瀆的名義時，所知道獨自入海的大河，就是這四個。黃河的源流，前節已經述說過。茲將河濟淮江入海的道，就禹貢所載的，合並着說一次，以清眉目。

(一)河的入海的道

導河積石，至於龍門，南至於華陰，東至於底柱，又東至於孟津，東過洛汭，至於大伾，北過洚水，至於大陸；又北播為九河，同為逆河，入於海。

(二)濟的入海的道

導沇水，(源出王屋山)東流為濟，入於河，溢為滎，東出於陶丘（在今定陶縣西南）北，又東至於荷，又東北會於汶，又北東入於海。

(三)淮的入海的道

導淮自桐柏，東會於泗沂，東入於海。

(四)江的入海的道

岷山導江，東別為沱，又東至於澧，（在湖南今注洞庭）過九江，至於東陵。（湖南岳陽縣）東迤北會於匯，(與漢所滙之彭蠡匯)東為中江，入於海。

這四瀆因為前節所述河的多次變遷，其系統早已就紊亂了。且河之與濟，據余的觀察，可以說是一個河。說濟是河的一個減水河也可，說濟是河的舊河槽也可。這河淤積的力量很大，一個河槽，經他走了幾百年，甚而至於幾千年，必定將這所經之地淤高。水性是就下的，所經之地既是淤高，這河水勢必另尋低地通流。歷代河的變遷改道，其理由不過如此。自禹時至元代河的變遷大勢，是由北而南的。由元而後，河的變遷大勢，似乎是由南而北了。由此推溯上去，可知在禹以前河的變遷大勢，必是由南而北。大禹以前的河道，如在禹道以南，余以為濟最像是河的舊槽。當時河已將這舊槽不知淤積了若干年，淤積底很高了，一時漲溢，改道北行，就成了現在所說的禹道。這河雖然改道北行，而舊槽仍然過水。當時治水的，因爲這兩股水仍然均大，且舊槽之中下游，亦仍有水注之，所以就一名之爲河，一名之爲濟。怎麽又說濟是河的減水河呢？這導濟文內，明言『導沇水，東流爲濟，入於河，溢爲滎。』由河中溢出的水而成河，不是減水河是甚麽？現在這類的減水河很多，僅就河北省內言，永定河有盧溝橋減河水，金門閘減水河。北運河有蘇莊減水河，青龍灣減水河，筐兒港減水河，新開河減水河，現在又在北倉遞上新開了一個減水河。南運河有馬廠捷地四女寺各減水河。這各減水河，均是正河溢水成河。有人說濟水是清的，河水是濁的。濟水入河並流數十里而南截河，又並流數里溢爲滎。濟是清水，旣入河與河相亂，迨至溢出後，仍爲清水。所以說河水是河水，濟水是濟水。這話余以爲是事實，但不足爲溢出之水仍爲濟水的根據。濟由王屋山發源，去入河處並不甚遠。去水源近處之水多爲清水，那是自然的。至於溢出之水是清的，也自有說。大凡水流之中，總是上層較清，下層較濁。溢出之水，當然是上層之水，所以他就較清。這似乎沒有甚麽深思大意。更有人說，有人伏入河底，見渾河中有清流一道直貫之者，却是濟水。又有說河水是一種味道，濟水是一種味道，所以於溢出之後，仍知爲濟水，那就更似乎是附會了。

以上所說的，是說河與濟自始即有點牽混。至於到王莽時，河之第二變遷改由千乘入海，流經濟水流域，那就更不用說了。河之改道滙淮入海，在漢時即有過一次，但不久就挽過來了。至於宋代又轉而南去入淮；迨河將淮之入海之路逐漸淤塞，致使河在河南境內決口分流。南竄經渦入淮，一時由淸江至海之路不暢，此竄出之水，不得不擁豬於上河高郵寶應各湖中，而慢慢的由運河輸之於江。由此看來，這河在四瀆中之位置，與所及於河南河北山東安徽江蘇五省地面之影響，不用細說，就可以知道大概了。故在中國言水利，這黃河問題不解決，旁的河就便治好了，恐怕不免受他的影響呢？於河道之治理，知所先後，那是在當局的措置了。

(三)泛濫淤積的情形

黃河淤積情形，前邊已經說過大概。就是黃河由宋神宗十年至河改道南行，由海州雲梯關入海時，至淸初爲時約六百餘年，他的入海的地方，突過雲梯關一百二十餘里，平均每年淤進海中約三百六十尺。現在黃河入海的地方，是在山東利津縣。黃河改由此處入海，是在淸咸豐五年，前頭已經說過。咸豐五年到現在才六七十年，聽說利津地方已被黃河淤進海中一二十里。據之已往事實，似乎是不無可信。黃河所以有這麼大的淤積力量，因爲他所含的泥沙太多。黃河的含沙量，考之往籍：有的說一石水六斗沙，有的說一石水八斗沙。這種數目，是當時試驗而知的，抑或是隨便約略的，現時可以說是不知道。茲將前督辦運河工程總局試驗而得之數，及其影響於淤積之程度，約畧的說一說：

黃河含沙量在低水位時，約爲水量百分之一之三分之一。在民國八年盛漲時，以比重計約爲水量百分之十。是年由七月三十一號至九月二號黃河盛漲時，由六處得有十八件試料之平均含量。以比重計，約爲水量百分之六·五。以體積論，約爲水量百分之四·五。

在黃運交會處之黃河流量，當八年八月時，一秒鐘平均爲三千九百立方公尺，即一秒時平均爲十二萬四千立方英尺。此數流量所含之沙，以百分之四·五計算之，二十四小時內所洩之沙應爲十一萬一千二百五十英畝尺。即一月內所洩之沙爲三十五萬英畝尺。此數英畝尺之沙，若堆之十英里長，五英里寬，可有十英尺深。黃河一年所洩之沙，此月約居其半。

八年之漲溢，是當時十年內之最大者。水之冲刷力，以河流之速度，及漲溢之體積爲比例。故該年所含之沙較往年爲多。八年五月低水位時一月所洩之沙，僅爲上數百分之一，即約三千英畝尺。三千英畝尺之沙，若堆積一英里長，一英里寬，僅可高五英尺。較上節所云含洩之沙，遜之遠甚。此蓋由低水位時所洩之水，抵盛漲時十分之一，而所洩之沙量，亦抵盛漲時十分之一的原故。

黃河該年洩入渤海內之沙，約有四十七萬四千英畝尺。四十七萬四千英畝尺之沙，足填三十七方英里之地，高二十英尺。八年水漲異常，所洩之沙，或者較往年所洩之沙爲多。假使往年所洩之沙，亦若彼之多，而其數適足爲多年之平均數，則黃河改道由清咸豐五年至民國八年六十七年間，其河口應已漫淤一千二百五十方英里之面積，足深二十英尺。黃河河口，平均寬四十英里，按上述漫淤之數計算之，河口應已展入海中約三十英里，即每年展入海中約半英里。

黃河前循其由雲梯關入海之道，由元至元年算至清咸豐年，爲時約五百五十年。五百五十年漫淤之沙，按上數計算之，應足漫淤一萬方英里，足深二十英尺。設平漫淤三十英尺深，則所覆之面積，可減爲六千七百方英里；即一縷之地，寬六十七英里，長一百英里。

據前所述，雲梯關外實未淤積如此之多，此或由在彼期中，各年所淤之沙不盡如前云之多。蓋河之淤積，前百年與後百年不同，前十年與後十年不同；這全看河之冲刷力，與雨量之損毁力，施於流域山地底怎麽樣。

督辦運河工程局諮詢工程師費禮門研究現黃河平均每年淤積之數，爲民國八年粗計之數之四分之一。前述之數爲半英里，即二千六百四十英尺四分之一，則爲六百六十英尺，較余前算之三百六十華尺，多二百餘華尺。此或由督辦運河工程局所試驗之含沙試料，多取之於黃運交會一帶，比較海口處之黃水含沙較多的原故。就上所說的，黃河含沙的情形，大概可以知道了。倘有旁的書上載著關於黃水含沙之試驗的，因爲這次不單是講黃水含沙，所以不再贅述。

(四)歷代黃河之治法及今後應進行之事項

中國第一個治河成功的是大禹，這是普通人都知道的。可是他那些年的工作，忙的至於三過其門而不入。究竟忙的是些甚麽工作，現在已是無從考查了。自來學者解釋古人的道理，各有不同。如孟荀以爲孔子的道理是一樣，賈董以爲孔子的道理又是一樣，程朱對孔子有一個說法，陸王對孔子又有個說法，降而至於顔李又有顔李的說法，究竟誰說的對，淺學之士，眞是不敢下斷語。誰知歷代河工家對於大禹當時的工作，其解釋亦有後來賢哲對於孔子之不同。有的說大禹曾將黃河播之爲九，以殺其勢；所以後人治河遇有洪流，亦應使之分洩。有人說當時禹雖將黃河播之爲九，可是於入海時，又復合之爲一，以便集中力量冲刷沙泥。有人說治水應仿大禹，令水由地中行，不應專重堤堰。有人說禹貢載「九澤旣陂」，所謂陂者，即是堤堰。有人說禹貢載「導河積石，至於龍門」這段河是很遠的，兩句話就說完了，因爲地方荒遠，不能詳紀。有人說這段河沒有甚麽工程，所以從略。這些話究竟誰說的對，現在無從斷定，也不必去斷定；就只拿來作一種參考材料，也是很好的。

這防河的工作，以到將改道時爲難。蓋泥沙已將河槽淤得很高，洩水量漸漸變小，易於漫溢；堤培得太高，易致崩潰。此外則宋以後比宋以前爲難。在宋以前，防河就是防河，不攙雜著旁的意思。至宋代都城建在開封，常恐北人侵入，拿黃河當作一道防線，所以河改向北流，必要費若干年的力量，又設法把他挽之東流。至金元明清四代，建都北平，北方產米不多，多藉南漕，一年就得運輸數百萬石。陸運不成，於是就開會通河。因爲維持漕運，這錢糧花在黄河上的，實在是可觀了。因此也就成就了許多的河工家，如元之賈魯，明之潘季馴，清之靳輔等等。這些人著的書，有許多合於新學理的。研究新河工的，這舊河工書也應當參考參考。

在禹貢以後，治河文字較爲詳細的，較爲有具體辦法的，就是賈讓的治河三策。這三策，第一是移民避水。第二是建閘洩水。第三是繕完故堤增卑培薄。這第一策，在漢代就沒有能够實行；後來人民逾多，村莊愈密，就越發的不好實行了。第二策自漢以來，實行的也少。清康熙年間，總河靳輔，曾在徐州睢寧等處黄河的兩岸，建築閘門十餘座，預備著分洩盛漲之水。徐州睢寧一方有山，閘基容易保固。若在平原地方，盛漲時水深可至六七丈，基礎稍有變動，堤防即有崩潰危險。所以試作的很少，歷代以來，最普通的治河法仍是賈讓所説繕完故堤增卑培薄的下策，即第三策。這第三策包含著兩項工作，一係平時的，一係臨時的。平時的，每年將堤防的損毁部分，修繕完好，預備著捍禦汛期的洪流。臨時的，遇有不幸堤被沖決，做堵築的工作。漢武帝宣防著績，就是這第二項臨時的工作。

前清嘉慶年間，有個徐心如總河，他著了兩部書：一部是廻瀾紀要，專載第二項臨時工作法子的；一部是安瀾紀要，專載第一項平時工作法子的。現在黄河用的，還是這些法子。這些法子，項目很多，一時也説不盡。簡單的説説：不幸遇有決口的事，兩頭須用裹頭包住，使他不要將口子刷得太寬。堵築的時候，第一當然是丈量口門多長，估計塡修多寬，應用料物若干。這料物應當多估若干，免得臨時不够。在河工上，這停工待料是最危險的事。有時因爲停工待料，將全工弄得功敗垂成，也是有的。大概的説，料有正料雜料之分；正料是秫稭，雜料是檾蔴木樁等項。工作的時候，由兩壩頭生根，用正雜料物下做占子，向中間推進，待兩頭進至中間差不多的時候，再進占子將口門堵住，就叫作合龍。看工程之大小，有時用二壩，有時不用二壩。二壩就是於此大壩之外，又做一壩；恐上下水面相差太高，合龍不易。做二壩將水高分做兩層。做工時，人山人海，組織指揮上，須精細敏捷，工作方有效率。賈魯在河史上佔一重要地位，就是他堵口工程，做的實在是不錯。這事之重要，就可想而知了。

堤有縷堤遥堤之分：近水的是縷堤，在縷堤外邊的是遥堤。距縷堤較近的，也説是月堤或越堤。月堤有裏月堤外月堤之分。在縷堤外邊的是外月堤。在縷堤裏邊的是裏月堤。接連縷堤月堤之堤教做格堤，各有各的用處。在這各堤上的工作，應時有簽堤的工作；教鼠穴獾洞不要有，免得大水時發生漏子，致成決口。又爲減少水溝浪窩之毀壞，包淤是應當作的一件事。包淤就是將淤泥膠土，包於堤面。外此防護堤坡，種草也是一件應當作的事。在頂衝或紋邊溜處之險工，這些法子是不中用的；必得壓做大埽。方能捍禦洪流。一段埽長四五六丈不等。每段大埽，做起來得五六千元。一處險工，有時埽段至數十段。如全做大埽，就太費錢了。省錢的辦法，就頂要緊的地方，做大埽數段，將溜逼出。再於大埽之旁，做較小之埽。這大埽教做當家埽。

平常說，河工上應辦的事，就是二守四防，二守是官守民守；這堤有的地方是官守，有的地方是民守，有的地方是官民共守。四防是晝防夜防風防雨防；晝防防漫溢，夜防防扒掘，風防防浪油，雨防防冲刷。河官將這些事情辦到，也就算是盡職了。

以上所說的全是舊的工作，現在說說新的工作。新的河工工作，第一是地形測量，第二是水文紀載。黃河雖長，有官家管理的地方，只是河南河北山東三省。三省各有一河務局，管理各該省內之黃河。三省黃河河務局，雖各有其新的工作，然既非歸一個上級機關管轄，體例恐怕是不一樣。所以黃河將來要是實行整理，想一個治本之案；這黃河上中下三游，總應當歸一個機關管理。關於此節，中央曾於十八年一月明令組織黃河水利委員會，但總沒有成立。至十九年五月廿三日經七十七次國務會議議決，所有計畫治理黃河事宜，由建設委員會統籌辦理；將來總有個相當的辦法，是其一。現在中國水旱頻仍，水利底事項，是亟宜講求。講求水利，這地形測量，和水文紀載，是不能不設法實行及蒐集的。關於此節，聽說建設委員會，已有測量計畫及預算；分上中下三游，同時舉辦。計上游自河源起至河曲以北之長城止，在皋蘭以下之平原部分，擬各測地形三公里。皋蘭以上之山地，及主要支流如大通河洮河等，擬從事踏勘測量，計測量面積，約爲一萬方公里，踏勘路綫約長二千四百公里，並設水文站三處，約需經費五十萬元。中游自長城至孟津，幹河所經多屬山地，擬施踏勘測量。其主要支流，如洛涇汾渭各水，測量與踏勘並施，計測量面積約爲八千五百方公里，踏勘路線，約長二千五百公里，並設水文站四處，約需經費四十八萬元。下游自孟津以至海口，擬沿幹河兩岸，各測至大堤外之地面止。其支流如沁伊洛各水之重要部分，亦沿兩岸各測三公里，計測量面積約七千二百方公里，並設水文站三處，約需經費三十六萬元。共計約需一百三十餘萬元，是其二。實行防河的工作，新的法子是很多的。但是一河有一河的情形，在此河用的好法子，到旁的河用著就許不合適。所以現在防河的新法子，在黃河上用，應當是在試驗時代。試驗好了，再慢慢將舊法子換下去。關於此節，聽說建設委員會擬在黃河下游，擇定適宜地點，將中外名人治河之各種建議，加以實地之試驗。更在濟南設立水功實驗場以輔助之。如果實行，將來總應得著成績，是其三。黃河改道，在歷史上看來，數百年一次。現在底黃河，自清咸豐五年改道至今，才七八十年；果能盡心修守，應當沒有改道之事。

此次滬變損失統計

(甲) 閘北區	
1.住戶損失	566,585,952·88元
2.商號損失	147,548,168·00元
3.建築損失	203,138,883·00元
4.工廠損失	69,987,630·00元
合計	987,210,633·88元
(乙)南市及其他未蒙直接戰爭區域	
1.住戶損失	17,568,102·60元
2.商號損失	161,925,198·00元
3.房租	930,555·00元
4.工廠	5,624,657·50元
合計	186,048,513·00元
(丙)各租界	
合計	312,198,463·75元
(甲)(乙)(丙)總計	1,485,457,610·73元

，長沙市區築路亦有詳盡之計劃，因煤氣汽車之發明，而益推動交通建設之猛進，此亦一好消息也。

怎樣治理黃河？

內政部視察專員王應榆
視察利津後發表之意見

黃河爲患數千年，魯豫兩處尾閭，爲害尤烈。內政部爲欲圖根本治理，非詳細調查全河情形，不能統盤籌畫。故特派水利委員會委員王應榆先到魯察看黃河最下游入海處，再溯流而上，視察全河。十四日到濟，十五日與山東河務局接洽，十六日由濟出發，河務局派工程科長潘鎰芬秘書王柏宸偕行，工程學會濟南分會長張含英亦同往。十六日晨光初升，一行四人由濟城乘汽車到洛口登船，順流而下，當晚宿清河鎮，十七日到王旺莊，十八日到利津，沿途察看詢問，由潘解答交換意見，並詳細視察入海處之形勢，又召集當地父老詢問過去水勢，與防守方法之得失。十九日由利津乘汽車返濟南，當晚河務局公宴王應榆，并有鄉村建設研究院梁漱溟作陪，定二十一日再由濟乘汽車赴上游視察李升屯等處，再入河南境，仍由潘鎰芬張含英偕行。潘至魯境爲止，張則預定同至孟津察看。記者特往訪王，詢以視察情形，及治黃意見。據談，治河以尾閭及上源關係爲最大。此次視察下游，鑒於利津入海處無堤束縛，水淺而流緩，冲刷力小，致口門淤沙日多。蘆葦無根，水流不暢，決口最易。余對下游之意見，主張添修大堤直至海口，以束河水，並剷除蘆葦，以暢水流。且據土人言，以歷史論，凡全河有石壩之處，從未決口，可見石壩重要。欲免決口，惟有全河修石壩，此事似未如理想中治黃之困難。惟是石壩用費最多，政府既無力補助，地方籌欵亦不易。查下利津有淤地四百萬畝，如移民墾種，最低限度，每年每畝收入一元，一年卽四百萬元。若存儲此欵以修石壩，數年卽可告成。政府如能補助，成功尤速。如移民墾種，最重要者爲(一)海匪滋擾，(二)海水不能飲，須另預備飲料，(三)交通必須預爲籌畫。將來水勢旣大，則天津烟台不遠，汽船可以進口，海口可成一重鎮。爲調劑河水，上游應設蓄水湖池，需地甚多，可將該民移下游開墾，亦不至失業。中游河南方面，余前曾以私人資格往視察一次，河身似嫌太寬，將來可設法使之稍窄。惟黃河最大害處，在挾帶泥沙，必須設法減去泥沙。上游甘肅鳥鼠山，渭水上源有一河，因阻於鳥鼠山，北流入黃河。若引該河入渭水，黃河水勢既小，則到河套時挾出泥沙亦少。且在河套多開支渠灌田，以洩水勢與沙泥，則以後黃河泥沙必較少。同時渭水為清流，既添支流，水勢自大。入黃河後，沖刷泥沙力量亦必大，淤墊既輕，水流自暢，決口之患，或可減少矣。此余個人意見，尚須請專門家，研究與批評云。

恩格司氏治理黃河之談話

沈怡記

中華民國十二年八月五日導准工程局安徽余明德君攜美國水利家費禮門氏之介紹書，來此訪恩格司先生於德蘭詩頓工業大學之河工試驗室。余與同學鄭君權伯均被邀而往，因得暢聆恩氏關於治理黃河之意見談話內容，大牛已見本誌前所載「歐美水利專家治理黃河之意見」一文，故本篇特從略記載焉。茲先述

費禮門氏之意見：將河道之彎曲者，改成直線，兩岸添造堤壩，使藉大水自身之力，冲成一可用之河槽。(參看第一圖)

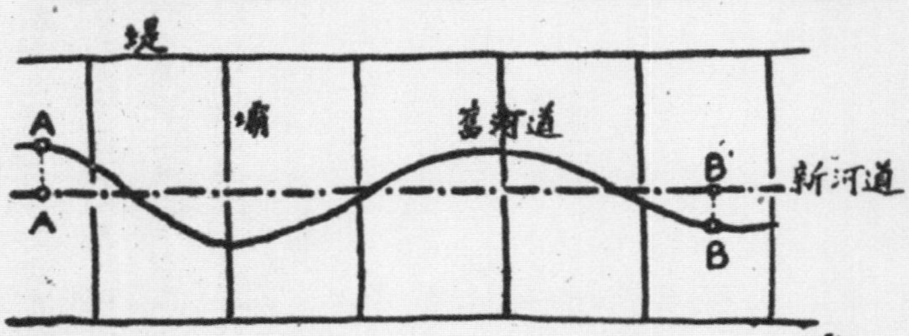

第一圖

第二圖

恩氏之批評：裁彎取直，果爲治河之一原則，然亦須因地而施。如費氏意欲以儘短之路徑，造一深廣且直之新河，故不能不取直線，則結果必發生下列二弊：

(一)水之下傾度將愈大。

說明：假定 AB 爲黃河現有河道中之一段，今將所有彎子裁去，改爲直線，則新河道便爲A'B'。A'B'較AB爲短，是故水之下傾度新者較舊者爲大，(參看第二圖)

(二)裁過大之彎，工程太大，工費亦將因而加增。

至於添造堤壩使藉大水之力以深河槽一節，恩氏完全表示同意。

恩氏之意見：原有之堤身，類皆堅固可用。惟向無護堤之設備，是爲歷來大錯，亟宜舖設草皮，施工保護。

河道之不必加以更動，至多在太彎處，稍稍裁直(第三圖)。

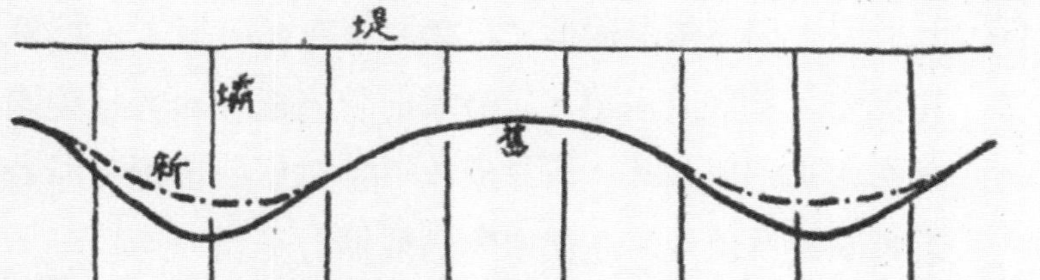

第三圖

如舊堤離河道太遠，或已不堪復用者，宜於兩岸造新堤以代之。

造壩藉大水之力以冲深河槽(此與費氏主張同)。

施工須知　黃河挾沙甚多，故言治莫急於先濬出口。世有言在上流造大池以積沙，或保護兩岸以防止沙之加入，此皆爲託之談，難以成事實。夫沙旣下矣，不與之以出海之路，不積何待，是故先濬出口之理也明甚。

黃河之在今日，初無舟楫運輸之用，故舍此而言治，其爲治也良易。如其不然，則以黃河入海之道之多，宜擇河道爲用，便成問題矣。

恩氏之答此問日：宜利用水勢最弱者。

（問）何故？

（答）水勢之最弱者挾沙最少，則口外之沉積物亦少，而然後挖掘之功易底於成。

（問）然則水勢弱，曷足以供舟楫之用？

（答）誠過弱，則亦須用機掘之使深。惟在河中施工，較易於在海中。故同是一掘，宜仍本前所述標準。昔日美國冶米西西比時卽如此，甚見成效（怡按目前所傳治河各計畫皆未計及使黃河在低水時猶能通行舟楫一層）

（恩氏乃續曰）入口處既治，乃可言治河，今將問治河宜在何處着手？（曰）宜在河流出山處着手。查黃河自孟津以東乃出山

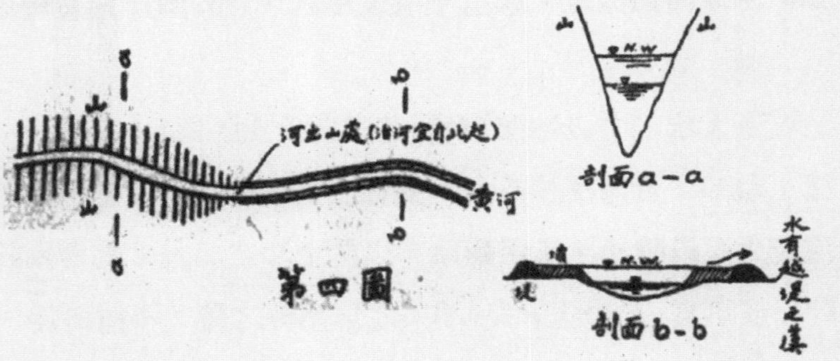

第四圖

峽，故工程卽宜自此起。

其故如下：山峽之間，河身爲岩石所成，甚堅固。今如實行上述治河之法，則兩岸添造堤壩以後，河身必驟狹，河身驟狹，而水之量不減少，則其向高處升漲，自屬一定之理。故兩岸而爲土堤者，汛濫卽隨之矣，是以擇地須在山峽處也。（參看第四圖之兩剖面圖）

其次，水漲無礙於岩石所成之河身，已如上所論矣。且此乃一時之事，久之，藉水力冲刷之新河道成，水必復落，故不足慮其有他虞。

河江試驗室之新聞　德蘭詩頓工大之河工試驗室，已由作者介紹。今恩氏受費禮門君之委託，將於本年九月初在此間試驗室，爲壩之形式與夫壩距之試驗，我人拭目以待其結果可也。

壩之形式不一，如第五圖之 A,B,C, 皆各有其利弊。此三種卽恩氏將加以試驗者，故略述之。（第五圖）

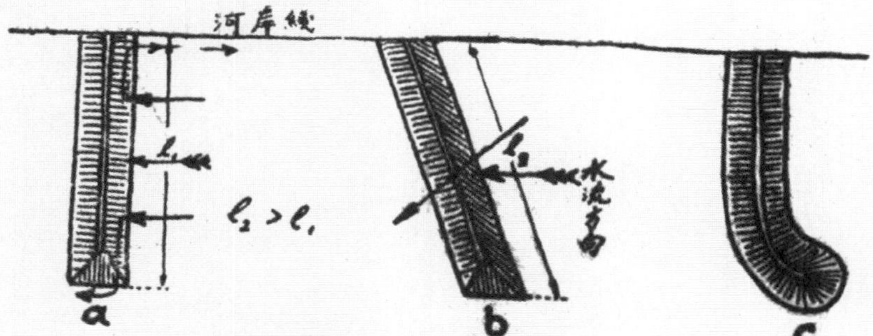

第五圖　壩

AB兩壩，在平時最見通用。比較之下，A實不及B佳（參看第五圖）。惟B壩較長，因而工價貴，是其大弊。

C爲美費禮門氏之建議，有AB之利，而其弊則在不能加長。

此外壩相互間之距離，與工費之關係至鉅，故亦有待於試驗。今恩氏對於此種試驗，已着着籌備，當余等往時，曾見簇新之石膏模型，佈滿壁架間。又據氏云，黃河之特性石挾沙，水激冲之則游，不冲則沉。在模型試驗時，因比例關係沙非大水力冲之不動，此與事實有背，故不能用。現擬以木屑爲代，蓋木屑之在模型河槽中，恰能顯出此項特性也。木屑均染成黑色，取其易於鑑別。

恩時今已屆七十之年，然精神猶矍鑠萬狀，自言願於明年爲東方之行。作實地考察黃河之舉，我人深冀其行之能實現也。

恰記於德國德蘭詩頓工業大學，十二，八，十。

政治評論　第一四三號　

政府應速治理黃河

方秋葦

我們希望政府在今年，在建設上有兩件事的進行：一是西北鐵道之發展（如隴海路之西進）；一是黃河之治理。

關於前項，在這裏暫不發表意見；關於後者，因爲在目前比較迫切，所以我們提出來討論。說到黃河之治理，又是專門又「專門」的問題，德國水道與水力研究院創辦人密勒氏（Oskar von Mueller）在德國巴伐里亞州的阿爾澄斯山脚下所建造的中國黃河的模型，實驗了幾年，還沒有一個具體地治理方法發表，難道我們「非專家」還敢言治理之法麽？當然是不會有的事。

我們不談（而且不能談）治理方法，祇是看到今年黃河所必須治理的，是那幾方面而已。這樣的，該不是「吹毛求疵」吧？

★　★　★

最近我們看見報紙上載着：新由日內瓦來華之國聯水利工程專家圖德等三人，曾一度經黃河流域各省視察，并搜集了不少的材料，將在南京擬具報告書，送呈國聯，轉交中國經濟委員會。不過我們覺得：國聯水利工程專家們，在這樣短短的時間中，對於黃河流域的視察，至多也不過是塡就幾張統計表及水力測量表能了。治理黃河的辦法一時也未必能擬定。而事實上，今年黃河水患，轉瞬即至，恐不及待國聯專家報告書草擬完竣，政府當局治河方法商酌決定，即有空前之巨災，降臨於中原數省了！

據我們所知：黃河水患之發生，其期多在每年春節過後不久（去年黃河解凍期爲二月上旬）。因此時天氣已由寒轉暖，沿河內的冰凌蠕動起來，結果解凍後的冰塊逐順流而至下；全河貫通時，冰塊來勢已極洶湧，沿河防凌木椿鐵軌，多被撞折斷，沉沒水中；黃河鐵橋洞口，前歲曾被撞損兩個，去年更爲危險，僥倖搶救得力，未傷橋柱及橋台。否則，黃河鐵橋也就危險了！

在冰塊橫衝直撞之後，全河水勢又抬高，若堤身過低或不鞏固時，必被水勢席捲而沒，其氾濫之勢可一擋數省，險象百出。據申報年鑑的紀載：二十二年黃河水勢暴漲，由春而秋，釀成重大水災。其受災及影響所及之省區，有陝西，河北，河南，山東，安徽，江蘇六省；綜計被災縣份達五十，災區面積達一萬五千餘方里，災民數四百餘萬。至於二十三年春期淩汛以後，水患仍未中止，迄今河北，河南，山東各省之若干縣份，尚未脫離危險境地；如長垣一地，災民現有十餘萬，仍處澤國之中。（二月四日北平世界日報載）在此種情況之下，若再無法救濟，及早設法阻止水患之來，預料今年黃河春期淩汛發生之後，再繼之水漲，其洶湧之勢必淩駕往年而上。那麼今年的中國，又將陷於水患的掙扎之下了！

★　★　★

然則治理黃河之法又當如何？清裘文達曾云：「治水當先審其受病之由，再論治病之法。就一縣一府而言，病有其處，合一省而言則不然。就一省而言，病有其處，合數省而言又不然。若僅於一處受病處治之，而下流之去路未清，上流之來患未絕，則爲患滋甚。」盧法爾亦云：「治河若就一隅，不籌全局，則一誤再誤，徒勞無功。今由山東視黃河，黃河止在山東；由中國視黃河，則黃河尚有不止在山東者。安知山東之河患，非由他處黃河而來？故就中國治黃河，黃河可治；就山東治黃河，黃河終恐難治。」的確，這些話很中肯；而事實上中國過去治黃河之錯誤，即在於此。如果我們說詳細一點，可以說中國治理黃河最大失敗原因，是陷於以下兩個錯誤：

其一，未將黃河病象看清楚。究竟黃河「不可治」及「難治」之病象在那裏？大概治河的人也不很知道。於是，治上流而不治下流，結果下流之去路未清，上流之來患亦不能修，以致每治必失敗。因而所要治理省區內的黃河不僅沒有治好，并且在險象發生之後更多殃及鄰省。

其二，爲治河者地域觀念太深。本來黃河爲中國之黃河，決非河南或山東之黃河，然而治河的人多陷於地域觀念的錯誤，以致山東治山東的黃河，河南治河南的黃河；或山東河南治黃河，而又不治晉綏甘陝青甯的黃河，以致形成「頭痛醫頭脚痛醫脚」的現象。但是此種現象之發生，在治理上必難收效。我們巳說過：黃河爲整個中國之黃河，若要治理則須整個治理；若治理局部而忽略整個，必陷於「中國治黃河，黃河可治；山東治黃河，黃河終恐難治」的結果了。

以往的錯誤是如此，那麼今後又當怎樣？——說近一點吧，在今年的建設上，對於黃河之治理，應該有怎樣的「新猷」出現？

★　★　★

我們不是「專家」，不敢言治河高論；不過我們在現在所能見到的，大概當前治理黃河問題，所應注意的，大約如以下三端：

1.政府下毅然之決心，這是非常必要。有了決心之後，首先的措施，應將治河機關統一，以便統籌全局，齊一指揮。過去曾有人主張：治河宜設十省治河總督之官，中央居高監督，其經費則取十省之財，用之十省，而以建設費治河，中央補助之。此項主張頗爲中肯，似有採用之必要；即使十省治河總督不能設立，現在的治河機關也應該統一。

2.去年治河因限於經費，故堤工不甚堅固。假如今年黃河水患發生之後，難免又不陷於二十二年之巨災的狀態中。現在快到春期凌汛的時間了，爲防患未然計，應速在下游豫魯冀蘇諸省，築立堅固之提防，濬刷泥沙，務免潰決爲事。進一步，更宜測量地勢，究以由魯由蘇何省入海爲便，就其低窪直捷之處，直開一河達海。

3.黃河鐵橋因建築已久，加之連年凌汛及水勢之襲擊，已呈危險之狀。去年國內某工程師由漢乘車到平，曾謂「黃河鐵橋三年必斷」；此項推斷雖未必可靠，但由此可想知黃河鐵橋之危，及將來對交通及火車安全影響之大了。最近黃河水利委員會，河南省政府，及平漢路局三方，會勘黃河鐵橋後，認爲前途堪虞，決定籌劃重新興修。商酌結果，引水護堤經費應爲二十萬元，縮小上游河槽經費八十萬元，重新鐵橋費千餘萬元，該計劃已分呈各該主管機關。既然已經決定重修，即應從速開始！雖然工程浩大，所需經費預計在千餘萬以上，最好是以平漢路的盈餘，以建此橋；即使不足，而由政府籌款募債，亦屬正當！

總之，以上三端實爲今年刻不容緩者，這是我們對於政府治理黃河最低限度的要求。不過我們所顧慮的，即是此項工程之開始，勢又非三數年所能成功，如黃河開道入海，及重新鐵橋等；同時又須龐大的經費，與大批諳練之人才，始能達於完成。但是在今日的中國，是否有此財力以實行？又是否有此人才來負擔此重任？似乎成了很大的問題。

顧亭林論治河有云：「苟非返普天率土之人心，使之先義而後利，終不可致太平。」此言頗善，我們就這樣希望政府與國民共同努力，尤其是在今年，開始這樣偉大工作之努力吧！務期達到此莽莽濁流有澄清之日，黃河水患而不致將老大衰頹的中華民族葬諸魚腹！

人命。然論者恆謂旱災之損失。實與水災相伯仲。

補救雨量之缺乏蓋有二法。一爲深耕易耨。在於土中多加肥壅。如是禾稼較能耐旱。可致不死。他法卽以人力引水灌溉是也。

欲行引水灌溉之法。需費較多。常以是不克推行及遠。蓋溝渠蓄水池抽水廠等。均費不貲也。此處華人已早知引水以灌溉田畝。惟所取方術。尙甚幼稚。欲圖改良。惟有引用蓄水池。及溝洫系統。此當在悉心研究之後。方可取決辦法耳。

美國紅十字會工程師團卽民國二年來華勘察水災問題者。曾擬有墾殖洪澤湖沿湖一帶田畝計畫。其中何處應築隄埝。何處應開宣洩湖水之河流。均經擬定。又此處地畝如何洩水以禦澇。如何引水灌溉以濟旱。亦詳敍計畫書中。

此項計畫書除主張墾放洪澤湖外。並及裏運河培補隄防與整頓河槽等工程。又預擬在某某處築隄防。在某某處開洩水溝渠。以期防免多數地畝之水災。

民國三年在華研究水災問題時。頗得華人所作測量資料之助。此種測量大致均甚優美。惟以此問題之博大精深。區區資料。亦殊相形見絀耳。

欲籌中國東部防免水災之策。應需充分之經費。與精密之研究。而欲爲此種研究之先。苟無極詳贍之地形及水象測量。亦無所措其手足也。此種初步工作中最重要而最有用者。厥爲測製中國東部之精密地形與美國所着手測製之全國地形圖相仿。此種地圖爲研究此問題之主要根據。亦非倉卒所能告成者。所望中國之注意及此。早日着手耳。

論者亦有以爲中國水災問題可藉森林爲之解決。夫森林供給木材以充建築及其他需要。其價值頗大。則培植森林及保存現有之林本。其爲有大利益於中國。自無可疑。果以此爲目的。則獎勵植林。自爲要圖。若欲藉森林以冀限制水災。則不免言之過甚。不能加以深信也。蓋水災之來源爲逾量之雨水。森林非能阻此雨水之降落也。學者且嘗有以爲森林。足以吸引雨水。今欲妄冀其減少暴雨。自屬不思之甚。

森林之中歷年堆積之落葉。遍被地面。能使地面之水流動減緩。故滂雨以後。雨水消退稍遲。然其效方。亦至微弱。今欲令森林減退鉅量之洪水自非易易耳。

治理黃河之先決問題

沈怡

黃河者，我國數千年來未得解決之問題也。奇矣哉，一問題經數千年之久，而仍未有解決之方法也。嘗考之史乘，河之大改道凡六，其溢決之次數，與改道之隨改隨復挽歸故河者，併計之更不下四百餘次(註一)；然此猶就史之可考者而言也。讀者倘念每次決溢之時須毀壞若干之城郭邑廬田畝，須損害幾許之人民牲畜財產，則此問題之重要，當可不言而喻矣。今自咸豐初，河復北奔大清河入海以來，又七十餘年於茲，此七十餘年之間，決溢之禍並不因改道而稍哉。至於近年，則民二有濮陽之決，民十又有宮家口之決。昔英人泰勒爾於一九〇五年視察黃河之後，當根據沙澱之情形，謂現有之河道，不能保持至二十載以外。今其言雖已爲費禮門君證明不合事實（註二）；然河患如斯，而防河之術又闒弛如彼，則日後或不幸河流竟復改道，又誰能知之哉！顧常靜心觀之，見時賢言治運者有人，言導淮者有人，而舍一二見諸報章之文字以外（註三），絕不聞有爲此重要什百倍於以上各問題之黃河，一思解決之方者，國人之姑息短見，不亦大可歎耶！不佞一介書生，海外負笈，目覩他人治理之績，尤不能自已於懷，適南京河海工科大學十年紀念，有發行水利特刊之舉，徵文及余，遂草此以應之。

言工程者，首貴事先之籌畫。今十年之內，治河雖未必有實行之望，然預備之功，則自今而始，猶不得以爲過早。蓋預備愈久，則事之成熟也愈可期。古人云：『凡事豫則立』洵至言哉！今欲治理黃河，則所當籌畫者，不外下列數端：

（一）黃河流域雨量之測計；

（二）黃河流量及挾沙量之測驗；

（三）黃河河道形勢測量；

（四）治理黃河之計畫；

（一）黃河流域雨量之測計　流量之多寡，恆與河流區域之降水量有密切之關係。降水量據我國農商部所定規則，亦以公釐計。此等數目之積聚，爲計畫河工時之重要根據。天空降落之水，按其形式，可分雨，露，雹，雪四種。此項降落之水，或漫流於地面之上，是爲江河大川，或滲入於地中，或更蒸發以返諸天空，後者即通常所曉之「水之循環」作用也。

量雨之事，在我國古代似未有所前聞。故此項事業之興，徐家匯天文台之功，殊不可沒。該天文台之創設尚在一八七二年。迨四十餘載之後，時爲民國二年八月，農林部始有籌備觀測所之舉。同年十月，張季直先生改組農商，乃事擴充，然各省所設分所，仍不過二十六處也。而此二十六所者，又以經費無着，均旋踵停辦。據德國脫拉伯而脫氏言，德國除測驗雨量之所不及計外，共有氣候觀測所三十餘處，奧何約有五百，瑞士亦不下一百餘處。讀者試思之，德之大，不過我國四川一省，而乃有觀測所卅餘處，然則以我國面積之廣，茍有三千所之測候機關當亦不得爲多，而今乃併此區區之二十六所，尚不能保全，不亦大可歎乎！若謂以國家財政竭蹶，不能不停辦者。此欺人之談也，測候所非大機關可比，每所常年經費，至多不過四五千元，以二十六所計，年不過十餘萬元。無論我國如何窮困，決無併此區區之數，而不能籌措之理。故我國測候事業之不發達，財政困難不過其表面之辭，根本原因仍不能不歸咎於國人不知此事之重要。我人若取北京觀測所所發表之報告讀之，便有以知其然矣。報告之中，除北京一所，應有盡有，無可訾議外，其各省分所之報告，缺日者有之，缺月者有之。不知測候之事，首貴聯貫。月缺一日則此月之平均不可得矣。年缺一月，則一年之平均不

可得矣。一年之平均不可得，則此年所測，即等於無用矣。如此而期求一數十年聯貫之平均數，尚可得乎？（註四）

今之研究吾國雨量者，每盛稱徐家匯天文台所出之報告。然其所載，亦不過八十餘所之雨量數目。而其中滿四十年者，僅徐家匯一所；其在十一年以上者，僅二十八所；餘皆四五年不等。此區區者又何足爲憑耶！又我人常讀其報告，見其所載之測候綫，二屬沿海口岸，一爲西江流域，一爲長江流域，而黃河流域不及焉。然則我人誠欲治河安可不早從事測量雨量哉！爲今之計，黃河流域諸省人民，誠能了解治河之重要，則此等事之所費無幾，由人民集款自辦，尤屬輕而易舉。昔中央觀象台有委託全國中小學校，報告雨量及暴風雨之計畫，苟其事已見實行，不可謂非我國測候前途之好消息也。

（本節已完本篇待續）

註一　著者當根據行水金鑑，河防一覽，河防志，水利月刊及其他書籍多種，爲黃河決溢次數之統計，計自禹治河告成迄今共得四百二十餘次。自知實際決不止此數，因旅中參考書籍太少，不得不暫以此爲根據，然即此已可使人了然於河患之一斑矣。考禹治河功成在西歷紀元前二千二百七十一年，距今已四千二百餘年，我人若以前述之四百二十餘次爲根據，則平均每十年，黃河即潰決或泛濫一次，

註二　費禮門治淮計畫書第五十九章黃河詳細情形之參考項下，有云：『據泰勒爾報告，黃河所佔大清河原道之河底，已澱至其大之程度；又謂二十年中有某處一里半之淤灘，竟已積高十五尺，其證據殊不確實』氏又謂：『黃河之沙量，百分之九十九皆能順序入海。河底墊高百年中不過一尺』

註三　參看科學七券九期李協黃河根本治法之商榷及水利四期金天翮解決黃河問題上。

註四　各年雨量非一定不易之數，旱潦之間，相差極大，故非積有三四十年之記載，則所得之平均雨量終屬不可靠。

南通保坍工程意見書

（續本卷第二期）

宋希尚

美國近來樾工除密西西比河河口整理工程仍採用埽柴築樾外。其餘如密沙利河及各鐵路公司護河工程多採用樹樾 Retard System 樾以全株之樹爲之。連根帶葉。穿以鉛絲。尾尾相啣。平鋪如排。每樾樹株數之多寡。則視水力爲等差。由鉛絲穿成。由輪浮水拖至應需之處而固定之，固定之法將在岸鉛絲之一端。繫於一大樁而埋於土中。在水一端則繫於一鐵筋混凝土之樁。而沉於河底。此混凝土樁頗爲巨大。四周及端。通有無數細孔。中則空虛。此樁每埋於河床之下二三丈之處。勢不能以夯壓下。故以汽機迫水由四周之細孔射注而出。射勢極猛。河底四圍泥土因以冲鬆。樁遂借其本身之重量而隨之沈下。樹排繫於樁上。即可固定。然後利用樹根與枝葉之交錯雜亂。因以速沈澱之功効。工料既省。收效絕巨。而工後維

治理黃河之先決問題

(續本卷第三期)

沈怡

(二)黃河流量及挾沙量之測驗　如前所述，黃河流域內尙無可靠之雨量數目，可供我人計算流量之用，故於通常設計，遂不能不賴實測以濟其窮。民國八年夏間運河工程局在路口與史家窪九十英里之間，曾設立測站四處，以測黃河之高度，深度，橫斷面，平均流速等等，其結果已顯予我人以極大之根據。據費禮門君之報告書，十年之中，黃河洩量最高數，每秒鐘爲七千五百立方米突，最小數每秒鐘爲三百立方米突。以黃河流域面積之大而論，以上之最高數殊不得爲大。故苟能繼續實測，而加以校正，洵非無益之舉也。

挾沙量與流量二者，於計畫適宜之河流橫斷面時，同爲重要問題。黃河挾沙之量，爲中外諸大川所罕見，水利學家言之者屢矣。據費禮門君報告所載，洪水時河水挾沙之量，約佔流量百分之四五，低水時約佔流量百分之〇八〇二者皆歷次測驗所得之數，惟此項平均數，惟恐其不詳，故仍有繼續實驗之必要。

(三)黃河河道形勢之測量　昔靳文襄有曰：『治河非徒法也，因乎地形，察乎水勢而加之以精思神用也』。今欲治河，尤不可不具一黃河下游全圖，以察其地形水勢。而然後某處宜裁灣，某處宜設壩，某處之岸宜保護，皆能歷歷然默識胸中，而河亦不難治矣。然地圖必須測量而後成，測量之法有二：曰地面測量(簡稱舊法)，曰空中攝影測量(簡稱新法)。前者由來已久，人皆知之審，無待余之更爲贅言。今所欲介紹者，即爲後一項。就歐洲各國現有之經驗言之，苟所測爲非絕對詳細之圖，如地籍圖及城市圖之類，則新法之便利，殊有非舊法所能望其項背者。舊法之利，在得圖詳確，而其弊則在費時傷財。新法之利，在以極少之時間，得同樣之地圖，而其弊，則在失之稍不準確。然以之應用於治河造路，則已綽有餘裕。蓋治河所用之圖(註五)，但能將河寬，堤寬，又河道曲折形勢，一一表出，即已合格，固無他求也。測量之先河之兩岸須先作大三角網。此項工作既畢，即可用飛機一架，沿河兩岸飛行，逐段攝影。若河身不寬者，沿一岸飛行亦可。此項攝得之片，若再經一度測算及製圖手續，便成通常所見之地圖。故我人不測河道則已，苟測河道，則舍用飛機攝影測量外(註六)，吾未見有較此更便捷之方法也。

(四)治理黃河之計畫　此項問題詳言之，可成一專書；簡言之亦可自成一篇。顧二者皆非本刊篇幅所容許，且於前三項未有充分之預備以前，治河計畫亦非隨意所可解決，故此僅撮其大概言之。歐西解釋『治河』二字之意義有曰：『治河者，乃欲使河流成一固定之狀態，而然後其利可得而資也』。我國平時亦有『古之治河，惟欲避害：今之治河，又欲資其利』之言(註七)，與此正同。苟我人根據以上之定意，而爲治理黃河之計畫，則有二大問題，不可不首謀解決之方：

(甲)河床如何使之固定？

(乙)河槽應有之深度，如何求得？

我人更繼續問曰：就今日之黃河而論，可否造成一固定不變之河床？抑須別造一新河，始能解決此問題乎？

夫言改道者衆矣！即以近代而論，清光緒初年，馮桂芬嘗建議於直隸，山東，河南，三省，徧測各州縣高下，縮爲一圖，乃擇其窪下，逶城郭之地，聯爲一線，以達於海。此項計畫立意雖善，然需費浩大，難成事實。我人須知爲工師者，於計畫之外，尚須處處以經濟爲前題，否則縱有第一等之計畫，亦徒中看不中用耳。馮氏之議殆幾近之。自是而後，近年又有美人費禮門先生，亦盛倡改道之說。其根本見解，乃在以儘短之路徑，造一深廣且直之新河。此新河須限制在兩道堅堤之間，堤距勿過寬，俾大水之力，得以自行沖深河槽。此項計畫，原爲導淮所作，然氏意治理黃河亦可用此法。我師恩格司先生嘗評費氏之計畫有曰：

『費氏之計畫誠善矣！苟此計畫而能實現，則近頃河底之墊高，確可由此而止；而堤決之事，亦可不復再見於今日。雖然，其功效是否如此，猶未易言也！請言其故：

我人據已往之經驗，咸知河道天然之形狀，恆曲而不直(註八)。故在新河尚未沖成之先，不僅河流將無固定之中水位河槽；且當洪水時，河道因被新堤限制之故，尤有使水位突然增高之危險。又費氏此項新河，決非一朝一夕即可造成。故當未成之先，河狹處被大水所沖去之沙，勢將盡向下流之寬處(即尚未改狹處)堆積。沙停河飽，鉅災乃隨在可見。然則當挑挖新河之時，堤決之事，不將因此更形增多耶？』

因此之故，恩氏乃有下列之計畫。其言曰：

『我人須知今日黃河下游爲患之原因，並不在堤距之過於遼闊，乃在缺乏固定之中水位河槽。故河流在此大距離之間，得以任意紆曲，任意改道。及其逼近正堤，若保護稍不得法，則潰決立現。故在今日而言救治，首宜於兩堤之間，爲河流謀一固定之中水位河槽。次則裁灣塞支，亦屬要圖。果依此辦理，常有二利：(一)中水位河道將永遠不復變更也；(二)向日河身之向橫裏擴充者，今將轉而向深處伸張也。後者之效果，不僅使河底之墊高從此停止，且河身兼有由此沖深之望。所謂一舉而兩善備者，此之謂矣！』

恩此項計畫，最足令人讚歎者即我人前列二問題，無不由此解決是也。黃河今日之河槽，可謂頹廢極矣！考槽廢之故，河岸缺乏保護，乃其最大原因。劉天和問水集即言：『余行中州，歷覿堤岸，絕無極堅者，且附堤少盤結緊密之草。』可知河岸保護之不講求，自昔已然。今河患雖亟，誠能及時就當地可得之材料，將河岸加以保護，則河雖未必由此而治，至少亦可暫保垂危之局，較諸坐待隄決之後，而始行搶救者，尤爲得計耶？河防一覽隄防告成疏中，潘印川嘗有『築遙隄以防其潰，築縷隄以束其流』二語：細繹其義，知縷隄之築，殆即寓求一固定之中水位河槽之意。包世臣中衢一勺言之尤詳；其言有曰：『潘氏之法，遙隄相去千丈，中有縷堤，相去三百丈。河槽在兩堤之中，急流東下，日刷日深。其初每年有大汛一二次，溢出縷堤漫灘直逼遙堤。三年之後，河槽刷深至五丈以外，不復漫過縷堤矣』。所惜潘氏設置縷隄之用意，未爲多數人所了解，遂致效未見而害反日顯，誦印川先生河防一覽自引『可因則因之，如其不可，則亟反之。毋以僕誤後人，後人而復誤後人也』。數語，不禁歎息後人之自誤一至於斯也（註九）。雖然潘氏之法，亦有不能盡施之於實際者何也？河水嚙岸，力猛異常。苟非有適當之保護以爲之禦，雖有縷隄仍無益也。護岸工程種類甚多，如鋪草如拋石，如置埽如設壩等等皆是。恩氏批評費禮門之計畫，已如前所述矣。今平心而論，若費氏所云將新河限制在兩道隄堤之間，俾藉大水之力，自行冲深河槽一節，則猶吾國潘印川『以堤束水，借水攻沙』。之遺意，誠治河之至言，無古今中外之分者也。

黃河現有河身之宜改狹，幾爲目今歐美水利學者一致之見解，卽恩氏亦莫不如此主張。費禮門氏更按民國八年夏實地考察之結果，證明河身改狹之後，並不足以引起洪水時節之危險，言之猶鑿鑿有據。又按之歐美治河經驗，改狹中水位河槽之寬度，若應用於爲患愈大之河，其功効愈易見，治河者幸得其說而存之也！若夫治理先後，則疏濬目前之海口，尤爲必要之舉。海口積沙太多，恐非用機器濬治不爲功。治理宜先下游，下游又當以海口爲先者，亦朱子所云：『治水先從低處下手』之意耳。總之治河之要，首在負有負責之機關，有統一之計畫。若僅苟安旦夕，枝枝節節而爲之，則河之爲我國患，恐尚未有盡期也。嗟呼！河之不治誰實爲之哉！

註五　嘗問之恩格司先生，據謂此項地圖之比例尺，以五萬分之一爲最適宜。

註六　著者曾草有飛機攝影測量術一文，於此項測量方法之功效，及應用儀器等等，略有所述及，載在東方雜誌廿一卷十八號。

註七　見行水金鑑等書。

註八　我國舊籍亦有『水性喜曲』之言，又有『之字河』之稱，卽指此項曲河而言。

註九　李協治河商榷篇有云『考黃河兩岸先由巡撫胡家玉奏興堤工，相距約十餘里，繼光緒十二年，東省人民耕於堤外者，請築縷堤，巡撫張曜許之，及今言河防者，莫不歸咎』。可知此處所築之縷堤，意義已與潘氏不同。潘氏河防險要篇曾言遙縷之間，宜禁居民，蓋明知縷堤逼水，難以爲恃也。至我國所築遙堤相距太遠，亦屬失當之舉。關於堤之功効一層，向爲河工上聚訟之問題，在我國然，在歐美亦莫不然，此處惜不克多及。

台州靈江流域水旱問題

治理黃河之意見

王應榆

黃河爲患數千年矣，此次應榆沿河視察，詳加考核，深知黃河非不可治者，亦非如吾人未睹其眞相者所想像工程之困難，用費之浩大，茲就治理之意見，分爲政治，工程，經濟三項陳之如後：

一，關於政治者

甲，治河機關之組織

此組織必能統籌分工，且適合於事實之需要，故宜設立黃河委員會，總理全河事務，下設森林局，培植森林，而尤能以政治力量指導民衆造林爲主體，直接造林。次之設工程局，辦理所有黃河之建設工程。設河產局，掌理淤田及引渠所得河產之管理。設河口經營局，掌理河口淤田之經營開發，並即就現有之豫，冀，魯各省河務局，改稱爲第一第二第三河務局，辦理河防事宜，其組織系統如下：

- 國民政府
  - 河款保管委員會
  - 黃河水利委員會
    - 森林局
    - 工程局
      - 第一河務局
      - 第二河務局
      - 第三河務局
    - 河產局
    - 河口經營局

如此，黃河既有整個之治理機關，而分工合作，與現在情形亦不相左，工程局計劃，建設治本工作，河務局職掌隄工防守，以作治標之圖，其經費仍由各省籌之。

乙，治河計劃之實施

黃河本流重大，工程由國家辦理之，其支流則由省政府辦理之，而國家予以相當之補助，小工程則由人民興辦，一切計劃，須由委員會擬定或批准之，根本計劃應由委員會召集各省代表及專家討論研究，一經呈奉國府核定，則全力赴之，不得任意更改。

丙，河款之經理

河款之預算，完全根據工程之計劃，而監察出納之權，則由政府，另由監察院，財政部，黃河委員會，及有關係之各機關或團體派定委員，組織河款保管委員會，收支之情形，隨時公佈。

丁，黃河水利委員會及附屬各局職員之錄用

先由委員會將試用職員經驗履歷函報銓敍部考核，俟經過一定時間後，如稱職者，即實任錄用，非有檢舉其失職，或舞弊情事者，不得任意更換，對其成績之考核，應請考試院派專員考察之。

二，關於工程者

治河工程之要項有九，一，減除泥沙來源，二，建築石堤以固定河槽，及束水，三，建谷閘以節流量，四，多辦灌溉以減水勢，而利農產，五，實行放淤以肥田畝，而固堤防．六，裁灣取直，以防潰決，七，導黃分流，以減水勢，八，經營河口，以暢尾閭，而增河產，九，炸去石礁，以利航行，茲分述於次：

甲，減除泥沙

子，引洮入渭　黃河之大患，在含沙量過多，以致逐漸淤積，河床日高，險象環生，河行地上，一遇泛決，則勢如建瓴，是故減少泥沙，實為治河之第一要圖。而泥沙之來源，則多由於河套及邙山，與其他支流：查洮河為黃河淸水之一大源，與渭水之源相隔，經鳥鼠山，若能鑿通引洮入渭，則可減黃河入套挾沙之量，而渭水且得航行之利，概算約需一千一百八十八萬元

丑，於寧夏附近築分水壩　引洮入渭，旣可減殺水量，於

綏遠寧夏一帶，再多以灌溉，其過量水，則引之灌入寧夏，附近之流沙，既可減入套之水量，以免多挾流沙，淤塞下流，且可變沙磧爲佳壤，概算約需一百萬元。

寅，自孟津至古柏嘴間，修石堤以護岸，孟津古柏嘴間，黃河直刷南岸，即以孟津而論，河南行已二十餘里，南岸即邙山，坍塌增加土量，故宜修石堤護之。其概算見孟津至東明東水工程中。

卯，廣植森林 造林可以減少土壤之冲刷，其地點以寧夏中衛至綏遠之和林間，及渭水兩岸，河南之邙山各支河流域等處，以政治之力量，強迫種植，舉凡於指定區域內田園，及家宅荒地，於一定年限內，不遵令種植者，則失其所有權，傷害他人之森林者，予以重處。

乙，建築石堤

子，寶雞至潼關渭水兩岸築堤 查渭水兩岸，本無隄防，然於引洮之後，恐水量增加，隄防實爲必要。於險工處護岸加石，概算約需款二百三十六萬二千四百元。

丑，孟津至東明東水工程 孟津至東明一段，長約五百里，河身極寬，大水時約在十五里至二十里間，水流遲緩，沙停河中，河身無定，漫流於兩隄之間，且暴漲，河陸不分，故決口之大患，皆在此段，如六大變遷是。故欲免黃河改道之患，必束窄河身，固定河槽，此份包含孟津至古柏嘴護隄，概算需款一千六百九十萬五千六百元。然河身既狹，新淤之地，又可作爲生產之用。

寅，東明至利津護岸加石 此段長約六百里，河槽係大清河舊道，故極狹，而灣曲甚多，昔日護岸多用楷埽，甚不堅固，故已逐漸改用石埽，就經驗言之，凡有石埽之處，皆無潰決之患，此段險工極多，則宜多加石料，概算約需款五百四十萬元。

若能按上述辦法，則河槽固定，而河患可除，上部用孟縣石產，中部用鞏縣，下部則用濟南者。

丙，建設谷閘

暴雨後，各支河決潦，同時入河，下游必有潰決漫溢之險，若能多設谷閘，則可節各支流之水，減少洪量，平均流量，則不至有決口之險，其修建則由地方政府辦理之，而國家予以補助，其重要之處如下，汾水蘭村谷閘補助二百萬元，北洛河洛川谷閘補助五十萬元，洛河洛寧谷閘補助五十萬元，伊水辛莊谷閘補助二十萬元，沁水沁陽谷閘補助二十萬元

丁，灌溉農田

黃河流域為產棉及五穀之區，惟雨量缺乏，生長不易，試就民生渠言之，放水後有糧無人吃，有地無人種，以運價昂貴，捐稅太高，人烟稀少，工業不發達，致未能盡量發展，是為憾耳。涇惠渠放水後，地價驟增，收入豐登，故欲發展西北，灌溉實為急圖，黃河乃天然之幹渠，棄之不用，殊為可惜。況隴海西進，欲減少輸入灌溉，更屬必要，且引水灌田，可以減少流量，黃河本身，亦受其利。故擬於河套多開渠道，由甯綏陝各省裁減兵額，供作生產之用，如是，則既收灌溉之利，而挾沙黃水，且可少過河曲，應由國家補助二百萬元。淮河之豫冀魯各省，亦感雨量缺乏，且河高於地面，可以利用虹吸管灌田，既不用開堤設閘，而管理又易，實宜推行，擬由國家補助八十萬元，作為提倡之用，人民必羣起效尤。至於其他支河，若沁洛等已有利用之者，宜再發展之。

戊，淤填窪堆

沿河一帶，窪鹼之地甚多，毫無生產，寬狹不等，隨處皆可放淤，變為佳壤，且因放淤，又可減洪水量，於淤填後，地勢變高，又可鞏固堤防，一舉而數益備也。擬由政府先辦較大之放淤三處，以作提倡，陳橋古柏嘴，及紅廟等處，陳橋位開封之北，有鹼地八百頃，約需款二十萬元，古柏嘴一千八百頃，約需款一百萬元，紅廟在齊河縣境，約六百頃，約需款五十萬元。

己，裁灣取直

河之灣處，即為險工，若灣度適宜，不至有害，惟黃河則有灣曲過甚之處，正溜頂衝出險潰決，如濮陽李升屯，宮家壩，及鄭州等工，莫不如是，擬就灣曲之大者，如東明之劉莊，歷城之大王廟兩處，其流入及折反之角，皆小於九十度，殊為危險，應即裁直，未雨綢繆，否則，因決口之損失，不啻百倍也，每處概算各需九十萬。

庚，導黃分流

黃河危急之期，多在洪水暴漲之時，若能引之入衛河，賈魯河，徒駭河，及小清河，既可殺本流之洪水，且可供各河之航運，此項工程，擬由地方辦理之。

辛，河口之疏浚及經營

尾閭不暢，則全河停滯，此就工程言也。自利津之寧海村以下，尚有一百二十里，無有隄防，漫溢無定，河身遷移無常，下遊阻塞，水不得洩，勢必險出棘子劉，其一例也。故宜增隄防以定河槽，俾水暢流於河口，再修以順堤，概算約需款一百五十二萬七千八百八十元。河口淤荒，可耕種者，已有三百萬畝，然尚未開墾，人烟稀少，以人口過剩之山東，而有此跡近邊荒未墾之地，寧非怪事，推其原因，則由治安不保，交通不便，水患無定，以及毫無經營，且國人尚不知注意。河患可以由提工而免除，前已言之，至於治安，則與人民，墾殖亦互相關係，人口太少，即自衛困難，若特提倡移民組織，武裝團體，修治道路，安設電話，開鑿井泉，修築箭單碼頭，置備巡輪，以巡海岸，設銀行以資借貸，不數年即成繁沃之區，而漁鹽之利，亦可興矣。統算約計需款二百二十五萬元。其他生長葦草之地，尚有一百萬畝，合計約四百萬畝，除葦地外，即以現在之租收每畝每年平均一元計之，年可有三百萬元之收入矣。以其一部開發本區農工商業，以其一部作治河之專款，其對於經濟之發展，至大如斯，而山東過剩之民，亦可得一安插良地也。至於管理淤田之辦法，宜採取租田制，以三十年爲一期，其後則另按價定租，以符國有土地之旨。

壬，開作石礁

黃河自皋蘭以東，至甯夏及渭源至寶鷄與陝州之三門，皆有礁石，宜去之以收航行之利，概算約需款五十萬元。

三，關於經濟者

歷代治黃皆需款浩大，而生命財產之損失，不可勝數，皆有竭財事河之歎，然下游於雲梯關天津之間，隨時改道，河槽六易，國家元氣，以致大傷，故以治黃言之，無論其用費多寡，皆爲有利事業，茲就支出及收入情形略爲陳述如左：

甲，支出方面

就前所論之工程，概算言之，共二十一項，約需款五千一百五十二萬五千八百八十元，關於造林者一項，約需款二百萬元，而監工設計等行政費，約以百分之八計爲四百萬元，共合五千七百五十二萬五千八百八十元。其分年計劃，愈速則其效果亦愈大。我國之大患可除，國庫可增，民生殷富，故以五年完成此項計劃，爲上策，每年約需款一千一百五十餘萬元。否則，十年完成。前五年擇最要者，開支三千七百五十二萬五千八百八十元，後五年開支二千萬元，上項估計，皆係按國家情形，工程需要，以最低限度擬定者。

乙，受益方面

受益情形，可分消極者與積極者兩種。所謂消極者，乃國家人民少受之損失，積極者卽爲收入之增加，然又可分爲直接者，與間接者，直接者，乃國庫之有形增收，間接者，爲人民直接之利益，是故以數目表示受益之多寡，甚爲困難，又如鄭州之工，共有一千二百萬兩，濮陽之工，六百萬元，其他若李升屯，宮家壩，劉莊，黃花寺，棘子劉，扈家灘等决口工費，多在百萬以上，人民流離，土地荒蕪，更爲悽慘，卽以經常護險費言之，豫冀魯三省，每年約需款一百萬元，其損失何可勝言，就玆積極之直接利益述之如下：

子，河口地租每年每畝一元，以三百萬畝計，全年三百萬元。

丑，河南河北因東水所出之田，約二百八十萬畝，一次每畝收補加地價費三元，卽可收入八百四十萬元。

寅，綏遠灌田以二百萬元開渠計，每年可收水租一百萬元

以此論之，已足補投資之利益矣，其他若灌溉利益數目之計算，當更可驚也。以涇惠渠而論，昔日每畝價三元之地，今則每年可產棉花價二十元，以此類推，西北之開發，沿河之利益，其有俾民生之功甚偉。

附治理黃河工程費概算表一紙於後

治理黃河工程費用概算表

工程名稱	用款數目	備考
烏鼠山挑挖工程	二·八八〇·〇〇〇	引洮入渭以殺黃河入套之水以減其挾沙量
寧夏石嘴子分水壩工程	一·〇〇〇·〇〇〇	寧夏附近修分水壩放河水入流沙
寶雞至潼關渭水堤工	二·三六二·四〇〇	渭水現無隄防若於引洮之後水量大增故應添修隄防
孟津至東明束水工程	一六·九〇五·六〇〇	兩岸長約一千里河身太寬水流遲緩應即束水以固河槽
東明至利津護岸工程	五·四〇〇·〇〇〇	兩岸長約一千二百里應加石護岸以防決口
蘭村谷閘工程	二·〇〇〇·〇〇〇	用以節流由地方辦理國家補助
洛川谷閘工程	五〇〇·〇〇〇	同右
洛寧谷閘工程	五〇〇·〇〇〇	同右
辛莊谷閘工程	二〇〇·〇〇〇	同右
沁陽谷閘工程	二〇〇·〇〇〇	同右
綏遠灌溉工程	二·〇〇〇·〇〇〇	由國家補助
豫冀魯灌溉工程	八〇〇·〇〇〇	利用虹吸管灌溉沿河皆可施行由國家補助
陳橋放淤工程	二〇〇·〇〇〇	地爲不毛可放淤八百頃
古柏嘴放淤工程	一·〇〇〇·〇〇〇	放淤一千六百頃
紅廟放淤工程	五〇〇·〇〇〇	放淤約六百頃

治理黃河之意見

工程	經費	說明
劉莊裁灣工程	九〇〇・〇〇〇	河身灣曲過甚險象環生應即裁直
大王廟裁灣工程	九〇〇・〇〇〇	同　右
引衛魯賈徒駭小淸諸河工程		引黃河之水入各河以分其流由地方辦理
河口堤工	一・五二七・八八〇	利津以下無堤防應即修築以防泛濫而暢尾閭
河口其他設施	二・二五〇・〇〇〇	河口淤地之整理設施應即着手進行以便發展地方振興實業
炸石工程	五〇〇・〇〇〇	於臯蘭以東及渭源陝州等處炸石礁以便航行
	以上共計五一・五二五・八八〇	
造林	二・〇〇〇・〇〇〇	
行政費	四・〇〇〇・〇〇〇	約按百分之八計算與工時監督設計費在內
	上共計五七，五二五，八八〇元	

治理黃河之討論

——與歐美水利學者討論治河問題函一束——

沈怡

一 與費禮門論治河書

十四年秋余由歐赴美參觀工程，次年春將有歸國之行，往別費禮門先生，頗於治河事有所討論。本文卽余當日以書面形式向費君所提出諸問題也。

（前略）前上一書內述荷蘭政府近將庚子賠款退還敝國，（註一）全國水利局擬就此款先從事於黃河之測量，諒蒙鑒及。怡現因回國在卽，頗思將平日蘊積於胸中久未解決諸問題之有關治河者，一一就正於先生之前。素仰先生爲美國水利界名宿，於敝國之黃河問題尤有研究，倘蒙賜教，感幸萬分。問題若干，謹開具如下：

（一）上下流之治理孰先孰後　森林家與氣象學者之恆言曰：『治理下流，必先防止上流岩石因氣候而起之剝蝕作用。防止之法，植林尙矣』此言也，就理想論之，固無人得謂爲非；然森林之造成，非有長久之時期不可。執是以觀，恐植林上游並無濟於今日之河患奈何？

一月以前，米西西比河工局局長濮德先生寄來工程雜誌一册，內載氏所作治理米西西比河之諸般建議。氏於其文中有曰：『與其植林山嶺，不如墾植其地；卽不然，任其滋蔓可也。』（註二）蓋氏意以爲熟地與草地，阻止雨水下流之功效，皆較森林爲大，其言殊發前人所未發，頗爲新奇。

嘗思治河本無一成不變之規，最妙之道，莫如治河者盡力治河，植林者盡力植林。各事其事，各盡其能。若謂治河毋賴植林，或植林以後，卽毋須治河者，皆偏激之談，不足道也。

（二）治理河口　河口積沙，水勢日微，爲任何大河通有之病象。治理之法，是否唯開濬是賴？利用潮汎之力以冲刷沉沙，其效果何如？

（三）選擇入海幹道　河口三角洲上枝流至多，治理之時，選擇河流

入海幹道之標準何如？恩格司先生嘗於此列舉二原則，其語見所著水功學全書（註三）

一、保留沙灘上任何之枝流；

二、利用水勢最弱之枝流以爲入海幹道，蓋因水勢最弱之流挾沙較少，口外之沙灘必小易於掘去故也。

嘗讀先生所著中國治河問題（註四）內有語云『縱治河之動機僅爲防止洪水，但舟楫之事亦未可盡置諸度外。』然則選擇入海幹道之時，似亦當注意舟楫之事矣。

（四）勘定河道　先生治河計畫有云『茲擬分段將河道取直，每段長五英里以至二十英里。務將河槽置諸現有內隄之間，庶河道既能取直，而又不爲當地之害。現今黃河之隄距大致爲四至八英里，苟「新洪水河槽」完成以後，其正隄之距離將爲半英里，河面之寬將爲三分之一英里。』（註五）

嘗聞恩格司先生批評先生之計畫有云：

『一、歐美百餘年來治河經驗者以爲惟「之字形」之河道，最能持久不變，而實際天然河流亦鮮有具直線形者。故開直河之說，未免與自然相背。

二、當新槽尚未冲成之先，苟洪水驟至，原有之河槽既因兩岸加築隄壩大爲減狹（較現寬減小八分之一至十六分之一）其結果勢必至不能容納此多量之洪水，而釀成異漲之禍。此項異漲之水可高出現今最高水位至數公尺以上。

三、新河（卽直河）固可使之較舊河爲深，但新河下流必將較舊河愈淺，其末減狹之處，勢必河身日淤，河床日高。

四、減狹河道斷非短時所能奏功，若此則上述各項危險，殆爲勢所難免。』（註六）

因此之故，恩氏乃有如下之建議：

『當今之急，首在保護河岸，爲河流一固定之中水位河槽。次則裁灣（僅限於太不整齊之灣）塞枝，亦屬重要。自此以後，河身日深，而河床亦不致再有墊高之弊。且河槽既有一定，則河水嚙隄之患亦可由此而止，而兩岸田地勢必日趨安全，更不待言矣。』（註七）

以上係恩氏對先生計畫所下之批評及其個人之建議，倘蒙示以先生之意見，曷勝盼望。

（五）隄防　黃河內隄之距離，據先生之報告（註八）所云，其寬自四至八英里不等。惟明潘季馴所著河防一覽則云內隄之距本不當出二華里之外，可知古人亦未始不知堤距太寬，易失束水之效。潘氏嘗言築堤之法有二『近者所以東湍悍之流，遠者所以待衝決之患』又云『築遙（遙隄卽外隄）以防其潰，築縷（縷隄卽內隄）以東其流。』可知縷隄之用原與其他諸隄不同。

包世臣中衢一勺論縷隄之功用有云：『潘氏之法遙隄相去千丈，中有縷堤，相去三百丈。河槽在縷隄之中，急流東下，日刷日深。其初每年有大汎一二次，溢出縷隄，漫灘直逼遙隄。三年之後，河槽刷深至五丈以外，不復漫過縷隄矣。』

曩讀先生考察黃河筆記時，見一堤工照片；該堤爲雨水所嚙，毀壞不堪，可見年來隄工失修情形。惟敝國於護岸向分種草與植柳二法；後者於黃河尤宜，語見劉天和問水集：『余行中州，歷觀隄岸，絕無極堅者；且附隄少盤結繁密之草，與南方大異，爲之憂慮。乃審思備詢而得植六柳法。』（註九）讀此可知古人護隄，並非無法，皆後人因循自誤耳，可勝歎哉！

（六）其他問題

甲、現有關於流量，河流斜度，流速，沙量等等記錄，是否已敷設計之用，抑尙嫌不足？

乙、先生對於敝國之河工有何批評？以爲必須速行改良者有何數端？

丙、治河以前，先生以爲急須着手籌備者有何數項？

丁、黃河無圖，擬用飛機測量（註十）不知以爲何如？又治河用之圖，比例尺之大小以何者最爲適宜？

戊、河流情形各不相同，故治法亦隨河而異。先生於黃河素有研究，有無特別應注意之點可以相示？（下略）　一九二六，二，二十五。

二　費禮門論治河覆書

費禮門先生(John R. Freeman)，美國水利界名宿也。民國八年曾受運河工程局之聘，來華考察水利。返美以後，曾發表其治理黃淮之意見；我國亦有譯本，散見各雜誌。自是談水利者無不知有美國費禮門其人矣。

（上略）僕於黃河僅考察其在京漢津浦二路間之一段，見聞殊爲有限。今就鄙人之印象所得諸於此項有限之見識者言之，似治理之初，宜於河身南岸堤工以及險工所在，先有一番考察。如一年以前，開封下流隄決成災，河有南下趨勢，卽此等危險所在。且累年堤決肇禍，無不在開封一帶。以現狀論之，彼處河勢之危急，當遠在洛口利津之上，可斷言也。

治河需料，而枝料之用尤廣，故當着手治河之際，不妨同時研究樹木之養成。務須費時暫而得料速，然後始可爲濟急之用。如美國之木棉樹(Cottonwood)爲建築「樹枝壩」（註十一）最適宜之材料，於保護河岸功效卓著。且料價甚廉，尤堪介紹。惟僕爲此言，非謂貴國河工上沿用之石工，盡可以此爲代。其故無非因工程貴賤，莫不隨地視料而異，則多一方法，卽多一伸縮地步。至於石壩本身原有之價値，固不因此而損其毫末也。除上言考察南岸險工以外，亟宜自京漢路黃河鐵橋起，溯河而上，探河源及鉅量黃土之所自來。此黃土者，嘗爲河水所挾，淤積於河槽之中，而爲河患之主因。

濮德先生之意，以爲阻止雨水之下流，墾地較森林尤見功效，此當視地面之斜度及土地之性質而判，並無一定之公理。

敝國北加洛來那州(North Carolina)在過去之三十年中從事開墾，成績甚著。其法係將山地墾成階級，每級之寬自二十至一百英尺不等。此項犁植法之原理，乃在沿「層次線」之地位施以犁植，庶雨水因階級之故，不能直接下流，而有充分滲入土中之機會；故名「層次犁植法」(Contour plowing)。足下行經該州時，可先往訪賽維爾或白勞恩教授於該處之州立大學，接洽參觀此項犁地之事。後者為尊師恩格司先生昔年之弟子，余信其必能竭誠為足下助也。

關於植林問題，足下歸國以後，可往南京金陵大學一訪其副校長威廉士先生，彼定能為足下介紹勞德米教授及顏博士(譯音)。余知彼二人者，必將樂為足下解決與此有關之疑難問題。

當余旅次日本之時，在箱根湖畔見樹木遍山，梢頭齊整，有條不紊，嘗為之讚歎者良久。余意彼日人之經驗與成績，頗堪為貴國日後之參考。此種情形，前述二君諒必知之。

河水淡而海水鹽，當其在口外相遇之際，鹽水因自身之沉澱作用，壓迫其已加入之沙土，復轉而入於淡水；此乃造成河口沙灘之重要原因。惟其混合時之情形，即沙土何以因此沉澱，至今猶未得確切之解釋。即通常河工教本於此亦鮮有加以注意者。倘水流實在無力刷沙，則「開濬」確為治河口唯一之道。惟僕與歐投司大佐(註十二)竊有同一之見解；即苟能於便宜之所，造隄築壩，利用河流自然之力冲刷淤沙，則河口殆可不濬而自治。

僕嘗屢言之，治河之時，最妙莫如先建一「河工試驗室」，取全國各河床中之泥沙，一一試驗其性質，則泥沙沉澱與流速之關係，俱可不待實測而自明矣。

足下問現有關於流量，斜度，流速，沙量等等記錄，是否已合設計之用，抑尚嫌不足？查目前所有之記錄，初不過供暫時之需，距完備尚遠。益以貴國於黃河雖有窮千累萬之著作，然關於前述各項記錄，則可謂向所未有，故舍逐年測量以外，殊無他法。就余揣度，至少尚須經過二十年之時間，更須室內試驗與實地考察，俱有相當之成績，然後此項記錄方有滿足我人需要之一日。

昔人有言：『失敗者，成功之母也。』足下幸毋以失敗為慮，須知由累次之失敗，而然後我人之知識與經驗，始有更進一步之望。況河性，世之最難捉摸者也，而尤以挾沙之河為甚。現代科學雖發達，但我人對於河流所具之知識，猶不過如何利用人工及機械之力以事開浚，以及少許之普通定理。若以所知與未知較，則所未知者，誠未有涯也。

足下復屬余指出中國河工之缺點所在，關於此層非余今日甚或非經長時間之研究後所能置答。苟有志於此者，必須對於一切工作方法，先有明瞭之觀念，然後更駕一葉小舟，泛乎此等大河之上，實地研究。譬如一壩，必也先考其歷史，製法，尺寸，為何建設以及築後經過若干時日，始發生功效。誠有頭腦清晰之士，曾於相沿千餘年之中國治河問題，有一番研究，必將更為遲疑，不敢遽下斷語。蓋中國歷史中有不少往例，必須首先熟悉，然後所下批評始有根據。鄙人不敏，愧猶未能也。猶憶鄙人在華之際，嘗於一日行至開封黃河下流五六十英里之某小村，其地當六十餘年前，曾被河水所衝沒；村長某且爲余詳述二百年來河流變遷及決口情形，並附以説明之圖；其印象至今猶深留余之腦未嘗稍忘。假設余爲總理治河之人，余必首先組織旅行隊二三組，沿河兩岸，詳細考察；並於同時努力搜集河之史料，以爲治河之參考。

河道地圖可用飛機攝影法測製之。足下行經費城時，可往晤韋毛慈先生；此人與某飛機測量公司頗有關係。又抵紐約時可往泛卻爾特公司訪馬失史先生，接洽此項測量之事。同時不妨詢彼等全副儀器之價値，以及在六個月期間內借用熟練之工程師數人其酬金共爲若干。此數工程師抵華之後，即可爲轉教其他中國工程師之用。就余所知，空中照相機之於飛機測量，確有奇妙之效能。爲求一律起見，鄙意圖紙之大小不宜超過一平方公尺。比例尺亦不宜過小，庶圖上尙有充分地位，可爲記錄河道變遷及設計新工之用。就余目前之感覺言之，設計用之圖，比例尺不宜小逾五千分之一。爲表示河道以及隄工形勢之全圖，比例尺不妨爲五萬分之一。此外若能縮製一圖，介於以上二比例尺之間，則更屬盡善盡美。在決定比例尺之大小以前，應檢取河流彎曲之處數段，繪其剖面形狀以作比較。圖之比例尺若大，則一切重要記錄及説明，無不可以直接塡註圖上，此乃其最大便利之點。

恩格司教授主張在現有內隄之間，爲河流謀一永久不變之中水位河槽，余極端贊同。惟在實行此項計畫以前，必須先擇一二十公里之河段，加以精密之試驗，庶施工之際，更有切實之把握。

治河之道，千頭萬緒，既無一定之公理，又無一成不變之治法。苟稍不愼，發爲錯誤之主張，復從而實現之，則大錯成矣。因此每十公里之河段，即應作一單獨研究，而每百公里之間，或須數易治法，亦非偶事。總之解決此項問題，必須經長時期之研究，然後步步實行，決不可自始即立一不着邊際之方案，致貽後日無窮之悔，此則可以斷言者也。（下略）

一九二六，二，二十五。

三　恩格司先生論治河書

恩格司先生（Prof. Dr. H. Engels）前爲德國德蘭詩頓大學水利學教授，現已告老退休。先生爲首創河工試驗室之人，學問淵博，於水利工程上建樹甚多，誠今日水利界不可多得之碩果也。余之識費禮門先生，實出先生之介紹，故自得費氏覆函後，即將原函併寄先生，乞其批評，此書其覆函也。函中包含精義至夥，可與費函互相發明，世之關心治河者幸毋等閒視之。

（上略）六月十日來函論治河一節，以爲目下距大規模治河之日尙遠，此時惟有盡力於個人研究及宣傳二事，深合鄙懷。讀致費禮門先生書，洞中綮要，想見別來進步，尤以爲慰。附來費君覆函亦已讀畢，今將鄙人意見逐條答覆如下：

（一）上下流之治理孰先孰後。　拙作制馭黃河議文中嘗有言：『苟上游山嶺長此不樹木種草，而暴雨或山洪可自黃土表面直馳入河；或兩岸黃土對於河水之嚙囓，永無保護之方，則治理下流殊難期有完滿之結果。但此項工作皆非旦夕所可奏效，而在此時間中河流必將往復泛濫，視今益厲』（註十三）因此余始終主張治下流之重要遠勝於治上流。誠能於治理下流之際，同時在上流植林以及施行保岸工程，則尤善矣。

（二）治理河口與（三）選擇入海幹道　足下於此曾引用拙著水功學全書第四七一頁所云，但未注意該段所論者係爲治理河口之無潮汐者說法。黃河河口爲一「三角洲」所攔住，致使潮水不能深入。如口外潮汐之差別有二公尺半，而口內反僅半公尺。是故治理下流，根本上必須先治河口。治河口之法，當於三角洲上擇一枝流以爲幹道，然後築隄束水，使之蕩滌自深。如築堤之後，水力仍嫌不足，亦不妨略施開浚之工。

選擇幹道之標準，須視當地之情形而定。苟爲口外形勢所許可，似亦可以利用水勢最弱之道，以爲幹流。譬如潮流係由北而南，則所擇之河道應在極北，因潮水至此，尚未爲河沙所混，不致有沙沉澱河口也。因此在決定此項問題以前，首須研究黃河口外潮流之方向係由北而南？（是否冬日如此？）抑由南而北？（是否夏日如此）舍此以外，應在近海各枝流中設置「自動測潮計」，以觀察潮水漲落之狀況。

（四）勘定河道　關於此層，余之態度猶一如昔日；尤以對於將河流作大規模之取直，不能苟同。我人誠欲防止河流之變遷，惟有善用其天然之性，因勢利導，而不在武力取直。蓋喜曲，河之天性也；惟曲折而有一定之河槽者爲上。是故善治河者並不斤斤於裁灣取直之說焉。

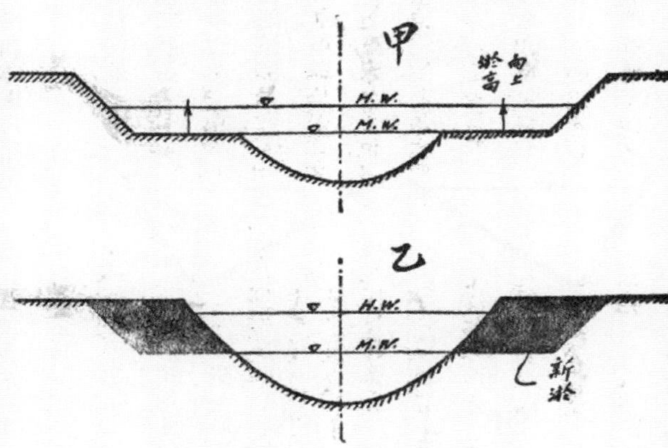

第一圖

（五）隄防　余之見解以爲黃河每岸有一隄已足濟事。標準河槽宜如第一圖之甲式。當大水之時，兩岸雖爲水沒，但岸上之水甚淺，力殊不足以刷沙，可無他虞。凡此種種足下在德關詩頤大學所提出之博士論文中，亦嘗論及之。

應借手試驗以謀解決者，卽在何種流速之下，河沙尙能停止不動，不爲水冲之問題。假設此項流速每秒鐘爲〇·九公尺（大致當不外乎此）則兩堤之距宜爲二千公尺；設沙土在流速每秒鐘爲〇·七公尺時始不爲水動，則堤距應爲四千公尺。

如依上法決定二堤之距離，則每次大水過後，均可在兩岸灘地上積起一層沙土。及其淤墊漸高，更當略施保岸工程，庶足以禦激溜；但亦僅施諸有險工一邊可耳。自此以後，兩岸日高，河床卽可由甲式轉變而入於乙式（第一圖）。

昔者足下嘗誤以鄙人所建議之河槽爲甲式或爲乙式，而未知鄙人之意乃在使新河槽漸漸由甲式轉變而爲乙式；此節關係頗重要，不可不辨也。惟以上所云形式俱指矢直之河道而言，若在灣曲處，則河形斷難一致，其狀非爲丙式即爲丁式（第二圖）。

無論如何，保持河槽一定深度不使時時變動，乃爲治河者最應注意之事；而此種情形，亦惟河流彎曲，得其自然之狀，始克實現。按余推測，在低水時節河槽乙之平均流速每秒鐘約爲〇·八六公尺，其力當猶能使泥沙隨水入海，不致沉澱河內。若海口水勢散漫無力，可於口外沙嶼之上擇定幹道，築堤束水。倘猶不濟，則繼之以開浚之功。苟能照此實行，而下流河底墊高之病不從此戛然而止者，未之有也。

（六）其他問題

甲、現有關於流量，河流斜度，流速，沙量等等記錄，鄙意已屬合用。

乙、對於貴國河工，鄙人殊無從批評，因此事非經實地考察之後，不能有所表示也。

丙及丁、治河之先，第一當測一可靠之河流形勢圖；此項地圖若用飛機攝影測量法測之，必可合用。

戊、關於此層，拙作制馭黃河議中已詳言之矣，故不復贅。

末倘有數言：即當治河之際，應於下流各段，隨在取適宜之材料，保護河岸，以爲試驗。惟此等試驗當於河上舉行，絕非室中所能解決。又下流河道，長逾千里，工程所需材料爲石，或爲枝，或爲木及鐵絲等等，必須因地制宜，庶不背經濟原則。費禮門君主張在河流兩旁植林儲料，極爲重要，亟應從早辦理。爲保護險工起見，若伏而夫式順壩（Wolf sche Gehaenge）及法白而式攔水牆（Faber's Stauwand）均不妨試用。此二者於隄岸之崩潰，頗能先事防止。（註十四）

以上所云，不過其大略，苟尚有未盡之處，可參看拙著水功學中所載治河十大原則（註十五）。至於治河之時，必須自始即有一統轄全河下流治理事宜之機關，以遠大之眼光，爲施工計畫之訂定，然後審慎實行，此乃當然應循之手續，似毋待多言也。（下略）

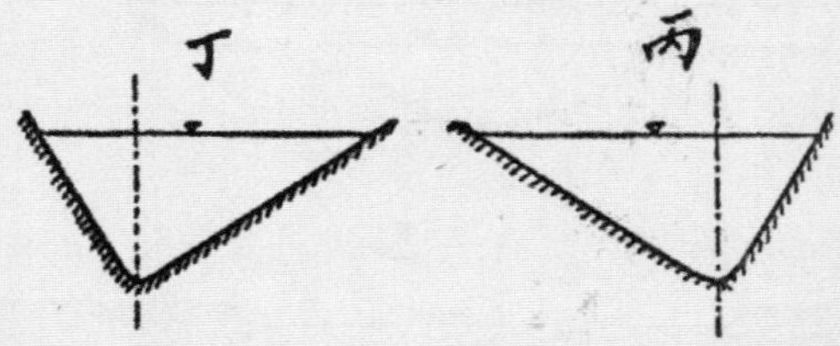

第二圖

四 結論

爲明瞭起見，更將討論結果摘要錄後：

一、治河宜先下流，倘能同時於上流植林及防止岩石之崩潰，則更善。

二、治理河口當築束水隄，倘水勢仍弱，無力刷沙，可略爲開浚。

三、選擇河流入海幹道須視當地潮流情形而定。

四、河性喜曲；惟曲河始不善變，若過於彎曲者，自應裁減，但不宜勵輒取直。枝流應加堵塞。

五、就地取材，保護河岸，免使河槽逼近隄身，致啓隄圮之禍；由是「中水位河槽」亦可確定。

六、兩岸一帶宜多植樹木，以爲枝料。

七、宜組織旅行隊沿河考察河流情形。

八、創辦河工試驗室，研究河工上各種問題。

九、辦理飛機攝影測量，實測河流形勢。

十、根據地圖，擬定治河大綱及施工步驟。

嗟乎，處今之世，而侈談治河，寧不知河之終不能治哉！猛獸不去，洪水不止。吾書至此，不禁感慨係之矣。

(註一)荷蘭退還庚子賠款之説，發動在十四年冬季。當時盛傳爲數凡數百萬元，實際未付之數本息合計，總不過七十六萬五千餘兩。以此治河，河奚能治；况今因政局變動，交涉停頓，並此而不可得哉！

(註二)參看 Colonel C. L. Potter, Some Suggested Ways of Controlling the Mississippi Floods, Eng. News-Record, Volume 94, No. 14.

(註三)參看 H. Engels, Handbuch des Wasserbaues, I Bd, 2. Aufl. S. 401.

(註四)參看 John R. Freeman, Flood Problems in China, Transactions of Am. Soc. C. E., Vol LXXXV.

(註五)同前。

(註六)參看 H. Engels, Die Baendigung des Hwangho (Monusknipt) 此文曾經鄭君肇經譯其大概，登在同濟雜誌第二十一期。

(註七)同前

(註八)參看 John R. Freeman, Flood Problems in China.

(註九)劉天河六柳法：一曰臥柳；二曰低柳；三曰編柳；四曰深柳；五曰漫柳；六曰高柳。其種法及功用俱詳天和所著問水集中。

(註十)參看拙作飛機攝影測量術載在東方雜誌二十一卷十八號。

(註十一)樹枝壩西名 tree-retards，美國米疏利河一帶甚見通用。

(註十二) Captain Eades 爲治理美國米西西比河河口之人，曾以此得名。

(註十三)參看 H. Engels, Die Baendigung des Hwangho.

(註十四)參看 H. Engels, Handbuch des Wasserbaues, I Bd, 2. Aufl. S. 453. 又 H. Engels, Handbuch des Wasserbaues, Ergaenzungsheft, S. 15.

(註十五)參看 H. Engels, Handbuch des Wasserbaues, I Bd. 2. Aufl. S. 373.

治理黄河之討論續編

沈　怡

一　引言

余於民國十五年間,曾在東方雜誌第二十四卷第四號,發表治理黄河之討論一文。內容計分四章:(一)與費禮門論治河書;(二)費禮門論治河覆書;(三)恩格思論治河書;(四)結論。其時社會上對於治黄問題,猶少注意,故作者於該文之末,曾有『處今之世,而侈談治河,寧不知河之終不能治』之感言。今者情勢變遷,朝野對於水利問題之重視,較之數年前已大不相同;惟究竟如何治理,則人各一說,意見殊屬紛歧。考當世水利家中研究治理黄河問題,最有心得者,莫如費禮門(John R. Freeman)恩格思(Prof. H. Engels)二先生,近則方修斯(Prof. O. Franzius)教授亦甚熱心研究。方氏曾受導淮委員會之聘,一度來華。返國後,發表其對於治理黄河之意見,與恩格思先生向所主張者,頗有出入。余因致函恩氏,詢其意見,承示其來往函札,至詳且盡。嗟乎!爲一異國之水利問題,而討論研究之不厭求詳若此,其亦足以振起我國學術界之頹風乎?此文內容,既仍爲討論治理黄河問題,故名曰「續編」,以示與八年前余所發表者,仍有連帶之關係。所惜費禮門先生已於上年(1932)作古,未能再得其教益,爲可痛耳!

二　方修斯治理黄河之主張

方修斯教授在黃河及其治理*一文中,有下列之論斷:

『黃河之所以爲患,由於洪水河床之過寬,亦一大原因。蓋黃河灘地甚廣,灘上之水甚淺,沙隨水落,與年俱積。費禮門氏嘗假定每一百年,泥沙平均墊高30公分;此數是否可靠,雖不可知,但由余觀之,猶以爲太小。余敢言在若干地方,但經一度之洪水,即可使其地墊高30公分。

依余意見,固定中水位及低水位河槽之辦法,並不能作爲黃河治本方案。余意整理洪水河床,乃治理黃河之第一步;此意費禮門氏曾一再言之。務使在若干年內,洪水位可以有顯著之下落,且縱在最高洪水時,不致高過河隄兩旁之土地。欲達到此目的,舍促進黃河本身之力量,以冲刷河床外,別無他法。

由前人所作種種對於黃河之測驗(中略),證明河水苟有相當之約束,其力足以自行冲深其河床。余之計劃,並不欲利用最大

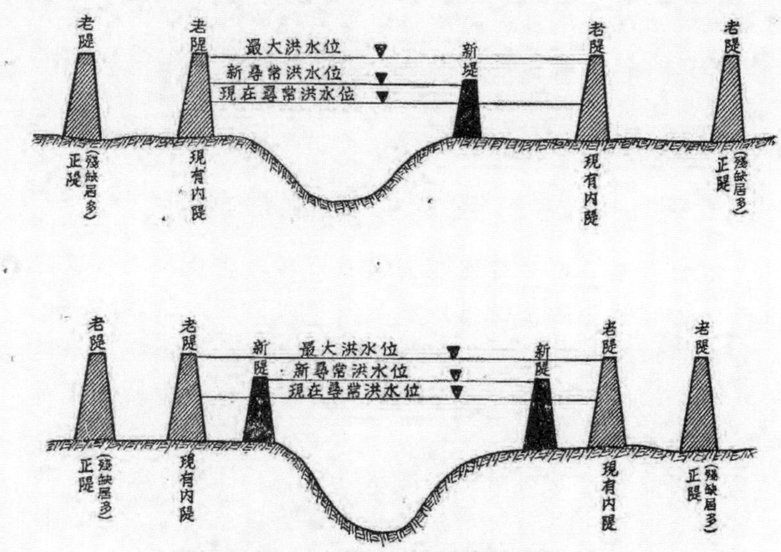

第一圖　方修斯新堤計劃示意圖

* O.Franzius, Der Huangho und seine Regelung, Bautechnik 9. Jahrgang, Heft 26 und 30.

洪水以爲冲深河床之助,乃在利用年年出現之尋常中量洪水。故我人必須認淸,新河床雖有免强容納中量洪水之量,但在起始時,决無法容納最大之洪水。必須俟若干年以後,新河床已達到其冲深之程度,而目前之洪水河床亦一無變化,則未來之最大洪水,方可容納。河床之寬度,余意當在400公尺左右;但其詳細寬度,不妨留待日後規定。新隄造成以後,舊有河床仍須照舊保留,以便遇最大洪水時,有備無恐,此點關係異常重要。至於新隄所佔之空間,以愈小愈佳。倘有必要,現在之隄,不妨臨時酌量加高(約20公分),務使舊河床內,因添築新隄而失去之容積,可以由此補償。余本此意,曾向中國國民政府建議,在現有黃河河道內,建築一道或二道之新隄,其平均距離槪爲650公尺。凡有堅固完善可以利用之老隄,則築一隄已足;但事實上,原有之隄甚不完整,恐多數非築二隄不可。此種新隄,並無與現有內隄同樣高低之必要;做法固須力求堅固,但誠遇最大洪水,縱有决口,亦屬無妨。惟爲使此種决口減少起見,不妨於多處設立滚水所在,以便異漲之水,得以由此漫溢。溢出之水,流入新隄與老隄之間,此時情形,與新隄未築前迥不相同,水已不足爲患。卽此一端,已使老隄外之住民,增加不少安全』。(下略)

三 恩格思致方修斯論治河書

(上略)讀大著1930年黃河報告,頓使余興趣復生,緣八年以前,費禮門先生曾首先向余提出此項治理黃河問題之討論也!

對於「順河流自然之勢,以固定中水位河槽」一層,余等之意見相同。但足下之意,以爲倘非因航運,則河流灣曲處,並無固定之必要;此點余殊不能同意!

足下與費禮門及荷蘭工程師單百克,(van Schermbeck)均主張將洪水河槽縮小,俾可增加水流冲刷力,以免河底之墊高。但足下復覺費禮門所建議之橫壩,頗有危險,余竊有同感。余之主張,已詳1923年所著制馭黃河論一文(參看本刊四卷四號)。在該文中,余曾述及，原有之河床，將因橫壩之建築，縮狹甚多。因此，在起始時，即新河床尚未冲刷至其期待之深度以前，洪水位必將驟然增高。我人固可使此項縮狹河床之工程，由黃河出山處開始；因是處兩旁皆山。爲天然狹隘之段，俾洪水位異常增高時，不致發生危險。但河床之刷深，非朝夕之功；爲避免泛濫起見，此縮狹段之新隄，及用以縮狹河床之橫壩，其高度，仍須超過此最高之臨時洪水位，方保安全。同時在縮狹段以內，因河床突然及大規模刷深之結果，足使下游尚未縮狹之河床，與日墊高，爲害之大，非可逆料。而費禮門氏理想中之新河道，決不能於極短期間，即告成功。故上述沙底墊高之流弊，亦必無法避免。換言之，果照費氏所建議縮狹河床之方法實行，則在是項計劃未能全部實現以前，必將增加無數決口之事，殊可斷言！

今足下之意，欲於現有河道中，增築平行新隄，以期縮狹洪水河床，其目的在使水位，——尤注重在洪水位——，由此下落；縱在最大洪水位時，河水不致高出，或僅些微高過兩旁之田地。足下並希望由此可以刷深河床 4 至 5 公尺，用意甚盛。

此種希望誠能實現，詎不甚善！雖足下之計劃，較之費禮門所主張者，已妥善多多，但在此種縮狹之河道，尚未充分刷深以前，洪水位之驟然增高（縱其增高爲暫時的現象），恐仍屬難免。且其增高之結果，足使水位高出新隄，甚至侵及內隄，使後者受其摧毀，亦未可知。且洪水冲刷力固可由此加强，但是否因此即可達到將河床一律冲深之目的，亦屬疑問。更可慮者，因洪水時冲刷力增加之結果，是否將使沿河道灣處格外冲深，並將刷剩之巨量泥土，堆積而成高逾尋常之沙檻。最後，洪水位如此下降，是否確屬必需？在目前內隄與老隄，即一部份已經毀壞之正隄之間，有不少之居民，散居其中。在較大之洪水時，此種村落因其他地位之低於河床，時受大水之威脅；今者因河床冲深以後，此種危險可以消除，固屬無疑；但欲求此等村落有相當之安全，建築「環隄」或未始非方法之一。

惜余於黃河實地情形,一無所知,不敢故作主張。余深信以足下之學識與經驗,作此主張,必經極鄭重極成熟之考慮!而足下又爲余素所佩仰之專家,則將來竟有使余拋棄目前余所作種種過慮之一日,亦未可知。凡上所述,皆余在審查足下之建議時,所發生之問題與過慮,

在未能使余爲足下之主張所折服以前,余對於前在制馭黃河論一文中所云,仍視爲恰當。該文有云:

黃河之病,不在隄距之過寬,而在缺乏固定之「中水位河槽」。於是河流乃得於兩隄之間,任意紆曲,左右移動。凡任何荒川之病象,黃河無不備焉。及至河流日益逼近,刷及隄根,則隄防遂不堪問矣。治理之道,宜於現有內隄之間,實施適當之護岸工程,固定中水位河槽之岸。次則裁灣(以過於灣曲者爲限)塞支,亦屬重要。誠能若此,其利有二。一爲河流在中水位時,由此得一固定不移之河槽;自此以後,水流將一變向旁沖刷之狀態,而專向深處。此外則河槽不致再逼及隄身,遼闊之灘地,賴以保全。而當洪水之後,水落沙停,灘地之上,日漸淤高。此種情形,匪特無害,甚且可喜。因固定之河槽,將由此益深,而沖刷力亦將隨之以增,所有因隄距過大而起之不良結果,將因中水位河槽之固定而盡除。

此外堪注意者,即灘地愈廣,則洪水時,其上水流之速度必愈

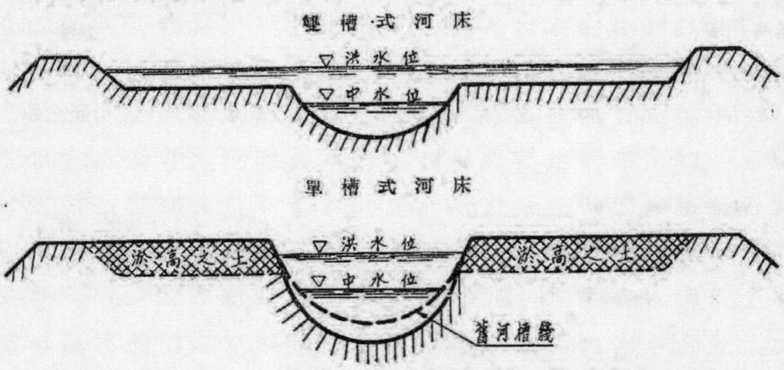

第二圖 恩格思理想中之河床變化

小。由是灘地之淤高，愈少妨礙，而大隄在洪水時所受之危險，亦可愈少矣。

余心目中對於治理之目的，大致遠不及足下所期望之大。苟兩岸灘地淤高至於洪水位，換言之，河床已由「雙槽式」而變爲「單槽式」。且因單槽式河床所需要之「比降」，不及雙槽式之大，故洪水位或可由此稍稍降低。再者，水落時，苟低水位時之流速，其力足以刷沙，則沙之淤積，換言之，河床之墊高，亦可由此停止。凡上所作推測，卽兩岸灘地，是否能在相當時間內，淤高至於洪水位，固屬疑問，但縱不能盡如我人之期望，亦决不致有何等之妨礙，故鄙意以爲不妨努力加以實行者，此也！

曩者，余嘗主張於治理下游之時，宜先之以河口「三角洲」之澈底整理。今讀尊論，以爲整理三角洲，宜以使沙確能隨水入海爲目的，不必過事他求，此意甚是！大著論河口及三角洲一段，余殊十分同意。他如李協先生對於未來海港之主張，以爲宜改設小清河口，或其他適宜所在，余殊以爲極有見地。

抑尤有言者，按照余之建議以治河，對於現有河道及隄防之關係，殊少鉅大之更張。更張愈少，則其効果愈大。且所費有限，而所獲甚鉅，尤其特點。

余從事河工試驗凡四十餘年，對於任何試驗，尤其若目前討論之黃河問題，自有濃厚之興趣。但余於前述種種，獨以爲苟有人贊成我說，卽可起而實行，已無再事多作試驗之必要！

目前最要而不可稍緩之事，當推黃河流速，比降，及剖面之測量，由此求得最適合於黃河情形之「流速公式」；或就通用之各種流速公式中，加以考查。求得之後，倘有必要，再加以改造，使之十分適用於黃河。根據此項公式，卽可從事「標準河槽」之規定。

此外亟宜同時進行者，卽所有危險之中水位河岸，應從速加固，以禦河溜；而坐灣頂冲，逼近隄身之處，亦宜速加裁灣取直。蓋此種工作，初毋需待乎標準河槽規定之後，而始加以施行也。（一九

三〇年十一月四日)

四　方修斯覆恩格思論治河書

(上略)接十一月四日賜書感甚。先生對於治理黃河問題之興趣,如此濃厚,良足令人感動。讀所論各節,使鄙人益覺有不斷研究之必要。對於先生所提出之各種問題及建議,謹答覆如下:

因治理黃河同時須爲航行着想,故鄙見處理彎曲之河道一層,殊不成問題;因無論如何,此項處理,爲必不可免也。但鄙意若置航行問題於不顧,只爲開闢一中水位河槽着想,則此種河灣之有無,並無何等關係。

先生主張,治河工程須從窄狹段開始,與鄙人昔日之意見,洵屬相同。鄙人原意,擬自近河口較狹之處,開始施工,然後由此向上推進。又先生認鄙人之建議,較諸費禮門先生所建議者,爲切合實用,聞之殊慰。但費君已往之貢獻,並不因此減少其價值,即我等今日種種研究,亦每賴費君之資料,此點諒先生必有同情也。

先生之過慮,以爲苟依鄙人之建議,在新洪水河床未冲深以前,將使現在之內隄,發生危險。對於此點,余殊知之。按余嘗主張,在河床之冲深尙未顯著以前,現在之內隄,仍須不斷保存,即是此意。再余之計劃,不過欲在現在之洪水河床中,造一二新隄,並無造橫壩之意。故在事實上,現在之洪水河床,毋需有何等之更張。

余且主張,苟遇異常之洪水,此項新隄,在相當所在,甚且可以過水。此種滚水辦法,在中國甚見通行。俾新隄與老隄間,原有之洪水河床,亦可幫同洩瀉洪水。如此情形,在河床尙未冲深以前,事實上,與平日可謂毫無二致。倘事有偶然,在新隄造成以後,即遭遇異常之洪水,則其環境之形勢,仍與無新隄時相同。余意在現有隄距3至4公里處,造此等新隄,决無妨礙。至在隄距窄狹之處,則不妨俟河床冲深至相當程度以後,再行建設。爲安全起見,將現有隄岸之若干小段,加高呎許,或有此必要。凡此種種,均與當地情形有關,宜另行研究決定。由上以觀，則現在之洪水河床，並毋需變更，而河隄因余之計劃，亦不致有危險可言。

因縮狹河道，而河床得以冲深，此與先生所主張者，原則上本屬相同。此項辦法，費禮門先生所作之種種研究，足以助余證明其無害。余並主張，於隄前灘地，栽植柳樹；蓋此種方法，爲保護逼溜河岸，在中國固屢見應用也。

先生更提出洪水位之下降，是否確屬必須一問題，余意欲求得一安全之解決，舍此以外，別無他法。今若欲保持現在洪水之位置，固未嘗不可，但必須灘地之不斷淤高，能與中水河槽之不斷冲深，互相呼應。倘中水位河槽冲深極微，雖一時之間，洪水水平面之上昇，較諸今日可略緩，但仍不能擔保其不逐年增加。反之，苟中水位河槽之冲深，極有顯著之成效，則洪水水平面，亦必與年俱落。倘此項新洪水堤不築，余敢信所產生之現象，必爲前者。試舉一簡單之例，加以計算，俾資證明：今有某段河流，寬約 3 公里，假定中水位河槽之寬，爲 300 公尺（或僅需 200 公尺），是則中水位河槽之寬，僅爲洪水河槽十分之一。至灘地之漫水，並不因中水位河槽之故，而阻止，且此種漫水，本爲先生所希望，因其有助長淤積之功效。淤積之多寡與冲刷之深淺，應互相平衡。在普通洪水時，倘灘地淤高 4 公分（4cm），則中水位河槽當冲深 40 公分（$10\times4=40$ cm）。換言之，十年之內，灘地淤高至 40 公分時，中水位河槽已冲深至 4 公尺（4m）；若爲二十年，則中水位河槽之深度，將爲 8 公尺。若洪水河槽之寬爲 4 公里，則其得數將更奇。即使一一減半，每年以淤高 2 公分計算，則二十年內，中水位河槽之冲深爲 4 公尺；四十年內爲 8 公尺。此猶就中水位河槽寬 300 公尺而言也；若其寬祇須 200 公尺，則一切得數，均將爲前述之一倍半。換言之，每年以淤高 2 公分計，四十年內中水位河槽，將冲深至 12 公尺。

誠如前述，中水位河槽在四十年內冲深至 12 公尺，同時洪水河槽淤高 80 公分，但全體河床之平均深度，則仍與以前無異。在事實上,我人不應只以十年至四十年爲標準,至少亦須以百年爲根據。是以余之見解,中水位河槽之冲深,決無如前述之甚,且縱係需要,亦不能聽其若此。因灘地之淤高,與中水位河槽之冲深,步驟不宜過於參差。否則當中水位河槽甫經冲深之際,洪水平面必將繼續漲高,而危及老隄。如何防止此種情形,此乃我人研究之最後目的。余於此,最欲考求者,卽中水位河槽之冲深,是否根本有停止之可能?對於此點,費禮門先生之研究,殊堪重視。先生曾指出現在縮狹之處,在洪水時固可冲深,但水落卽有返於原狀之虞。余頃已將其原因述及,卽因遼闊之灘地上,水平面之高低,頗爲一定,因此冲深之段,其剖面愈大,動作愈緩,而泥沙在此之沉澱,亦將愈速。倘在河槽中間。冲成一狹而且深之溝,則其情形雖略異,但大致亦必相差不遠。洪水由灘地退歸河槽,須費長久之時間,故此項深溝中之淤積,雖與縮狹之段,不可同日語,然亦頗堪注意。總之,泥沙仍將由兩旁灘地,向河中央移動,殆爲不可免之事實。倘先生對於此項由洪水不斷增高所引起之危險,如前所述者,仍欲有所防止,則除固定中水位河槽以外,對於洪水位河槽,其勢亦非加以固定不可。誠若此,先生之理想,卽新河槽之冲深,與現有灘地之淤積,方能互得其平。此與余所建議者,尙有何異?不過此種治法,需時頗久,因此目前黃河下游之險狀,亦將同樣延長耳。

余竊欲於此聲明,卽余所作建議中最主要之一點,乃在新隄築成之後,小量及中量洪水,立卽陞高至最大洪水位之高度。如此則雖屬尋常洪水,亦可發揮其與最大洪水同等之冲深能力。同時尋常洪水挾砂量,僅爲河水之 2－3％,以與最大洪水時挾砂量 10－12％ 相較,則前者之輸砂能力,必較後者遠勝,不言可知。倘在最大洪水時,所冲起之砂量,猶如築隄以後,小量洪水抬高水位後之情形,則此項砂量,將爲最大洪水所不能勝載,且無法遠運,因其本身已含有不少砂量也。但照余之計劃,此項小量洪水之載砂力,可較以前增加 8－9%。苟其冲刷力仍嫌不足,則不妨借助於濬河之工具。至於運砂力之助長,則大可不必。

余認爲欲强迫維持一種平衡狀態,即賴以增進或保持現有之洪水位者,殊不可能。余之建議,使洪水位之降落,十分安全,堪稱唯一解決之良法。但洪水位長此降落,亦足以引起危險,故余在報告中,對於此點,亦經詳加論及。聞黃河沿岸,石料尙屬充足,則誠欲阻止河床之降落,未始無相當方法;如在河中拋石成檻,或築堰(Wehr),同時且可大規模利用水量,以產生電力焉。倘洪水河床已充分冲深,則此項堰工,不妨分設多處。其中大半均爲「固定堰」,一小部分可爲「活動堰」。此種固定堰,似可用石堆積如隄狀;當洪水時,不難在極短時期,爲泥砂所塡實。此堰所用之材料,不妨戲名之曰「泥砂混凝土」,以示與「水泥混凝土」有異曲同工之妙也。

對於治理河口,先生與余同其意見,甚屬可喜。又對於李協先生在小淸河口闢港之主張,先生亦以爲可行,均使余聞後不勝欣慰。

此外建造新隄及橫壩之主張,即費禮門先生一度所建議者,雖余與先生,均認橫壩爲不必要,但即使建設,余以爲並不足以引起何等巨大之影響。此種主張,雖其形式稍加改良,仍不外中國古時治河所用之方法。中國人於建造此等隄工,殊有過人之本領。彼等昔日,對於黃河早經有雙隄之設,且其綿延殊長。彼等之祖先,在千餘年前,用極簡單之方法,所能做到者,何獨於今日反不能?照余估計,因此所需之費用,並不甚鉅。若與所得之效果比較,則余意更屬低廉。

先生以爲不必多事試驗,余殊不敢作此肯定之表示。余雖確信余之主張,必可收極大之效果,且亦以爲並無再作試驗之必要。但余所以仍主張先之以試驗者,無非欲假手試驗,獲得充分之證據,使多數之中國工程師,堅其信仰。同時因試驗之結果,余希望於計算方面,亦可有所改正。如先生仍疑我說,則爲鄭重起見,余意先生對於「以固定中水位河槽,爲唯一治河辦法」之主張,必須詳細加以試驗，方足以證明二者之究屬孰是。試驗之結果，苟不與余在前文所計算，洪水河槽之淤高，及中水河槽所需要之冲深相符者，余殊不敢信。

最後余願再度聲明，卽先生所主張「固定中水位河槽」一層，仍將採用，惟須在余所計劃之新隄築成，及河床降低以後耳。余未嘗不重視先生之主張，觀於余將此種辦法列入最後施工計劃中，可以證明也。（一九三〇年十一月十日）

五 恩格思致作者論治河書

（前略）接來信，承詢余對於方修斯教授所作治河建議之見解，余等於此問題，曾互相交換意見，茲特檢附來往信札，以備督閱。

余在奧貝那赫(Obernach, Ober-Bayern) 水工試驗場所作之大規模試驗，現正告結束。此項報告，將在“Bautechnik” 雜誌發表，屆時當寄奉一份，藉供參考。（參看本號“治導黃河試驗報告書”）

余此次試驗所得之結果，其中最有趣及最堪寶貴者，卽若將隄距大事約束，則在洪水時，河床非但不冲深，洪水位非但不降落，且其影響所及，足使水位不斷高漲。河床凹陷處所，在洪水時固可有鉅大之冲深，但河床隆起處所（一稱河脊），雖不加高，然亦未能相當降低。故其結果，二者間高低之相差，較前益鉅。換言之，河床縱剖面之不整齊，將因洪水而愈甚。

余於一年前，卽已向方修斯君，對於彼所津津樂道各點，如河底將因此有鉅大之冲深，以及洪水位之降落等，表示余之懷疑。而由余最近試驗之結果，已證明方君所理想之冲深，及降低洪水位二點，並無實現之可能。惟余不能不聲明者，此次在奧貝那赫試驗時所用之泥砂，每粒大小約3.5公厘 (mm)，所用均係清水。此種情形，當然與黃河顯有不同。余以此項問題之重要，故在所作報告書中，曾提及對於黃河有舉行特別試驗之必要，而目前奧貝那赫之試驗場，對於施行此等試驗，可謂十分合宜。余為此事，曾致函李協先生,並建議卽在奧貝那赫地方,舉行試驗。所需費用,約爲四萬馬克。余初意與現在之主張,並不相同,參看余致方修斯君之函可知,（按恩氏初意,以爲毋事再多作試驗之必要,不妨卽根據彼之主張,起而實行。）今因奧貝那赫試驗之結果,頗覺若能爲黃河作特別試驗,亦未始非無益之舉也。(一九三一年十月二十日)

六　結論

恩格思與方修斯二教授,對於黃河問題之論戰,已如上述。但雙方各執己見,並未有若何之結果。恩格思氏於致作者一書中,且根據最近之試驗,斷然謂方氏所希望之冲深及降低洪水位二點,根本不能實現。同時方修斯氏則認爲恩氏固定中水位河槽之辦法,並不能作爲治本方案,但並不否認其價値。二人意見之相左旣若是,故爲求本問題之解決起見,雙方均認爲有再事試驗之必要。並聞恩氏曾向我國有關係方面表示,此項試驗需費國幣五萬元,倘我國願擔任經費,彼甚願繼續效勞。氏年近八旬,熱心研究我國黃河問題,垂二十年,以如此高年,猶願爲我國黃河問題,作不斷之研究,其精神殊堪令人佩仰!余意現在距大規模治河之時期,雖尙早,但此時苟能用其學識與經驗,求得若干原則,以爲將來治河之憑藉,則其有裨於黃河之治理,詎可以言語形容!今氏年已老,深願國人重視此千載一時之機會,而勿使交臂失之也。

於負責之馮氏，必能本其勤苦耐勞之特長，專心致力於治河，甚望此議早日見諸實行也。

附全國河工水利督辦公署之組織

督辦署擬設督辦一人，爲特任職。對各省政府各廳以令行之。下分設秘書、測量、工程、河防、四處，各處設處長一人，爲簡任職。處以下分設科，科長爲薦任職。所轄各河務局水利局分爲二等：一等簡任，二等薦任，總工程師一人副工程師二人，並技正技士若干人，分別辦理設計技術事務。外設全國水利委員會，工欵保管委員會等；地址宜在中原交通便利之地，豫魯兩省爲宜。

近代科學昌明，技術進步，河工水利多屬專門事業，自非新舊參酌，利用科學，及重用技術人員不爲功。居今日而言治河，絕非如古代空談闊論，漫無經驗知識者，所能勝任；必合行政與技術人員協同努力，方能收實效也（二十二年九月一日）

治理黄河意見

王應榆

按——：黄河水利委員會副委員長王應榆，去歲奉令視察黄河。十月十一日自京出發。由山東利津，循黄河堤西上。經河北、河南，溯渭水以至甘肅。轉往山西、綏遠、河套。沿途利用飛機舟車之便，往返一萬七千餘里，閱時八十日。凡黄河本流，及重要支流，如、洮、渭、涇、沁、伊、洛、運、諸水，及涇惠、民生、諸渠，均經親到視察，其餘，亦均一一詳爲訪問。渠認黄河爲患，原因有六：一、沙泥太多。二、森林稀少。三、河槽不定。四、河堤不堅。五、組織未當。六、人事失宜。蓋黄河起於青海，以黄湟大通爲源流，納洮河。經蘭臯東北行，納甘肅境內諸小水。過寧夏、綏遠境、貫流沙、折東流至薩拉齊。又東南至托克托。轉南行入河曲，以達龍門。而河曲龍門間，兩岸逼仄，流急坡傾，沙泥不能停聚。自龍門以下，兩岸開展，汾水自東北來會，以地勢傾斜，隨淤隨去。南至潼關西，納涇渭。數流加入之後，泥土更增。東至孟津，地平河闊。邙山之土，爲河水所削。於是拖泥帶水，河底淤高，而洪潦時尤甚，河槽以是變更。加以堤防之不固，又以河道彎曲，河口不暢，各流無調節之谷閘。而治河組織，省自爲政。言治河者，昧於全河之形勢，不理其本，而治其末。以想像爲根據，以意見爲計畫，其無功也固宜。特就其視察所及，以爲治河之第一步，宜徵集中外古今已有之切實資料，及閱察全河。第二步，則宜集中專家，以初步爲基礎，實地研究。第三步，以第二步之結果，從事測量，預算工費，致力實施。以力之所及，分年辦理。第四步：除害興利，五年見效，十載有成。草成治理黃河意見書，並附圖表概算。特錄王氏原文如次，以供關心河患者。

黃河爲患數千年矣，此次應楡沿河視察，詳加考核，深知黃河非不可治者，亦非如吾人未睹其眞相者所想像工程之困難，用費之浩大。茲就治理之意見，分爲政治、工程、經濟，三項，陳之如後：

一、關於政治者

甲、治河機關之組織：此組織必能統籌分工，且適合於事實之需要。故宜設立黃河委員會，總理全河事務。下設森林局，培植森林。而尤能以政治力量指導民衆造林爲主體，直接造林。次之設工程局，辦理所有黃河之建設工程。設河產局，掌理淤田及引渠所得河產之管理。設河口經營局，掌理河口淤田之經營開發。並卽就現有之豫、冀、魯、各省河務局，改稱爲第一、第二、第三、河務局，辦理河防事宜，其組織系統如下：

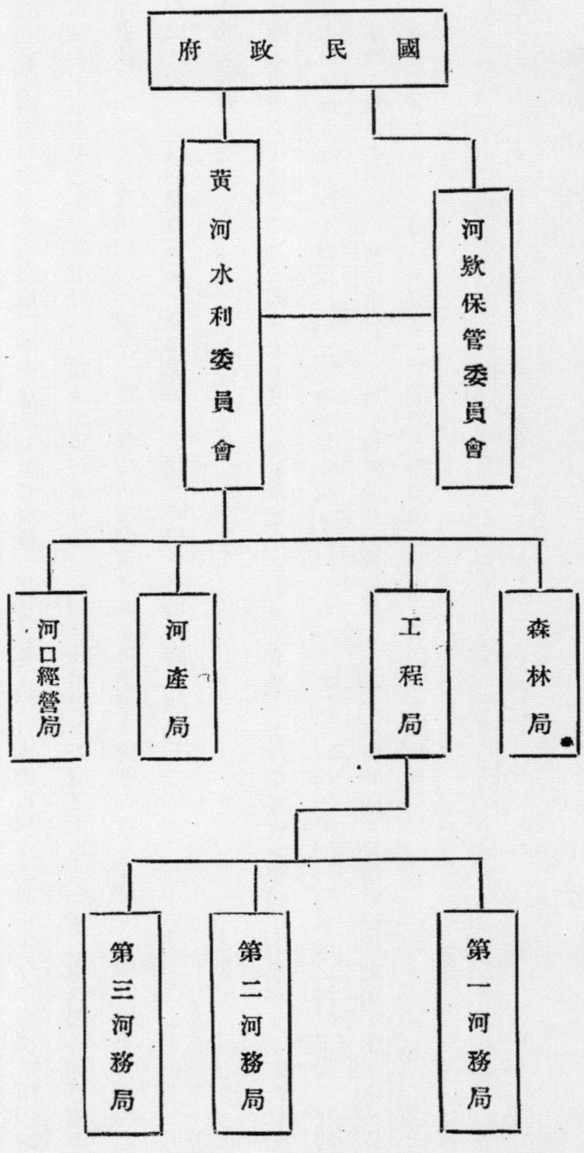

如此，黃河既有整個之治理機關，而分工合作，與現在情形亦不相左。工程局計劃建設治本工作。河務局職掌堤工防守以作治標之圖。其經費仍由各省籌之。

乙、治河計劃之實施：黃河本流重大工程，由國家辦理之。其支流則由省政府辦理之，而國家予以相當之補助。小工程則由人民興辦。一切計劃，須由委員會擬定或批准之。根本計劃，應由委員會召集各省代表及專家討論研究。一經呈奉國府核定，則全力赴之，不得任意更改。

丙、河欵之經理：河欵之預算，完全根據工程之計劃。而監察出納之權，由政府另由監察院、財政部、黃河委員會，及有關係之各機關或團體派定委員，組織河欵保管委員會。收支之情形，隨時公佈。

丁、黃河水利委員會及附屬各局職員之錄用：先由委員會將試用職員經驗履歷，函報銓敍部考核。俟經過一定時間後，如稱職者卽實任錄用。非有檢舉其失職或舞弊情事者，不得任意更換。對其成績之考核，應請考試院派專員考察之。

二、關於工程者

治河工程之要項有九：一、減除泥沙來源。二、建築石堤，以固定河槽及束水。三、建谷閘以節流量。四、多辦灌漑，以減水勢而利農產。五、實行放淤，以肥田畝而固堤防。六、裁彎取直，以防潰決。七、導黃分流，以減水勢。八、經營河口，以暢尾閭而增河產。九、炸去石礁，以利航行。玆分述於次：

甲、減除泥沙

子、引洮入渭：黃河之大患，在含沙量過多，以致逐漸淤積，河床日高，河行地上，一遇泛決，則勢如建瓴；是故減少泥沙，實爲治河之第一要圖。而泥沙之來源，則多由於河套及邙山與其他支流。查洮河爲黃河清水之一大源，與渭水源相隔一鳥鼠山，若能鑿通引洮入渭，可減黃河入套挾沙之量，而渭水且得航行之利。概算需一千一百八十八萬元。

丑、於甯夏附近築分水壩：引洮入渭，旣可減殺水量；於綏遠甯夏一帶，再築分水壩，其過量水則引之灌入甯夏附近之流沙，旣可減入套之水量，以免多挾流沙，淤塞下流，且可變沙磧爲佳壤。概算約需一百萬元。

寅、自孟津至古柏嘴間修石堤以護岸：孟津古柏嘴間，黃河直刷南岸，卽以孟津而論，河南移已二十餘里，南岸沖邙山坍塌，增加土量，故宜修石堤護之。其概算見孟津至東明束水工程中。

卯、廣植森林：造林可以減少土壤之冲刷，其地點：以甯夏中衛至綏遠之和林間，及渭水兩岸，河南之邙山各支河流域等處，以政治之力量，強迫種植。舉凡於指定區域內田園及家宅荒地，於一定年限內，不遵令種植者，則失其所有權；傷害他人之森林，予以重處。

乙、建築石堤

子、寶鷄至潼關渭水兩岸築堤：查渭水兩岸，本無堤防。然於引洮之後，恐水量增加，提防實爲必要。於險工處護岸加石，概算約需欵二百三十六萬二千四百元。

丑、孟津至東明東水工程：孟津至東明一段，長約五百里，河身極寬；大水時約在十五里至二十里間；水流遲緩，沙停河中，河身無定，漫流兩堤之間。一旦暴漲，河陸不分，故決口之大患，皆在此段。如六大變遷是。故欲免黃河改道之患，必東窄河身，固定河槽。此段包含孟津至古柏嘴護堤，概算需欵一千六百九十萬五千六百元。然河身既狹，新淤之地，又可作爲生產之用。

寅、東明至利津護岸加石：此段長約六百里，河槽係大淸河舊道，故極狹而彎曲甚多。昔日護岸，多用楷埽，甚不堅固，故已逐漸改用石壩。就經驗言之，凡有石壩之處，皆無潰决之患。此段險工極多，則宜多加石料。概算約需欵五百四十萬元。

若能按上述辦法，則河槽固定，而河患可除。上部用孟縣石產，中部用鞏縣，下部則用濟南者。

丙、建設谷閘

暴雨後各支河决漲，同時入河，下游必有潰決漫溢之險。若能多設谷閘，則可節各支流之水，減少洪量。平均流量，則不至有決口之險。其修建則由地方政府辦理之，而國家予以補助。其重要之處如下：汾水蘭村谷閘補助二百萬元；北洛河洛川谷閘補助五十萬元；洛河洛寧谷閘補助五十萬元；伊水辛莊谷閘補助二十萬元；沁水沁陽谷閘補助二十萬元。

丁、灌溉農田

黃河流域爲產棉及五穀之區。惟雨量缺乏，生長不易。試就民生渠言之：放水後有糧無人吃，有地無人種，惟以運價昂貴，捐稅太高，人烟稀少，工業不發達，致未能盡量發展，是爲憾耳。涇惠渠放水後，地價驟增，收入豐登。故欲發展西北灌溉，實爲急圖。黃河乃天然之幹渠，棄之不用，殊爲可惜。况隴海西進，欲減少輸入，灌溉更屬必要。且引水灌田，可以減少流量，黃河本身，亦受其利。故擬於河套多開渠道，由寧綏陝各省裁減兵額，供作生產之用。如是則既收灌溉之利，而挾沙黃水，且可少過河曲，應由國家補助二百萬元。沿河之豫、冀、魯各省，亦感雨量缺乏，且河高於地面，可以利用虹吸管灌田。既不用開堤設閘，而管理又易，實宜推行。擬由國家補助八十萬元，作爲提倡之用，人民必羣起效尤。至於其他支河，若沁洛等，已有利用之者，宜再發展之。

戊、淤墊窪地

沿河一帶窪鹼之地甚多，毫無生產。寬狹不等，隨處皆可放淤，變爲佳壤；且因放淤，又可減洪水量；於淤墊後地勢變高，又可鞏固堤防；一舉而數益備也。擬由政府先辦較大之放淤三處，以作提倡：陳橋古柏嘴及紅廟等處。陳橋位開封之北，有鹼地八百頃，約需款二十萬元。古柏嘴一千八百頃，約需款一百萬元。紅廟在齊河縣境，約六百頃，約需款五十萬元。

己、減彎取直

河之彎處即爲險工，若彎度適宜，不至有害。惟黃河有彎曲過甚之處，正溜頂衝出險潰決。如濮陽李升屯宮家壩及鄭州等工，莫不如是。擬將彎曲之大者：如東明之劉莊，歷城之大王廟兩處，其流入及折反之角，皆小於九十度，殊為危險，應即裁直，未雨綢繆，否則因決口之損失，不啻百倍也。每處概算約各需九十萬元。

庚、導黃分流

黃河危急之期，多在洪水暴漲時；若能引之入衞河、賈魯河、徒駭河、及小清河，既可殺本流之洪水，且可供各河之航運，此項工程，擬由地方辦理之。

辛、河口之疏浚及經營

尾閭不暢，則全河停滯，此就工程而言也。自利津之寧海村以下，尚有一百二十里，無有堤防，漫溢無定，河身遷移無常，下游阻塞，水不得洩，勢必出險，棘子劉其一例也。故宜增堤防以定河槽，俾水暢流於河口，再修以順堤。概算約需欵一百五十二萬七千八百八十元。河口淤荒可耕種者已有三百萬畝，然尚未開發，人烟稀少，以八口過剩之山東，而有此跡近邊荒未墾之地，寧非怪事？推其原因：則由治安不保，交通不便，水患無定，及毫無經營。且國人尚不知注意河患可以由堤工而免除，前已言之。至於治安，則與人民之墾殖亦有互相關係。人口太少，即自衛困難。若特倡移民，組織武裝團體，修治道路，安設電話，開鑿井泉，修築簡單碼頭，置備巡輪以邊海岸，設銀行以資借貸。不數年即成繁沃之區，而漁鹽之利，亦可興矣。概算約計需欵二百二十五萬元。其他生長葦草之地，尚有一百萬畝，合計約四百萬畝。除葦地外，即以現在之租收，每畝每年平均一元計之，年可有三百萬元之收入矣。以其一部開發本區農工商業，以其一部作治河之專欵，其對於經濟之發展至大。如斯而山東過剩之民，亦可得一安插良地也。至於管理淤田之辦法：宜採取租田制，以三十年為滿期，其後則另按價定租，以符土地國有之旨。

壬、開鑿石礁

黃河自皋蘭以東，至寧夏及渭源至寶鷄與陝州之三門，皆有礁石。宜去之以收航行之利，概算約需欵五十萬元。

三、關於經濟者

歷代治黃，皆需欵浩大，而生命財產之損失，不可勝數，昔有竭財事河之語。然下游於雲梯關天津之間，隨時改道，河槽六易，國家元氣，以致大傷。故以治黃言之，無論其用費多寡，皆爲有利事業。茲就支出及收入情形，略爲陳述如左：

甲、支出方面：就前所論之工程概算言之，共二十一項，約需欵五千一百五十二萬五千八百八十元。關於造林者一項，約需欵二百萬元。而設計監工等行政費，約以百分之八計，爲四百萬元。共合五千七百五十二萬五千八百八十元。其分年計劃愈速，則其效果亦愈大。我國之大患可除，國庫可增，民生殷富。故以五年完成此項計劃爲上策，每年約需欵二千一百五十餘萬元。否則十年完成，前五年擇最要者開支三千七百五十二萬五千八百八十元，後五年開支二千萬元。上項估計，皆係按國家情形工程需要，以最低限度擬定者。

乙、受益方面：受益情形，可分爲消極者與積極者兩種：所謂消極者，乃國家人民少受之損失，積極者卽爲收入之增加。然又可分爲直接者與間接者：直接者乃國庫之有形增收，間接者爲人民直接之利益。是故以數目表示受益之多寡，甚爲困難。又如鄭州之工，共用一千二百萬兩。濮陽之工六百萬元。其他若李升屯、宮家壩、劉莊、黃花寺、鯟子劉、扈家灘、等決口工費，多在百萬以上。人民流離，土地荒蕪，更爲悽慘。卽以經常護險費言之：豫冀魯三省，每年約需欵一百萬元，其損失何可勝言！茲就積極之直接利益述之如下：

子、河口地租每年每畝一元，以三百萬畝計，全年三百萬元。

丑、河南河北因束水所出之田，約二百八十萬畝，一次每畝收補租地價費三元，即可收入八百四十萬元。

寅、綏遠灌田以二百萬元開渠計，每年可收水租一百萬元。

以此論之，已足補投資之利益矣。其他若灌溉利益數目之計算，當更可驚也。以涇惠渠而論，昔日每畝價三元之地，今則每年可產棉花價二十元。以此類推，西北之開發，沿河之利益，其有裨民生之功甚偉。

治理黃河工程費用概算表

工程名稱	用款數目	備
1烏鼠山挑挖工程	二、八八〇、〇〇〇	引洮入渭，以殺黃河入套之水，且減其挾沙量。
2甯夏石嘴子分水壩工程	一、〇〇〇、〇〇〇	寧夏附近修分水壩，放河水入流沙。
3寶鷄至潼關渭水堤工	二、三六二、四〇〇	渭水現無堤防，若於引洮之後，水量大增，故應添修堤防。
4孟津至東明束水工程	一六、九〇五、六〇〇	兩岸長約一千里，河身太寬，水流遲緩，應即束水，以固河槽。
5東明至利津護岸工程	五、四〇〇、〇〇〇	兩岸長約一千二百里，應加石護岸，以防決口。
6蘭村谷閘工程	二、〇〇〇、〇〇〇	用以節流，由地方辦理，國家補助。
7洛川谷閘工程	五〇〇、〇〇〇	同右
8洛寧谷閘工程	五〇〇、〇〇〇	同右
9辛莊谷閘工程	二〇〇、〇〇〇	同右
10沁陽谷閘工程	二〇〇、〇〇〇	同右
11綏遠灌溉工程	二、〇〇〇、〇〇〇	由國家補助。

12 豫冀魯灌溉工程	八〇〇、〇〇〇	利用虹吸管灌溉，沿河皆可施行，由國家補助。
13 陳橋放淤工程	二〇〇、〇〇〇	地為不毛，可放淤八百頃。
14 古柏嘴放淤工程	一、〇〇〇、〇〇〇	放淤一千六百頃。
15 紅廟放淤工程	五〇〇、〇〇〇	放淤約六百頃。
16 劉莊裁彎工程	九〇〇、〇〇〇	河身彎曲過甚，險象環生，應即裁直。
17 大王廟裁彎工程	九〇〇、〇〇〇	同右
18 引衛賈魯徒駭小淸諸河工程		引黃河之水入各河，以分其流，由地方辦理。
19 河口堤工	一、五二七、八八〇	利津以下無堤防，應即修築，以防泛濫，而暢尾閭。
20 河口其他設施	二、二五〇、〇〇〇	河口淤地之整理設施，應即着手進行，以便發展地方，振興實業。
21 炸石工程	五〇〇、〇〇〇	於皋蘭以東，及渭源陝州等處，炸去石礁以便航行。
以上共計五一、五二五、八八〇		
22 造林	二、〇〇〇、〇〇〇	
23 行政費	四、〇〇〇、〇〇〇	約按百分之八計算，興工時監督設計費在內。
以上總計五七、五二五、八八〇元		

（完）

治黃綱要

李儀祉

民國二十二年九月一日，黃河水利委員會在汴正式組成。第以斯會使命，在統籌治理黃河，責任綦重；治事之

治理黃河意見書

王應榆

黃河爲患數千年矣，其大概情形，已於呈文中述及，此次應榆沿河視察，詳加考核，深知黃河非不可治者，亦非如吾人未睹其眞相者所想像，工程之困難，用費之浩大，茲就治理之意見，分爲政治工程經濟三項陳之如後：

一、關於政治者

甲、治河機關之組織　此組織必能統籌分工，且適合於事實之需要，故宜設立黃河委員會，總理全河事務，下設森林局，培植森林，而尤能以政治力量，指導民衆，造林爲主體，直接造林，次之設工程局，辦理所有黃河之建設工程，設河產局，掌理淤田及引渠所得河產之管理，設河口經營局，掌理河口淤田之經營開發，並即就現有之豫冀魯各省河務局，改稱爲第一第二第三河務局辦理，河防事宜，其組織系統如下：

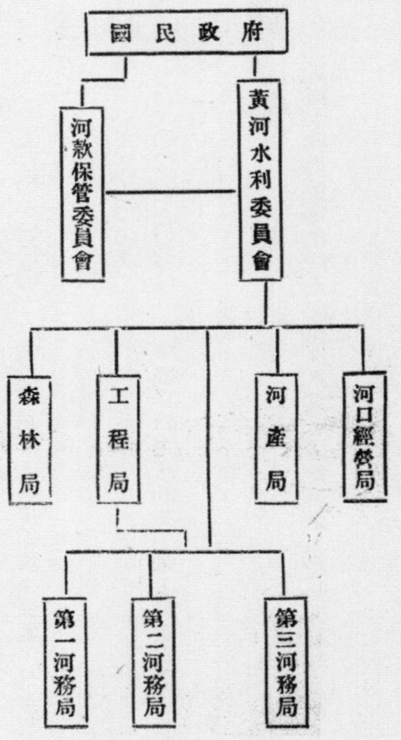

如此黃河既有整個之治理機關，而分工合作，與現在情形，亦不相左，工程局計劃，建設治本工作，河務局職掌隄工防守，以作治標之圖，其經費仍由各省籌之。

乙、治河計劃之實施　黃河本流重大工程，由國家辦理之，其支流則由省政府辦理之，而國家予以相當之補助，小工程則由人民與辦，一切計劃，須由委員會，擬定或批准之根本計劃，應由委員會，召集各省代表及專家，討論研究，一經呈奉國府核定，則全力赴之，不得任意更改。

丙、河欵之經理　河欵之預算，完全根據工程之計劃，而監察出納之權，則由政府另由監察院，財政部，黃河委員會，及有關係之各機關，或團體派定委員，組織河欵保管委員會，收支之情形，隨時公佈。

丁、黃河水利委員會及附屬各局職員之錄用，先由委員會，將試用職員經驗，履歷，函報銓敍部考核，俟經過一定時間後，如稱職者，卽實任錄用，非有檢舉其失職，或舞弊情事者，不得任意更換，對其成績之考核，應請考試院派專員考察之。

二、關於工程者

治河工程之要項有九；一，減除泥沙來源，二，建築石隄，以固河槽及束水，三，建谷閘以節流量，四，多辦灌溉以減水勢，而利農產，五，實行放淤，以肥田畝，而固隄防，六，裁灣取直，以防潰決，七，導黃分流以減水勢，八，經營河口以暢尾閭，而增河產，九，炸去石礁，以利航行，茲分述於次：

甲、減除泥沙

子、引洮入渭　黃河之大患，在含沙量過多，以致逐漸淤積河床日高，險象環生，河行地上，一遇泛決，則勢如建瓴，是故減少泥沙，實為治河之第一要圖，而泥沙之來源，則多由於河套，及邙山，與其他支流，查洮河，為黃河清水之一大源，與渭水之源相隔，經鳥鼠山，若能鑿通引洮入渭，則可減黃河入套挾沙之量，而渭水且得航行之行，概算約需一千一百八十八萬元。

丑、於甯夏附近築分水壩　引洮入渭，既可減殺水量於綏遠甯夏一帶，再多以灌溉其過量，水則引之，灌入甯夏附近之流沙，既可減入套之水量，以免多挾流沙淤塞下流，且可變沙磧為佳壤，概算約需一百萬元。

寅、自孟津至古柏嘴間修石堤以護岸

孟津古柏嘴間，黄河直刷南岸，即以孟津而論，河南行已二十餘里，南岸即邙山坍塌，增加土量，故宜修石堤護之，其概算見孟津至東明束水工程中。

卯、廣植森林　造林可以減少土壤之冲刷，其地點以甯夏中衛，至綏遠之和林間，及渭水兩岸，河南之邙山，各支河流域等處，以政治之力量，弾追種植，舉凡於指定區域內，田園，及家宅，荒地，於一定年限內，不遵令種植者，則失其所有權，傷害他人之森林者，予以重處。

乙、建築石堤

子、寶雞至潼關渭水兩岸築堤　查渭水兩岸，本無隄防，然於引洮之後，恐水量增加，隄防實為必要，於險工處護岸加石，概算約需欵二百三十六萬二千四百元。

丑、孟津至東明束水工程　孟津至東明一段，長約五百里，河身極寬，大水時約在十五里至二十里間，水流遲緩，沙停河中，河身無定，漫流於兩隄之間，一旦暴漲，河陸不分，故決口之大患，皆在此段，如六大變遷是，故欲免黄河改道之患，必束窄河身，固定河槽，此段包含孟津至古柏嘴，護隄概算，需欵一千六百九十萬五千六百元，然河身既狹新淤之地，又可作為生產之用。

寅、東明至利津護岸加石　此段長約六百里，河槽係大清河舊道，故極狹而灣曲甚多，昔日護岸，多用楷埽，甚不堅固，故已逐漸改用石埽，就經驗言之，凡有石埽之處，皆無潰決之患，此段險工極多，則宜多加石料，概算約需欵五百四十萬元。若能按上述辦法，則河槽固定，而河患可除，上部用孟縣石產，中部用覃縣，下部則用濟南者。

丙、建設谷閘

暴雨後，各支河決潦，同時入河，下游必有潰決漫溢之險，若能多設谷閘，則可節各支流之水，減少洪量，平均流量，則不至有決口之險，其修建則由地方政府辦理之，而國家予其補助其重要之處，如下汾水蘭村谷閘，補助二百萬元，北洛河洛川谷閘，補助五十萬元，洛河洛甯谷閘，補助五十萬，伊水辛莊谷閘，補助二十萬元，沁水沁陽谷閘，補助二十萬元。

丁、溉灌為農

黄河流域為產棉及五穀之區，惟雨量欵之，生長不易，試就民生渠言之，放水後，有糧無人吃，有地無人種，惟以運價昂貴，捐稅太高，人煙稀少，工業不發達，致未能盡量發展，是爲憾耳。涇惠渠放水後，地價驟增，收入豐登，故欲發展西北溉灌，實爲急圖，黃河乃天然之幹渠，棄之不用，殊爲可惜，況隴海西進，欲減少輸入灌溉，更屬必要，且引水灌田，可以減少流量，黃河本身、亦受其利，故擬於河套多開渠道，由寧綏陝各省，裁減兵額，供作生產之用，如是，則既收灌溉之利，而挾沙黃水，且可少過河曲，應由國家補助二百萬元，濰河之豫，冀，魯各省，亦感雨量缺乏，且河高於地面，可以利用虹吸管灌田，既不用開堤設閘，而管理又易，實宜推行，擬由國家補助八十萬元，作爲提倡之用，人民必羣起效尤，至於其他支河，若沁洛等，已有利用之者，宜再發展之。

戊、淤墳窪地

沿河一帶窪鹼之地甚多，毫無生產，寬狹不等，隨處皆可放淤，變爲佳壤，且因放淤又可減洪水量，於淤墳後地勢變高，又可固鞏隄防，一舉而數益備也；擬由政府先辦較大之於淤三處，以作提倡，陳橋，古柏嘴，及紅廟等處；陳橋位開封之北，有鹼地八百頃，約需欵二十萬元：古柏嘴一千八百頃，約需欵一百萬元；紅廟在齊河縣境約六百頃，約需欵五十萬元。

己、裁灣取直

河之灣處，卽爲險工，若灣度適宜，不至有害，惟黃河則有灣曲過甚之處，正溜頂衝，出險潰決，如濮陽，李升屯，官家壩，及鄭州等工，莫不如是，擬就灣曲之大者，如東明之劉莊，歷城之大王廟兩處，其流入及折反之角，皆小於九十度，殊爲危險，應卽裁直，未雨綢繆，否則因決口之損失，不啻百倍也，每處槪算，約各需九十萬元。

庚、導黃分流

黃河危急之期，多在洪水暴漲之時，若能引之入衞河，賈魯河，徒駭河及小淸河，既可殺本流之洪水，且可供各航運，此項工程，擬由地方辦理之。

辛、河口之疏浚及經營

尾閭不暢，則全河停滯，此就工程而言也。自利津之寧海村以下，尙有一百二十里，無有隄防，漫溢無定，河身遷移無常，下游阻塞，水不得洩，勢必險出，棘子劉其一例也。故宜增隄防，以定河槽，俾水暢流於河口，再修以順堤，槪算約需欵，一百五十二萬七千八百八十元，河口淤荒，可耕種者，已有三百萬畝，然尙未開發，人烟稀少，以人口過剩之山東，而有此跡近邊荒未墾之地，寧非怪事，推其原因，則由治安不保，交通不便，水患無定，以及毫無經營，且國人尙不知注意河患，可以由隄工而免除，前已言之，至於治安，則與人民之墾殖，亦互相關係，人口太少，卽自衞困難，若特倡移民，組織武裝團體，修治道路，安設電話，開鑿井泉，修築簡單碼頭，置備巡輪以邊海岸，設銀行以資借貸，不數年卽成繁沃之區，而漁鹽之利，亦可興矣，概算約計需款二百二十五萬元，其他生長葦草之地，尙有一百萬畝，合計約四百萬畝，除葦地外，卽以現在之租收，每畝每年，平均一元計之，年可有三百萬元之收入矣，以其一部開發本區農工商業，以其一部作治河之專款，其對於經濟之發展，至大如斯，而山東過剩之民，亦可得一安插良地也，至於管理淤田之辦法，宜採取租田制，以三十年爲一期，其後則另按價定租，以符土地國有之旨。

壬、開作石礁

黃河自皋蘭以東，至甯夏及潤源，至寶鷄與陝州之三門，皆有礁石，宜去之，以收航行之利，概算約需款五十萬元。

三、關於經濟者

歷代治黃河，皆需款浩大，而生命財產之損失，不可勝數，昔有竭財事河之歎，然下游於雲梯關天津之間，隨時改道，河槽六易，國家元氣，以致大傷，故以治黃言之，無論其用費多寡，皆爲有利事業，茲就支出及收入情形，略爲陳述如左：

甲、支出方面　就前所論之工程概算言之，共二十一項，約需款五千一百五十二萬五千八百八十元，關於造林者一項，約需款二百萬元，而設計監工等行政費，約以百分之八，計爲四百萬元，共合五千七百五十二萬五千八百八十元，其分年計劃愈速，則其效果亦愈大，我國之大患，可除國庫，可增民生殷富，故以五年完成，此項計劃爲上策，每年約需款，一千一百五十餘萬元，否則十年完成，前五年擇最要者開支，三千七百五十二萬五千八百八十元，後五年開支，二千萬元，上項估計，皆係按國家情形，工程需要，以最低限度擬定者。

乙、受益方面　受益情形，可分消極者，與積極者兩種，所謂消極者，乃國家人民少受之損失，積極者卽爲收入之增加，然又可分爲直接者，與間接者，直接者乃國庫之有形增收，間接者爲人民直接之利益，是故以數目表示，受益之多寡，甚爲困難，又如鄭州之工共用一千二百萬兩，濮陽之工六百萬元，其他若李升屯，宮家壩，劉莊，黃花寺，棘子，劉扈家灘等決口，工費多在百萬以上，人民流離，土地荒蕪，更爲悽慘，即以經常護險費言之，豫，冀，魯三省，每年約需欵一百萬元，其損失何可勝言，玆就積極之直接利益，述之如下：

子、河口地租，每年每畝一元，以三百萬畝計，全年三百萬元。

丑、河南河北因束水所出之田，約二百八十萬畝，一次每畝收補，加地價費三元，即可收入八百四十萬元。

寅、綏遠灌田，以二百萬元開渠計，每年可收水租一百萬元。

以此論之，已足補投資之利益矣，其他若灌溉利益，數目之計算，當更可驚也。以涇惠渠而論，昔日每畝價三元之地，今則每年可產棉花價二十元，以此類推，西北之開發，沿河之利益，其有裨民生之功甚偉。

附治理黃河工程費概算表一紙於下

治理黃河工程費用概算表

	工程名稱	用欵數目	備考
一	烏鼠山挑挖工程	一一.八八〇.〇〇〇	引洮入渭以殺黃河入套之水以減其挾沙量
二	甯夏石嘴子分水壩工程	一.〇〇〇.〇〇〇	寧夏附近修分水壩放河水入流沙
三	寶雞至潼關渭水堤工程	二.三六二.四〇〇	渭水現無隄防若於引洮之後水量大增故應添修隄防
四	孟津至東明束水工程	一六.九〇五.六〇〇	兩岸長約一千里河身太寬水流遲緩應即束水以固河槽
五	東明至利津護岸工程	五.四〇〇.〇〇〇	兩岸長約一千二百里應加石護岸以防決口
六	關村谷閘工程	二.〇〇〇.〇〇〇	用以節流由地方辦理國家補助
七	洛川谷閘工程	五〇〇.〇〇〇	同上
八	洛甯谷閘工程	五〇〇.〇〇〇	同上
九	辛莊谷閘工程	二〇〇.〇〇〇	同上
十	沁陽谷閘工程	二〇〇.〇〇〇	同上

十一	綏遠灌溉工程	二·〇〇〇·〇〇〇	由國家補助
十二	豫冀魯灌溉工程	八〇〇·〇〇〇	利用虹吸管灌溉沿河皆可施行由國家補助
十三	陳橋放淤工程	二〇〇·〇〇〇	地爲不毛可放淤八百頃
十四	古柏嘴放淤工程	一·〇〇〇·〇〇〇	放淤一千六百頃
十五	紅廟放淤工程	五〇〇·〇〇〇	放淤約六百頃
十六	劉莊裁灣工程	九〇〇·〇〇〇	河身灣曲過甚險象環生應即裁直
十七	大王廟裁灣工程	九〇〇·〇〇〇	同上
十八	引衞魯賈徒駭小淸諸河工程		引黃河之水入各河以分其流由地方辦理
十九	河口堤工	一·五二七·八八〇	利津以下無堤防應即修築以防泛濫而暢尾閭
二十	河口其他設施	二·二五〇·〇〇〇	河口淤地之整理設施應即着手進行以便發展地方振興實業
廿一	炸石工程	五〇〇·〇〇〇	於皋蘭以東及渭源陝州等處炸石礁以便航行
	以上共計五一·五二五·八八〇		
廿二	造林	二·〇〇〇·〇〇〇	
廿三	行政費	四·〇〇〇·〇〇〇	約按百分之八計算興工時監督設計費在內
	以上共計五七·五二五·八八〇元		

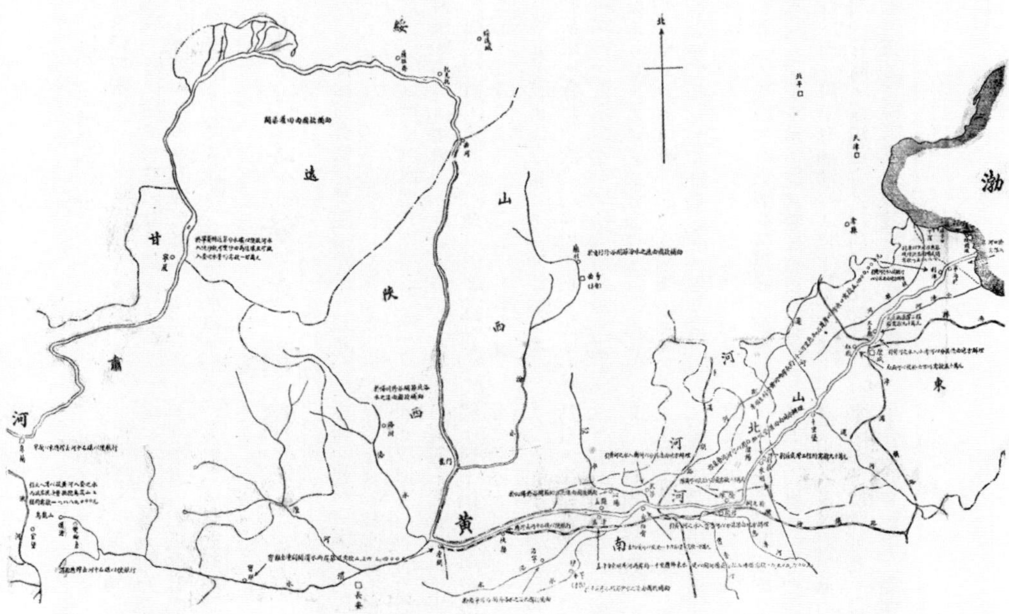
綏遠
甘肅
陝西
山西
河北
山東
河南
黃河
渤

（四）渠堤內坡宜植芭草（亦名節節草）。
（五）渠堤外坡可插種苜蓿。
三〇、植林種草利益：植林種草利益略如左述：
（一）可以護坡防雨沖刷，可化沙土爲沃壤。
（二）可增加滲漉水分，保持土地潤澤加，高地下水面。
。
（三）可減少地面蒸發，可調節氣候。
（四）林木可和緩田間風力。
（五）寒霜多爲樹木枝葉收聚，可減少田禾被害成分。
（六）草灰可作肥料，林木草莽均可作木材及燃料。

治理黃河方法之商榷

周延元

伏讀國父治河方略，時標明黃河應築隄濬水路，以免洪水等語，仰見洞鑒中國亙古河患爲大急，宜救免洪水害民之苦心，昭然若揭。按禹貢載黃河東過洛汭，至於大伾。北過洚水，至於大陸，又播爲九河，同爲逆河，入於海，此河流之古道也。後夏之世安瀾順軌殷屢河圮遷都避之。周定王時，梁山壅河南徙失禹故道，漸移於東，又折而東北行，當時諸候，各作隄防，以鄰爲壑河之橫溢，爲患自茲始矣。至漢河大決，瓠子東南注鉅野，通於淮泗，武帝發卒塞之，築宣防宮於上導河北行，復禹舊跡。歷漢至唐，河不爲害幾及千年。只東漢以後，河由千乘入海，即今之大清河也。唐及宋金皆由之，五代晉時，河決滑州，侵漫數百里，始自北而東。宋時河決澶州，分爲二派，一合南清河入淮，一合北清河入海，河又自東而南徙矣。宋元豐後，又決而北，議者欲復禹跡，而大臣文彥博等力主回東之議。降及金元明清其勢日趨於南而不可挽。自中牟以下奪汴徐州，以下奪泗清口，以下奪淮，此三瀆而後注入於海，河身日高，淮泗難容。迨明宏治六年，築黃陵岡以絕北來之道，後又築蘭陽儀封南岸之口，此更使河欲南不得，欲北不可，遂一道入淮，即以一淮受黃河之全流狹不能容，又高而不利下，此在明清已頻年決溢害民矣。至清咸豐河決銅瓦廂北徙入大清河，岸狹淤少容流一時，今河自闞封東北折入山東以至鐵門關，六七年之間，初則海口淤纖，則下淤久之則上游亦淤，每値春夏兩汛洪流溢決，不特南北受害，而淮泗亦被大患矣。此民國十八年間，國民政府，有黃河水利委員會及導淮委員會之設立也。去淤導流救時良策，保衛民生，莫此爲最伏思神禹治河導流趨海播而疏之，齧而瀦之，後世治河只知在河之中下兩段與河爭地堤之東之水怒橫溢即賈讓三策爲時所稱，亦只在河之中下兩段施工，而未知減少上中兩段泥沙也。愚昧之見以爲治黃河於三代以上，自應依夏禹順水之性導流入海，使由地中行不爲民害也。若治黃河於漢唐以下，則似應從減少上游之泥沙入手，方可使下游減少淤決而民得樂生河患亦可日輕矣；具此理想無從證實，民九地震承乏華洋工振總辦疏濬墳塚河道，詳察流入黃河之祖厲河等河之源，均在甘肅境內，眞可謂其水一斗泥沙六升也。每當伏秋兩漲更比狹沙裹泥全趨於黃河中合河直瀉而下，駭浪怒濤一瀉千里，臨高就下，經數省而入於海，則下流河身淤高水行地上，橫溢害民，無歲無之已成慣例，何足怪也。由是確知黃河下游之淤決非減少，黃[illegible]少不可尤非減少，黃河上游之流入黃河各河源之[illegible]治河者，均未着正本清源之治[illegible]害多，而[illegible]害少，今欲舍[illegible]一勞永逸，河患永除之根本治河方法，則不能不從減少黃河上游之泥沙入手矣。假設分黃河為四段，第一段在甘肅境內之黃河，第二段在陝西山西境內之黃河，第三段在河北境內之黃河，第四段在山東境內之黃河，若果能於第一段第二段各河流入黃河之源頭，施以種種減少泥沙流入黃河之方法，其他第三段第四段因上流冲入泥沙日少，自無潰決之患；且易疏濬順流入海矣。惟茲事體大曾擬概略，名為開發黃河上游水利，減輕下游河患計劃，於民國十七年北伐統一化兵為工之時，冒昧上之。

國民政府主席蔣公蒙交行政院採擇，嗣於二十三年，又值國難日深，東北淪亡，經營西北保障國防之時，又冒昧上之。

國民政府主席林公蒙交黃委員會採擇，二十六年於西京面呈計劃詳稿，及各河流入黃河詳圖於黃委會孔委員長祥榕承嘉納交西京辦事處存檔待行，今欣逢

國民政府實行開發西北之時，又值美國羅德民博士將來西北與辦水利之日，廷元一得之愚安敢緘默，謹分別理由、方法、附記三項臚列於左；以供國人研究或亦於西北水利及治理河患不無小補也。倘祈

賢達諸公有以教正則幸甚矣。

理由

黃河上游位於西北居高臨下，一瀉千里，挾沙裹泥直趨下游河南山東河北各省而入於海。今日如用各種方法，使上游沙泥減少數量冲入下游河道中，則下游河道中，從上游冲來泥沙年年減少，自無壅塞，堤高橫溢決溢之患矣。試思吾[illegible]如鬼，從未有注意於黃河上游，施其減少泥沙之方法，為減輕下游流域河患決溢之設計，余此理想，於民九承乏地震工賑時，值夏雨山洪暴發於祖厲河源，目視泥沙冲刷奔流而下，猛悟減少泥沙治河上游之有可能性也。從此匆匆草成管見書，於十七年統一告成時上之國府，前後共二次，均承嘉納交行政院黃委會採擇，二十六年冬，黃委會孔委員長祥榕到西安，余晉謁面呈各種計劃方法，及各河流入黃河詳圖承孔委員長允於抗戰勝利後試行，將各件交西京辦事處存檔待行，今欣逢開發西北為建國根本地之時，[illegible]略述管見冒昧瀆呈以備採擇，黃河發源於青海鳴達素青[illegible]山麓星宿海，東南流谿又成二海，地勢平衍流緩水清，泥沙甚少，不足為害，況未經履勘不知形勢，應候會將黃河河源設計工作，留待履勘後，再行設計，自黃河流入青海、甘肅、甯夏境內後，又經過陝西、山西以至出潼關止，其間各河流入黃河之水大小不一，而候定可設計施工減少泥沙冲入黃河者，計在青海、甘肅、甯夏境內大河，卽有洮河、大夏河、莊浪河、祖厲河、清水河、其次者，又有爾石泥河、圖爾根河、烏蘭河、爕泉河、克見河、大通河、龍池河、保安大河、銀川治、湟河、山水河等，至於流入各大河道之小河，如流入洮河之岷縣車眼河、吉拉河、冷地河、臨洮縣、松樹溝、留川河、三岔河、臨夏縣之廣通河，改河川其他流入清水河、祖厲河、

莊浪河、大夏河之各小河，尚多從略，計在陝西境內大河即有渭河，其次者，又有屈野河、無定河、秀延水杏子河、延水等，至於流入渭河之小河，如甘肅境流入渭河之通渭縣散渡河，靜甯縣長源河，涇川縣涇水，陝西境流入渭河之大荔縣洛河，隴縣納水、武功縣武水，鄠縣澇水，三原縣清谷河，邠縣姜源河，長安縣澧水皂河，藍田縣藍水，其他流入屈野河、無定河、秀延水之各小河，尚多從略，計在山西境內大河，即有汾河，其次者，嵐漪水、雞石水、清水河、涑水、涓水等，至於流入汾河之小河，如晉水、洞過水、文水、滄洛水等，其他流入涑水、清水河、嵐漪水、雞石水之各小河，尚多從略，以上所述，均應由流入黃河之大河，至流入大河之小河，考查其河源之地勢，如河水流之速度，如河泥挾之泥沙多寡，擇其中水流過速泥沙甚多之大河小河源頭，施以減少泥沙奔流之方法，則小河入中之泥沙，不能急趨於大河道中，而大河接受各小河流入泥沙自少，再於大河源頭施以減少泥沙奔流之方法，則大河水中之泥沙不能直趨於黃河道中，而黃河上游各省境內接受各大河流入泥沙自少，則黃河下游各省之關積日少，其歷年橫決之河患亦可逐漸減輕矣。古云：天下黃河富甯夏，黃河在上游爲利最大者，惟甯夏一隅耳，其所以爲利者，因漢代創開河渠溉地與隴變鹵瘠之地爲沃壤之耦也。今日欲治河，上游減少泥沙奔流沖積於下游，而爲潰決之患者，亦惟有於水流最速泥沙甚多之流入黃河之大小河源地方，施以欄壩水櫃各種方法，抵抗山源泥沙使其不能隨水下流瀦留，天雨山洪使其停蓄灌溉爲用，是大小河源之間存儲天雨瀦爲大小水池，引爲大小水溝灌田植林爲利溥矣。西北農荒第一少雨苦旱，第二土厚水深，山洪就下急流，其涸可立，而待山間瀰望梯田掘井不易及泉，今因治河上游減少泥沙之種種工作，竟能保留天雨停蓄山間，爲農田灌溉之用，其利無窮，果能辦之有效，則黃河上游山間之積雨其功效將等於西北山巔之積雪也。積雪與農已爲天然之美利，而積雨興農實爲人工之創舉，較之造森林以增雨量，掘深井以汲黃泉，其事尚易舉行，其效可計日而待也。此所謂開發黃河上游水利減輕下游河患者，即在斯乎。

方法

一、擇黃河上游流入黃河之大小河源其水流甚速，泥沙甚多之河源地方相度地形水勢，施以種種減少泥沙之方法。

二、減少大小河源之泥沙奔流直趨大河與黃河之方法，依其大小河源地形水勢設計施工，可分爲四種如左：

（甲）大小河源如在獨立土山之側，即將山頂鏟爲平田於山頂，平田之中開一大池，接留天雨，瀦水成池，沿池植樹三面以固池隄，除植樹外依山坡度墾爲梯田，雨水積久不滲滿池再引池水開作小渠灌溉，由腰山腳之梯田如此則天雨下降，山頂有池停蓄，山洪不至一瀉直下河源，地質即令泥沙土鬆，因無大量山洪猛冲泥沙，不得全潰奔流而河源，山田更能有山頂池水引入澆潤，是又增加可耕農田之水利也。

（乙）大小河源如在兩山之間，即就兩山中間開成大渠，一道停蓄天雨不令急流下趨，再於大渠中修成，犬牙相錯，攔牆石壩四五道，使水緩流，如遇天雨大降，山洪暴發其水由兩山之間直趨而下，如左邊冲至欄壩水頭必折而西流不遠，復遇右邊欄壩阻水而東流，東流復又遇左邊欄壩而西流，如此使水流渠中遭遇犬牙相錯，欄壩阻折四五次，則水流自能舒緩，不能急流挾沙裹泥直衝而下，至其後流出較清之雨水亦可引而灌溉兩山外之土田，而興農田之水利矣。縱令淤塞渠溢沖塌欄墻，而大雨暴洪終不能挾沙裹泥奔突直下也。

（丙）大小河源如在山間沖成之大溝中，即就溝中於溝口築成甚高甚厚之欄墻，於墻下開成小水洞，此類雨水沖成山間之大溝，平日涓涓細流，人不重視，一遇天雨山洪水大流急挾大部泥沙一瀉無餘，即過車馬沖沒無蹤，此為水大流急多挾泥沙為害於大河黃河之最烈者，非外用高厚之欄墻不足抵抗其水量與泥沙也。如溝大且長可築欄墻二三道，若溝身不長只於溝口築堅欄墻一道，其墻兩頭與溝幫等高度，不令有隙洩水，只於墻中間開一小水洞以洩平時涓涓源流，若遇大雨洪發，其水全部為欄墻阻蓄不能流出，只能由小水洞緩緩流出，故其泥沙亦隨水停留於溝中，從令大雨過，大水頭過高沖過欄墻，而溢出直趨於河道；然不過沖出一少半水量及最少數泥沙也。果能多蓄雨水於溝中，由小水洞引出亦可灌田植林矣。

（丁）大小河源如在大山之下平地之上，即在水源之左右抽成方形之大小水櫃三四處，如遇天雨山洪下沖，先入水櫃停至盈科，而後進至次第各水櫃滿溢則水勢已殺不能直奔，而泥沙亦入於水櫃中不能隨流而下，至其停蓄水櫃之雨水，用水車汲出亦可灌田，植林而興水利矣。

三、黃河河源地勢平坦，水清流緩，應俟展勘後，再行設計，暫不注重施工也。

四、黃河上游兩岸多土山，而山間被雨水沖成小山溝，一遇天雨其雨水由土水沖入小山溝，而奔流入於黃河，其泥沙亦即隨流送入於黃河中，今應利用山溝之雨水開成小渠引水灌溉土山下之平田，又可開一橫溝使溝水或左或右沖入土山之荒僻地方，土山為水浸崩，即成可耕之平田，而橫溝有水之時亦可引澆山地，如此則黃河上游沿岸土山之溝水，不至直接挾泥沙奔流入於黃河，而黃河沿岸荒野之土山，又得利用溝水灌地墾荒矣。

五、黃河上游南北兩岸，地質間有不同之處，如南岸土山地肥，每多山泉溝水，墾荒植林尚易；而北岸沙山地瘠全無山泉溝水，墾荒植林甚難，而北岸沙山土鬆，岸又高峻，河水亦不能車輪汲引而上，一遇天雨水沖沙崩潰落於黃河中，山下即有平地，人多不往墾種，若遇此類，北岸地形又當黃河河身最狹，兩岸土山之下乃為石底之處，可擇南岸著有山泉溝水之處，在岸邊大石上鑿二石洞，又於北岸邊大石上亦鑿二石洞，貫以鐵索二條中懸木質水槽一個引南岸山泉溝水以達於北岸，而澆灌北岸沙山下之土地，使之墾為平田可種粟穀，則人可往居至北岸，沙山之雨亦沖沙奔流於黃河中者，再由北岸居人依照上述減少泥沙各方法而攔阻其奔潰也。

六、黃河上游流域即指甘、青、甯、陝西、山西各省而言，至黃河出潼關而後，仍用自西漢至今之以隄束水以水致沙之舊日治法，以防洪而安瀾入海也。故此治河上游中亦不廢古代治河下游之成法也。

七、治河上游減少泥沙入手之試驗工作，以管見所及先擇黃河上游水流最速泥沙甚多之小河河源地方一處，又擇水流最速泥沙甚多之大河河源地方一處，再擇黃河南岸之泉水山溝地方一處，依上述各項緩水流阻泥沙方法，試行施工，至其竣工後，考察其功效如何？再為大舉之準備。

八、右述入手試驗工作三處，如作初步功效之考察，即於未施工之第一年夏季山洪大發之時，在流入大河或黃河之口時及水二三甕封閉存儲，再於施工，第一年後之夏季山洪大發時於流入大河或黃河之口時汲水二三甕封備存儲，歷三月後，啓甕驗水看施工後之甕水中含沙數量，比未施工前甕水中泥沙數量孰多孰少，如果施工後之甕水中泥沙減少甚多，則其減少泥沙有功效可覩矣。又於未施工前之河流速度予以測量，記其速度，每小時若干？再於已施工後之河流速度予以測量，記其速度，每小時若干？如果施工後之河流速度，比未施工前之河流速度爲減緩，則其減緩水流有功效可覩矣。

九、自黃河流入青海省貴德縣境內爲起點，至黃河流出陝西省潼關終點止，必須躬親履勘一次，方知某省某大河之流入黃河確爲水流最速泥沙甚多之大河，指定此大河河源爲試驗施工之地點，又自黃河上游流入黃河之各大河流，如甘、甯、青境內洮河，大夏河、莊浪河、祖厲河、清水河、石爾混河等，陝西境內之渭河，屈野河，無定河等，山西境內之汾河，潚嵐水、錢石水等，亦必須躬親履勘一次，方知某省某小河之流入大河，確爲水流最速泥沙甚多之小河，再擇其中之小河河源爲比較可推爲第一之水流最速泥沙甚多者，指定其爲試施工之地點，如此方合實際不至遺誤矣。

十、依上述一大河河源，一小河河源，一黃河南岸山泉水溝分三處施工，依工作難易巨細定五年十年之計劃，籌撥巨款，核實開支，由黃河水利委員會，與經濟部，農林部三機關合派專員組治河上游開發水利專辦公所負責試辦三年之後，如有功效，繼續擴大舉辦以竟全功，如試辦無效即行停止工作矣。

附記

自大禹治河，而後歷代治河之人多矣。而不詳其所治之法，詳所治之法，著之於書者，自元代歐陽玄至正河防記始也。而河防通議治河圖略均元代人作也。明代潘季馴治河有功著有河防一覽大旨，主張築隄以束水束水以刷沙而北河紀及紀餘四卷，又爲明代人作也。余均未能一讀也。至清代康熙間靳輔爲治河能臣，著有治河方略，余得披覽其治法一如潘季馴所主張，故其言曰：「堤防者，治河之要務也」。自西漢以迄元明治河之臣未有不用隄防，而能導河使行者，明代潘季馴最稱治河能臣，而其終身所守者，惟是築隄以束水束水以刷沙二語；又言曰：「爲今之策亦惟有揀老土築堅隄以束河使不他徙趁閒塌潰涵洞以保隄使不內潰而已，舍此之外別無奇謀異見矣」。賈讓治河三策，歷代推崇明邱濬謂：「古今治河無出此策者」，潘季馴著論，又力抵其謬靳輔對此持論平允其言曰：「賈讓治河三策專爲西漢之世黎陽東郡白馬間數受河患而言未嘗全爲治河立論也」。邱氏推崇潘氏力詆均非也。治河宜因時因地而平心論之也。準此以談，是賈讓治河之策爲時所稱亦不過爲治黃河下游，西漢時代河南境內二三縣地方之河患，實不足以包括黃河下游全面水患之治法也。更與余今日所主張治河上游減少泥沙之管見全不相涉也。余之創爲治河上游減少泥沙之管見實爲宦遊甘肅作宰公暇目覩黃河留心治河一時心悟之理想，並未有長期研究治河之心得，亦未能履勘河道及大小各河之流域，不過依理想推測與往來道路察看山間水源之形狀而著爲此說，至於試驗施工之後，是否能有功效尚待證明，然黃河上游之山間水源果施如此工作，其開發上游水利二三年間，必有小小成就，而減輕下游河患，則必俟諸百數十年後，方知其究竟功效也。愚昧之見，故嘗以爲治黃河於三代以上，自應依夏禹順水之性導流入海使由地中行不爲民害也。若治黃河於漢、唐以下則似應從減少上游之泥沙入手，方可使下游減少淤決而民得樂生河患，自可日輕矣。是否如此一孔之見，深望當代賢達治河專家有以教正，使得小試其端則幸甚矣。又河渠書載西漢時，即有人主張朔方（今之甯夏）引黃河流於塞外，不令下趨河南者，當時朝野主治黃河者未納其議也。近日人士，又有以引黃河流於陝北蒙古者，論者，慮其地高，而河流不暢，工巨而不易舉行，更有以居延海地勢卑下可由甯夏鑿開賀蘭山引黃河流入於居延海中，而不至爲患於豫魯下游者，此項計劃，既與古代治河下游增隄疏流不同，又與余嘗見治河上游減少泥沙大異能否實行，應俟當代專家有以評定也。又新疆之坎井爲林則徐所開創著大功效裨益於農田水利，據聞其方法於平地開掘大口不深之井，吸收地面之雪水或泉流入於井內，而排列掘井五六眼，引長數里之遠，由第一井在地中開通隧道，次第向高溝通各井，故水由第一井流入第二井第三井以至最後一井，水無處容納溢流於地面，以資灌溉農田，頗著美利，此爲在新疆宦遊之南方鄒君告余者，果屬如此，實爲林公開創以人工儲蓄雪水與農之妙方；並能由漸而高引低水以澆高地。余意按其作用可名之爲井渠，若黃河上游之各河河源，就地勢平坦廣大有地可鑿亦可仿效爲之以減緩水流就下之速度也。

吳稚暉老先生遊西北歸言：『沙漠可化爲膏腴旨哉』。言乎洞見隱微，余昔宰鼎新縣令農民於縣境雙城附近沙漠上引黑河之水淤泥爲田，極爲可能，田成果沃壤，因沙漠之上淤鋪黑河水內之黃土，每年夏季河水漲發一二次，即可淤積厚黃土六七寸，漠之上如積黃土五六寸即可種植黃粟矣。如淤積黃土二年之後，必能積厚爲一尺餘，穀物均可種植矣。惜余未及瓜代調宰酒泉未得目見其淤田穀熟之情狀，至爲失望，及今追思忽忽十有八年，則雙城河泥淤田正不知成就若干？隴畝養活幾許農民矣。而沙漠可淤爲肥田之實事，猶時刻盤踞於余腦海中，而欲爲開發西北者，一吐其奇妙也。如黃河上游沿岸地近沙漠，水可引入之處亦可如此淤泥成田，爲減少泥沙下冲之計也。清末靖遠縣河灘淤泥爲田，似可擴大爲之也。今當抗戰建國開發西北之時。又值聘請美國博士羅德民氏主持開發水利之日，今此區區管見，安敢緘默冒昧瀆呈用備採擇，按羅博士所著水土保持專書，余未能誦讀，不知與余減少泥沙欄壩水櫃等方法，是否有相同處，又聞羅博士亦甚注意黃河之治理方法，深願以此壩流之貫不避淺陋之譏，就正於高明專家羅博士之前，不吝金玉詳加誨正尤所欣感。

治理黃河方法在德國實驗

原文載本年七月號Scientific American

中央黨部 潘迪民

凡是經過巴伐里亞州阿爾潑斯山風景最幽美的卡文特爾治倍治（Karwendelgebirge）山麓，即通稱上伊薩谷地的人，一定可以看到一條中國的黃河。假使沒有人預先告訴他，那他就難免要猛吃一驚，開始迷惑起來，覺得自己的記憶力不可靠。那兒的景物明明是呈着一條黃河，呈着那橫貫中國北部的巨大的黃河。

其實黃河並沒有移動，牠依舊還在中國的北部晝夜不息地的流着流着。人們在巴伐里亞州相近華爾欽西（Walchensee）的阿爾潑斯山山脚下所看見的祇是那黃河的模型（封面插圖），牠的全長是三百英尺。中國時常受黃河汛濫的災害，德國水道與水力研究院允中國政府之請，特地築成這條人工的黃河，以便切實研究及搜集各種可以防止這條險惡的河川的潰決，和水道變遷之有效方法。研究院創辦人密勒氏（Oskar Von Miller），即在苗奈契（Munich）創立著名的德國博物館者，現今正在整理和研究過去幾個月中由實驗所得的各種資料，準備編一報告。

研究院除了有佔地二十五英畝之試驗場一所外，尚有爲從事此項大規模實驗時必要的各種設備。這條人工的黃河係嚴格地依照眞黃河比例地建築；此外凡眞黃河所有的各種情況，牠也是照樣地完全具備着的。對於水內所含泥沙的容積和沉澱在河床各處的泥沙的

治洪方法已在德國研究中，上圖係德國水道與水力研研院佔地二十五英畝的試驗場之一部，場址在巴伐里亞州阿爾潑斯山麓

數量尤其注意，因爲這些是與週期的汎濫，和河床發生故障最有關係的兩個主要因素。在這條模型的泥道中流過的水，裏面含有與眞黃河水內的泥沙同樣性質的炭泥，但水的容積却時常變換，以便考察這河的各種不同狀態。

此人工築成的河道：其河床面、有一薄層地瀝青（俗稱柏油）以代混凝土，由地瀝青做成的河床非但緊密，光滑而且耐久。

在每次漲潮過之後，即將河道內所有的水放盡；然後把河床細細考查，計算河床內或兩岸所堆積的泥沙量，及尋究先前有泥沙堆積新近爲水冲去的地點。這種實驗的主要目的是爲要確定把黃河兩岸增築到多少高，和把河身收窄到多少寬，方可使牠自己濬掘到多少深。由這些工程師在此項研究工作中所得的經驗，希望中國政府將來能根據牠來應用；如果這樣，那末素稱兇險的黃河水患或者有減少到最低限度的可能。

工程師深信，此裹挾大量泥沙之黃河如果將其河身收窄則利用水流自身之力量便能滌深河床。

上述種種實驗只不過是這研究院的各種工作的一部分。牠對於修治河道和應用水力方面之最重要的問題，是不斷地在研究着的。又研究院的另一實驗證明，普通用爲鋪路面的地瀝青也可作爲混凝土的代用品，供鋪修運河的河身之用。

治理黃河水災的管見

陸貫一

一、引言

查吾國農田水利，自古即具重視，溝洫之制，亦久稱完美。惜自民國以來，人禍屢起，政令不出都門，各地自成割據，爭奪之戰，幾無歲不有，致河政悉廢，官不愛民，舊制於是蕩然，遂致全國各省，幾至年年患災，呼賑之聲，亦幾無歲不充吾人之耳，政府不勝賑濟之煩，人民備受浸潦之苦。今夏秋黃河之汎流又臨，吾民何辜，又受此慘劫。今幸國府當局，已注意及此，統籌水利於行政院，開防汎會議於首都，救災防汎的工作，已逐漸進行，吾爲吾民慶幸之餘，特具管見，爲我當局與黃河水利委員會諸公陳之。

二、黃河成災的原因

在吾人未談治理黃河災患的辦法之前，必須先明瞭其成災之因，蓋必如此，方能對症投藥，得免無的放矢，空費氣力。考黃河爲患之源，爲黃土沙礫的淤積，致排水不暢，再加上中流幾微的蓄水力，與平素河線無常，時加改易，致河槽時近堤根，危及堤身等是。今爲明晰起見，特就其因而分別言之：

a中上流含水力薄弱

黃河水災，每次皆發生於雨季，與溶解冰雪之時，尤於雨季爲多，試查其流域之災期，則可以知之。蓋雨季多雨水，溶解冰雪，則寒冬所積，於一時溶化，致釀成水災。然其所以致此的原因，則是雨季所下的雨水，與春夏所溶解的冰雪水勢，河流的上中流域，不能含蓄其一部，而盡量的狂衝，下流一時不能收容排泄，致決堤爲災，此其成災者一。

b沙泥淤積河床高出兩岸地面

黃河的沙泥淤積，河床高出兩岸地面的情形，吾想坐過吾國南北交通兩大鐵路幹綫——津浦平漢——的人，例能道之。蓋黃河的中上流域的坡度，較之下流爲大，其水力爲地勢的自然力，亦因之爲大，由是黃土沙礫得經雨水由上山坦地溝壑，間接衝進河內，或直接由兩岸及河身面冲至下流，及其一至下流，爲地勢低的關係，通常水力較小，於是淤積即發生，經時愈久，河床因而愈高，以致演成今日高出兩岸的怪異！是故一遇過急的水勢，卽有決堤之危，河堤一決，一瀉千里，致釀成今日的禍，此其成災者二。

c河槽不定與沿岸水堤不固

吾國過去關於黃河的工作，向無統一的機關，以統籌全局，僅與黃河有密接之地，爲局部的築堤護堤，爲各管各的工作，而此自掃門前雪的工作，亦限於人力物力而因陋就簡，故致其流域沿岸的水堤不固；加之上述泱積關係，在其雙堤之內，河綫無常，時加變易，河槽卽時近堤根，危及堤身；而加流域曲折，而堤亦曲折無規，受水性自然衝擊力，亦爲加大；因此相成，決堤慘劇，於是常演，此其成災者三。

以上三者，吾認爲釀成黃河爲害的根本原因，今再就此而研究其治理之道。

三、治黃河的辦法

我人今關黃河成災的原因已明，則着手研究其治理之道自易，茲就個人所見，述之於後。

(一)治理的先決問題

a統一治導行政機關

查已往關於黃河工作的通病，全在無統一的通盤治導的行政機關，其各流域皆僅爲局部的導治，致常貽患而失良機！故其先決問題，應先設立一有力的統一治導的行政機關，有權力指揮其流域的各省的河務局與其流域的縣政府，並於必要時，能請各該流域的駐軍，助以兵工，以收各省之互助，一掃過去之通弊，並得時機的權宜，以收速效。

b政府須有全力赴之的決心

治黃的工作巨大，非三五年卽能收其成，其流域之長，爲患之厲，又非積極爲治不可。在此情形下，吾人已不能再爲局部的治理，則非忍苦負重而爲整個治理不可。但此工程浩大，非一隅之力所能負，故非政府全力的繼續的赴之不爲功。如政府無最大的決心，爲治導黃河的工程，則雖收暫時的減禍，亦斷不能得較長的免災。故其治理的先決條件中，則又非國府有經濟充分應援，與全力赴之的決心莫辦。

(二)治理的辦法

先決的問題，如果解決之後，吾人方能談到辦法，否則，雖有佳良的辦法，亦徒是具文，於實際亦無補益。今就管見所及，言其治理的辦法於後。

a 中上流造保安林

吾人知道，保安林之獲名，爲其能調和所植地附近的氣候，保着其所植地的土地，暨其能在其所植地，若有雨雪下來，能盡其能力，保持其一部，爲其吸收取用，或慢慢流出與蒸發而來。今抄各國及各科學家實驗的結果如下，藉資考察。

森林在驟雨之時，能格取一部分的降水量，使復歸蒸發等，在德國十六年觀察之平均數爲百分之二十五，在瑞士十二年之平均觀測站爲百分之十六。依伏德拉氏之觀測，如一年降水量達二十八至三十吋，約略平均分配於全年者，則林木格取量可至百分之四十。而李格婁氏則發現松柏屬植物，其格取量則可達百分之六十。因此，其在驟雨之時，能減雨水達地域流出之量。同時在其蒸發方面來說，依美國林務局的統計，水面之蒸發量爲一〇〇%：森林則爲一五一%，故其在平時，亦能調節其附近的氣候。茲更抄一荷蘭人 Wollny 之試驗以證之。

地的情形	流出的水量%
山上裸地	五十——六十
山上不鬱閉的林地	四十五——五十五
山上森林地	三十五——四十五
農地	三十——三十五

右表亦足證林地與農地流出水量少，裸地則最大也。此不過對其含蓄水量之能力言，今再就其保持地土之力量言之，亦爲 Wollny 之實驗。

	有林木雜草被覆地			無林木雜草被覆地		
山之高度	10°	20°	30°	10°	20°	30°
冲去土壤之重量(Gr.爲單位)	14	42	51	843	1368	3104

右表足證林地保持土地土壤的力量。今黃河之患，爲中上流與沿岸冲下之黃泥沙礫的淤積，與急雨水時之盡量下冲而釀成，故中上流造保安林以挽之，實爲一根本防根之道，所以爲治理辦法之一。

b 導引枝流入其他流域

吾人亦知黃河之患，由許多枝流，皆稱爲挾水，致水積於一處，而亦釀災者，故導引枝流，入其他流域而分殺水勢，亦爲其方法之一。於前曾有導沁河之水，以歸衞河，引洛河之水，以入賈魯河之議，吾思亦爲善法之一。因枝流減少，黃河幹流之勢，必減去其猛力，而險象亦自隨之而減少。此爲辦法之二。

c. 沿河擇地建設水庫

豫設水庫，亦爲現今治理水利辦法之一，蓋水庫的建立，爲河流容量的伸縮地，每遇急水之來，爲下流一時不能排出者，得是可爲暫時傾儲其地，免爲決堤毀流之危，實爲一有彈性的治水法。卽吾國長江爲患較少黃河者，其他原因固多，而其有關洞庭鄱陽等湖爲之消弭者亦很大，故治理黃河，在其沿岸擇其適宜之地，多建水庫，爲營伸縮水勢的餘地，亦是良好之辦法也。此爲治理方法之三。

d. 固定河線建築堅固堤岸並植堤林

黃河的河槽，時近河堤，致時危及堤岸的崩毀，不單毀廢工程，且爲害亦至烈，故堅定其河槽，實爲緊要之點，但河槽的不定，是河線的無常，時加改易而致，所以固定河線，是爲當務之急。同時易其疏鬆的土堤，改爲堅固的三合土或石的堤岸爲堤骨，外面護以土，並植堤林以固其土實，不單可以點綴景物，並收木材的副產，且可以護堤，實是一舉雙得之事，如此，堤已堅固，河線亦定，又加護堤之林，則重重的保障掩護下，其患自能消滅。是爲治理辦法之四。

e. 開通河道以利排洩

開通河道，爲清積沙泥的唯一辦法，故爲排洩水勢便利等計，河道實爲非開通不可。惟開通之法不一，須擇一有效而經濟的行之，恩格斯氏主用寬堤而順水性，儘天然固定河槽，河槽漸漸冲深，邊床卽漸漸淤高，此固經濟，因一面河槽得深而通，他一面則堤亦得藉是而固，但是否在多含沙泥之黃河，能收其效，實爲疑問。同時，方修斯氏則主束窄堤防，用水攻砂，此固然較費，但則有可能；至用人力水機攪沙泥，用水力冲入海內，如普通之掘深河道者，亦爲一法，故究取用何者，則須實際研究試驗後始能決也。此則須請當局爲考究之。待河道開通之後，則排水極利，其水災之患，當能隨之而滅，所以亦治理辦法之五。

四、結論

是故治理黃河，惟有中上流造保安林與沿堤植樹，以減少泥沙之冲進河內，並增上流的蓄水力；擇地建水庫，加增河流的容水量之彈性；導引枝流入他流域，以分殺河流的水勢；開通河道，清理淤塞的泥沙，以利其流；固定河綫，堅固河堤，減滅決堤的危險等辦法，以消弭其水禍。惟今黃禍已現，爲眼前的速效的救急計，則唯有築堤與清淤積之途，爲當務之急，其他則可逐漸施行，以收緩急之旨。惟無論如何，此工程爲浩大，非政府全力赴之，不能收功，尤其非統一水利行政，以去過去分裂之弊不能收效，故敢望國府當局，與黃河水利委員會諸公注意及之，則國民幸甚。

民國二十六年八月二十五日脫稿於北平

特載

治理黃河的研究

在河南省立水利工程專門學校講演

李培基

今天貴校翟校長，約我來演講，我要找一個題目，與河南有關係，與貴校有關係，又要是我平日喜歡研究的，想來想去，覺得治理黃河這一個問題，極爲適宜，以下先把黃河現在的形勢合歷代的河患，大概說一說，然後再把歷代治河的方法和各名家治河的理論簡單敍一敍，末了把我個人對於治理黃河的意見，提出來和諸位討論討論，我說的治理黃河，不但要防免水患，剷除水害，并且要振興水利，水利振興以後，自然對于人民生活上有無窮的好處，現在人人說想救中國，非努力生產建設不可，我以爲治理黃河，就是極大的生產建設，要辦生產建設，莫若趕緊治理黃河。

一，黃河現在的形勢

現在的黃河、由青海省的巴顏喀喇山發源，先向東北流吸收了洮河，經臯蘭縣，又吸收了甘肅省境內的各水，過寧夏綏遠省境，貫穿抗錦西公達拉三旗，轉向東流到薩拉齊縣；轉東南流，過托克托縣，經準格爾旗，又轉南流，一直瀉下，劃分山西陝西兩省的省界，會合無定窟野兩河，又會合汾河，又會合涇渭兩河到潼關縣；折向東流，進入河南省境，又會合伊洛沁汜各水，經開封縣，到銅瓦廂又折向東北流，經河北省的南界，斜穿過山東省的西北兩部，合運河交叉成十字形，經歷城縣到利津縣入渤海，從頭至尾，大約有七千多里，經過青海甘肅甯夏綏遠陝西山西河南河北山東九省的地方，在山西的河曲縣以上，水勢尚和緩，可以開渠，引水澆地，也可以行走船隻運客運貨，不但沒有水害，而且大得水利；從河曲以下，經過龍門（山名在山西河津陝西韓城之間）到潼關，折向東流，出砥柱（山名在河水中）至孟津．沿路山多坪高．河水受了約束，雖流得很急，但不能轂旁出亂瀉，這一段已無灌溉的利益，然而航運仍可逐段行駛，又因爲水急沙泥停不住，淤墊不容易，所以水由河槽正道走，也沒有旁衝橫決的毛病，但是兩岸土山甚多，歷年被山水沖刷，成了深溝，每逢到了夏秋天，山水暴發，挾帶着大量的泥沙一齊滾流進入黃河就把下游的河底墊得一天比一天高，河槽也就常常變動，所以黃河因爲自孟津縣以下，一直到海口，兩岸都是平原．水沒了管束，來勢又大，堤防稍不穩固，就有潰決的禍害，由此可知道山陝的溝水，實在是黃河下游潰決的主要原因，此外沿途會合的大小支流太多，沒有可以分洩入海的路，也是泛溢的主因。

二、歷代河患的大概

大禹治平了水土以後，一直到夏代終了，黃河沒有爲過害，從商湯到祖乙，黃河決了好幾次，都城遷移五回，都是因爲躲避水患，然而當時水患不過沿河地方稍爲有點漫溢，并不像後來一決口就沖幾百里，田地房屋財產一齊完了，周定王五年河決宿胥口，（在今河南濬縣西南）由章武（在今河北靜海縣）入海，是第一次改道，王莽始建國三年，河決魏郡，（今河北大名縣）由徒駭河入海，是第二次改道，宋仁宗慶歷八年河決商胡埽，（在今河南開封縣）分爲兩股，北股由河北的天津縣入海，南股由山東的無棣縣入海，是第三次改道，金章宗明昌五年河決陽武（今河南陽武縣）故堤，灌封邱（今河南封邱縣）而東，分爲兩派，北派由北清河入海，南派由南清河匯淮入海，是第四次改道，元世祖至元二十六年會通河成，始以一淮受全河之水，是第五次改道，清咸豐五年，河決銅瓦廂，（在今河南蘭封縣）就故大清河入海，是第六次改道，以上是黃河的重要變遷，此外隨時的泛溢潰決，簡直不能計數，大約河患在漢唐兩代尚輕，在宋明兩代最重，前清一代三百數十年間，河決三十九次，河南占了二十四次，前頭說的六次改道，有四次是河南境內決口，民國以來，就是去年河決了十餘處，受害的地方有五省，到現在還沒有完全合龍，河南河北山東受害最大，所以黃河在這三省境內，尤其是在河南，實是一項鉅患，應當趕緊治理的，不過不治理黃河，並不專在河南，是要上中下三游一齊治理才能有效。

三，歷代治河的事實和理論

夏禹治河，是先疎通下游，使水有可走的路，然後挑挖上游，使水勢可以減小，順着水性，不和水爭力，這是治水最好的法子，所以孔子說，禹盡力乎溝洫，孟子說，禹之行水，行其所無事，在商代祇聽說避水，沒聽說防水，更談不到治水，到了戰國，齊趙魏各在沿河築堤，防備水患，後世的堤防制度，就從此起了，漢武帝時，有齊人延年上書，請引黃河出胡中，他說中國地勢西北高東南低，可以在甘肅寧夏地方開挖河道，導引黃河的水，繞過匈奴的地面，再使他入海，他這話事實上甚難辦到，當時也未實行，漢哀帝時，賈讓上過治河三策，他的意思，開放黃河的水，使他在西面大山東面金堤的中間，向北入海，一面把當着水路的人民，全遷移去別處，讓出這條河道這是上策，多多開濬挑渠，使人民都能引水澆田，借此分減河水的怒勢，這是中策，修築堤防，低的加高，薄的加厚，這是下策，當時說治河的人很多，各有各的道理，結果都未實行．然而賈讓的三策，却成了千古治河的名言，後漢明帝令王景大修汴渠，自滎陽千乘，築堤千餘里，河汴分流成功，就是採用賈讓的中下兩策，宋太祖時，令沿河州縣多種桑棗榆柳等樹，使河堤堅固，太宗時又令人民築遙堤，遙堤就是在堤外再築一道堤，作爲預備的辦法，元順帝時，賈魯爲總治河使，八個月的功夫，把黃河引歸故道，歐陽元聞過他的方略後，作了一部河防記，對於疏濬塞三種治河方法，說的很詳細，疏就是開通水路，濬就是挖深河身，塞就是堵制橫流，明代潘季馴四次奉命治河，前後二十七年，很有成績，著有兩河管見一書，他的主張，是注重堤防和疏導下流開廣支流，他說築堤不單爲防備潰決，并且可以管束河水，使由正軌入海，又說下流疏通，上流不必治理，也就自平，支流開通，正流不必遏制，也就自殺，清代的靳輔周馥也是治河的名臣，他的主張，也不外因勢制導，築堤束水，束水刷沙，和潘季馴差不多，以上都是就歷代治河最著名的事實和理論，極簡略的說說，其餘行過了的辦法和未行的意見，一時也談不完許多。

四，治河的我見

現在把我個人對於治理黃河的意見說一說，我以爲治河有四大要着，第一是減少入河流量，第二是多開入海去路，第三是平緩中流水勢，第四是攻刷下游泥沙，以下分別說明。

（甲）減少入河流量

（一）疏通烏加河　開挖河套和鄂托克旗水渠，現在綏遠五原縣的烏加河，本是黃河的故道，蒙古話說故道就叫烏加，這烏加河由綏西的吉爾召起，經臨河五原兩縣，沿着狼山南脚下，穿過烏梁素海，仍舊流入黃河，但久已乾斷了好幾處，水不能從頭到尾一直暢流，若把這河全體疏通，使黃河的水流入故道，不但分減水勢，並且在烏梁素海可以容留大宗水量，當然減去入河的流量不少，又河套地方，舊有八大幹渠，都引用黃河的水澆地，近來大半失修，淤塞不通，若把這些水渠一律整理，使他頭尾都和黃河烏加河通連，澆地用水很多，也可以減少入河流量．又伊克昭盟的鄂托旗西部，地勢平坦，開渠最宜，若能多開渠道，引黃河的水澆地，也是減少入河流量的好法子：

（二）導伊洛入賈魯河導沁入衛河　伊洛兩水會合後，經過黑石渡一帶，那地方離滎陽的賈魯河上游很近，可以由黑石渡導伊洛的水，經過許嶺夏窩集滎陽，入賈魯河，歸到淮河入海，由黑石渡到賈魯河的上游，不過數十里，地平無山，工程並沒有甚麼困難，又沁水從前本入衛河，清嘉慶時，松文清公曾主張過引沁助衛，現在也可以把沁水的下游，由小剡村地方導經北睢村，到修武縣，會合衛河，隨衛入海，按地勢說，這樣辦法，很是順便，這兩件事辦成，豫西北入河的流量大減，孟津以下的洪溜，自然也小了。

（乙）多開入海去路，

（一）引黃河入老黃河　河南蘭封縣銅瓦廂，本是老黃河口，黃河改道北流以後，並未堵塞，用意就是在預備外洩的水路，若在銅瓦廂測量地勢，引現在黃河的水入老黃河故道，使現在的黃河，分出一條極大支流，由故道分洩入海，黃河的水多一去路，潰決的事，在河南河北兩省，當然都可以大大的減少，并在銅瓦廂安上水閘，按時開關，和江蘇安徽絕無害處，

（二）引黃河入馬頰河小清河　黃河經過九省七千餘里的地面，容納了無數的大小支流，水勢浩大，但入海祇有一條道路，每逢山洪暴發的時候，水量增加，來不及流洩入海

，怪不得半路就要氾濫，除引黃河入老黃河外，還可以引黃河的水，由運河以東，歸入馬頰河入海，或由濟南以東，歸入小淸河入海，黃河的下游流量，再加上這條路分洩，山東定可免了潰決的災害。

（丙）平緩中游水勢

（一）平緩山陝溝水　黃河在塞外，流速並不急，比中下游總要慢到百分之八十的程度，也沒有大量的泥沙，到處可以引水澆田，所以甯夏有天府的好名，後套有米糧川的美號；由此可知在下游作怪的泥沙，絕不是從塞外來的，有人說美黃河經過沙漠，挾帶泥沙，一直送到下游，這眞是不考察事實，隨便說話，萬不可信，要知道黃河下游的泥沙，都是中游一帶，山陝溝水，從土山上帶下來的，在那一帶，水勢很急，泥沙存留不住，到了下游，水勢和緩，泥沙淤住，把河底墊高，所以時常氾濫，這些情形，前面已經說過了，最好查勘山溝形勢和發水力量，然後酌定地點，建築交錯形的欄水壩，或是分段設閘，和堆放石塊，阻滯急流的溝水，使他平緩流下，黃河的水勢也就連帶和緩，土山下來的泥沙，因爲溝水平緩，大部份在溝內，就可停住，小部份入河，因爲河水和緩，也不致都送到下游淤墊爲害了。

（二）平緩入河支流　陝西北部的無定河窟野河，都是由伊克昭盟的沙漠發源，黃河經過山西的保德縣，吸收了這兩條河，添了很多的沙質，也可以照阻滯山陝溝水的辦法，築壩設閘，攔留他的泥沙，並且平緩黃河的水勢，又汾涇渭三水都是入黃的大河，每逢夏秋雨多的時候，水勢極大又急，雨過水又極小，既不能行船，又不能澆地，若是也建築攔水石壩，加設水閘，保持水量，不但黃河的水勢可以平緩，而且這三條河也就都有了航運和灌溉的利益。

（丁）攻刷下游泥沙

（一）裁灣取直引溜歸槽　黃河下游河南河北山東三省，約二千多里，其中有一曲十數里的，有一曲數十里的，這等灣曲很大，形勢上到還舒展，水仍可以暢流，最怕的是幾里內或十幾里內有好幾個小灣，泥沙極容易淤積，把河床一天比一天墊高，大溜離了原槽，向兩岸衝流，危險就要發生，應該把這些小灣都裁成直線，引溜歸槽，水勢自然平穩，藉溜冲刷泥沙，也就不會淤積。

（二）設置水壩束水攻沙　在河中酌定位置，分設攔水人，希望對我所說的話，研究研究，預備將來出去工作的時候，作爲一種參考，或者多少有點補助。

壩，按照流量的大小，計算石壩的長短和方向，把水勢約束起來，變爲急流，也就是引溜歸槽的意思，可以攻刷泥沙，不叫他淤積，且可以把河床漸漸刷深，水由正路走，不致旁溢，潘季馴靳輔所說的束水攻沙，就是這個道理。

以上所說，都是我參照古今治河成規根據地勢水性研究治河的一點意見，若能彀認眞切實的照着辦去，或可以有十分之八九的功效，這是標本兼重積極的治理方法，不但可以防水患除水害，並且可以興水利，似乎比單單修築堤防那消極的抵擋辦法，要强得多些，我這話並不是反對堤防，堤防在黃河未經通體治好以前，確是很要緊的，不過不能專靠他就算治了黃河了，又治河還有兩件極要緊的事，一是統一的專管機關，二是充分的款項，現在國民政府設立黃河水利委員會，正在籌撥鉅款，預備從根本上大加治理，這確是當務之急，現代科學昌明，機械精良，我們治河可以用科學的方法，機械的力量，在事務上實在比古代便利百倍，就是花幾千萬也不能說是可惜，何況治好了以後，免了無數的損失，可得到無數的利益呢，所以說要辦生產建設，莫若趕緊治理黃河，黃河在河南爲害最大，諸位又是學專門水利工程的

治理黃河的科學方法

前建設委員會黃河圖案整理委員會委員　孟廣照

一、黃河爲患的原因

我國內地有三條大水，爲黃河揚子江和珠江。揚子江和珠江可以供航行及灌溉之用。歷來都認爲國家的利源。惟黃河自古卽以爲患著稱。泛濫之災，幾乎無年能免。人民生命財產之損失不可以數計。國家對於治河所化費的金錢也不知若干。到現在黃河之患還是一樣的嚴重。黃河在已往可謂國家之一大負累了。歷來許多研究水利的人，都想方法使黃河能去其害而興其利，却是總無完滿的解答。

相傳大禹治河成功在帝堯八十載（西歷紀元前二二六七）。但黃河自此以後並不能如揚子江珠江的安然無恙，却常常發生毛病。輕則溢決，重則改道。自大禹以後，曾有下列之六次大改道。

第一次改道	周定王五年	紀元前六〇二
第二次改道	王莽始建國三年	紀元後一一
第三次改道	宋仁宋慶歷八年	一〇四八
第四次改道	宋光宗紹熙五年	一一九四
第五次改道	明孝宗弘治七年	一四九四
第六次改道	清咸豐五年	一八五五

黃河在孟津以上古今不變。大改道都限於孟津達海口一段。時而由河北出口，時而由山東出口，時而由江蘇出口。出口地點的遷移相差數百里乃至數千里之遠。河道改道之頻與爲禍之烈，世界其他河流實無其比。

黃河爲患的原因可分成兩點來說。第一，黃河的水含砂過多。古人謂「一斗之水砂居其六」，雖屬過甚之辭，然其含砂之多也就可以想見了。在孟津以上黃河流於山谷之間，流勢峻急，故能挾砂以俱行。孟津以下驟易爲平原之地，流速頓減，砂漸沉於河底。河底愈墊愈高，有河底高出於兩岸平地至數丈者。所以水容易泛濫出來。第二，黃河上游並無湖澤，以爲消納過多水量之所。在久旱之後，但見河中僅有一條涓涓細流，一遇大雨水便奔放而下，驟然變爲滔滔之洪水。水勢旣猛，易於冲壞堤岸，使成決口。長江一帶多有大湖如洞庭鄱陽之類。大水來了牠能容納去一部。大水去後，水又慢慢的由湖流出。所以他有調節長江流量的功用。黃河則無此天然的設備。

黃河上游六十萬公里的高原，皆爲黃土所覆蓋。黃土層積之厚恆爲數百公尺。土質具有相當的粘結力。但易爲爲流水所冲刷。遇雨則成爲膠泥，乾後則成細末，被大風吹散於各處。這就是黃河多砂和河水呈黃色的原因。黃河兩岸曾經黃水泛濫之地，因黃土之淤積地上，遂成爲沃土，宜於耕植。人民爭向河岸開墾。黃河兩岸遂成繁富之區。吾國古代文物之盛，卽在此地帶。

二、我國歷代的治黃方法

黃河爲我國歷代一大患。談治河問題的書籍，汗牛充棟不勝枚舉。各人主張亦有不同。據史書所載，談治河問題以漢賈誼治河三策爲最早。他是一個反對造隄的人。他要把住在河岸兩途的人移開，則水雖然泛濫起來，自然不能傷害老百姓。而且漢家的地方很大，用不着去爭住兩岸之地。他說「且以大漢方制萬里豈與水爭咫尺之地哉」。但黃河兩岸確是肥沃之地。小民見利則趨，怎麼能禁止他們不去耕種。所以賈誼之議終於不行。在漢朝時代所修的隄，就不少了。

漢武帝時候還有一個齊人名延年的，主張把黃河從河套用人工堵塞，另開河口供流入蒙古。則黃河下游不在中國境內，自然就沒有河患。他上書給漢武帝說：「河出昆侖經中國注渤海，是其地勢西北高而東南下也。可按圖書，觀地形，令水工，準高下，開大河上領出之胡中東注之海。加此關東長無水災，北邊不憂匈奴。可以省堤防備塞。士卒轉輸，胡寇侵盜，覆軍殺將，暴骨原野之患。天下常備匈奴而不憂百越者，以其水絕壤漸也。此功一成，萬世大利。」他以爲如此不僅可以免除河患，而且漢與匈奴之間新開了一條大河，匈奴就不能來擾邊了。當時漢武帝無法駁他，却把大禹抬出來壓倒他。批曰「延年計議甚深。然大河乃禹之所導也。聖人作事爲萬世功，通於神明，恐難改更」。於是延年之議不行。

賈誼和延年都是用文人的眼光發爲議論，自然不免流於武斷。黃河的病源是由於含砂過多，墊高河床。欲求根本解決黃河問題，不能不研究出一個去砂之法。後來對於治河有經練的人，都從這一點着想。如明朝的河臣萬恭潘季訓以及清初的靳輔都有精到的見解。他們知道黃河的砂太多了，不是用人工可以挖得完的。而任其墊高河床則潰决難免。去砂之法莫如增加水流的速度，使其能挾砂以入於海。這就是萬恭所謂「以河治河」之法。潘季訓也說：「黃河斗水，沙居其六。以四升之水載六升之沙，非極迅溜湍急，則必淤阻」。然欲水流湍急必須將兩岸河隄的距離減小，使河水的深度加高，水面的斜度加大，則流速自然增加。這是他們主張「束水攻沙」之法。現在歐美治河的方法，如美之米西西皮河也，是用此法。所以他們的主張是很合理的。不過水的速度大了，牠的衝擊力也大了。在河道變曲的地方如果隄防不堅固，怎麼能當這樣大的衝擊力呢？我國黃河一帶土多石少。向來築隄，都是用土。用土築隄是不會堅固的，萬恭潘季訓等去砂的理論是對了，但不能解決隄防的問題。他們能使砂不墊底，而不能使隄不崩壞。所以河患問題仍不能解決。

黃河爲患之原因：一爲含砂過多，一爲水勢太驟，前已言之。關於歷來解決前一個問題的主張，已如上述。至第二個問題歷來尚少人想得出辦法。我們既不能用人工在上游開幾個大湖做調節水量的工具，其他尚有什麼辦法呢？我們知道森林是可以調節雨量的。黃河上游一帶在古代的森林早被人斫伐得乾乾淨淨。又黃河上游原係漢族發祥之地。耕植原很發達。後因漢人向中原之地遷移，耕植之事始廢。至漢唐二代，因國力强盛，實行屯墾之制以禦外寇。在河套一帶開墾田畝引黃河之水以資灌溉。規模頗大。我們知道耕地對於河流的作用，等於湖澤。因爲他也能調節水量。在天雨之時則儲蓄雨水使不入於河。又時引河水以灌田，故河之水勢不至驟然增大，使下流受溢決之患。漢唐二代河患較少，卽由於此。造林及開墾可爲調節水量之具甚明。古來治水者皆就下游想辦法，而忽視上游，是很可惜的。

總起來說。我國數千年來對於治理黃河所以不能有一個完善的解決，最初實爲神祕觀念所誤。他們以爲黃河是大禹治過的。大禹是聖人，是神。他做的事是無可非議的，要得免除河患，就要恢復禹道，禹道能復，則一切一切皆不成問題。這個幻想曾誤了幾千年治河的人們。一直到明清時代，才有一班人實地研究，雖尋出許多眞理來。畢竟治河所包涵的問題太多了。如造隄去沙造林灌溉等都要有辦法才行。當時的科學又不發達。縱然尋出一些理論，對於整個問題，仍不能解決。歷來河官都祇知道守隄。如果隄防無恙，卽爲盡職。那知道什麼治河原理呢？不幸而河隄爲大水冲壞了。黃河時漲時落，本屬慣常。水總是會退的。隄總是可以補的。不肖的官吏還要以合攏之功自居，向政府請一批保獎。

三、近來治黃的科學方法

近數十年我國受西方文化的影響，治河問題的研究也因之改換了新方向。最初用科學方法來研究黃河的要推英人戴理耳。他是在中國海關裏任事。於一九〇三年奉海關之命視察山東黃河。他在一九〇六年發布他的報告書。對於隄壩的改良及處置泥沙的方法俱有許多建議。不過他不是專習水利的人，還不能得到根本的辦法。但在當時，也就難能可貴了，到民國八年美國水利專家費禮門，受運河工程局之聘來華考察水利。返美後發表其對於治理黃河的意見。他主張黃河應流於一狹直的河槽中以便束水攻沙。更主張設河工試驗室於黃河河岸，作實際的測驗。比戴氏的主張更爲澈底。此後德人恩格斯及方修斯等對於黃河的治理俱有較費氏更進一步的研究，可爲治黃的重要參考材料。至我國習水利的人研究黃河問題者亦殊不少，我不必一一的列舉了。

用科學方法來研究黃河，必須要知道黃河一帶的地形和河身的形狀，以及水的流量速度及含沙量等。所以地形測量及水文測量是不可少的。黃河下游在河南山東一帶曾有相當的測量工作。而上游則尙付闕如。治河本是艱難的學問。每一條河流都有他的特性。把某國某個河道的理治方法施於黃河，不會完全適合的。縱令測量的工作業已完成，而治理之法仍需要經過實驗始敢決定。修築道路還可按圖設計，治河便不行了。要設立一個大規模的水工試驗場來作治理黃河之用，我國近來也有人提議。不過因爲需費浩大，和技術人才的缺乏，至今未能舉辦。

德國政府與巴燕邦合辦一個世界最大之水工及水力試驗場。引用奧貝納赫天然河流，試驗挾泥帶砂之河道。利用築堤束水刷深河床。模型偉大，成效確切，借來研究吾國黃河治導問題，極爲相宜。我國政府已與該試驗場約定，由我國給與試驗費五萬四千馬克，由世界著名之水工專家恩格斯主持試驗。我國政府亦派工師參加。此項試驗已於一九三二年開始，約至今年年底可以完成，彼時當可得一有價值的結論。

關於測量黃河下游及黃河根本治導辦法。據特萊斯頓教授虎如好夫所條陳之計劃。測量黃河下游全部外勤及內勤約需三年，黃河水文測量亦需同時舉行。治導計劃至早須於測量工作起首三年以後始能爲之。又一年以後始能着手實施。治導之預備及實際工作，河岸河堤之適當位置，必俟全部根本治導計劃告成後始可確定。根本治導工程約需三十年。全部工程費用約需三萬萬馬克。（約合我國三萬萬元）每年平均一千萬馬克。

治理黃河現在已得了新的方法。此大工程如得完成，我國幾千年政府和人民所認爲國家的大害物，便可從茲告一段落。不特去害而已，黃河的水利更可借以開發。如航運水電及灌溉事業等都是可以興辦的。則國家的害物將一變而爲國家的寶貝了。

治理黃河問題之研究

郭顯欽

民國二十八年六月顯欽道經濟南開封及新黃河橋各處，乘便視察黃河上下游之最近狀況，見聞所得者有：（一）花園口潰決處，形成急灣，水雖南行，勢成泛濫。（二）大堤破壞甚多，鑵洞鼠穴，所在多有。（三）沿堤內外灌木，砍伐殆盡，石料土牛無存。（四）河水乾涸，河床增高，容量因而減小。（黃河自花園口潰決後，東流之水無來源，由沉澱而乾涸，年來未經凌汛桃汛伏秋各汛之沖刷，河床較未決口以前，淤高甚多，三劉砦柳灘口黑崗口洛河鎮上下游等處，河底平坦，是其明証）。然此猶其小焉者也，溫武各汛，險工林立，大流時有奪衛河侵津沽之險，且新河（賈魯河潁河及洪澤湖以下）數千里無隄防，一至大汛降臨則豫皖淮海之間，將盡成澤國，言念及此，不寒而慄；三劉砦大工雖曰告成，黃河之治理，實不可或緩，而治理黃河尤宜先決回復河道，及不回復河道，兩大問題，茲就愚見所及者分甲乙陳述于次：

（甲）回復河道之研究

黃河潰決南犯，其險象已如上述，故回復河道之研究，實不可或緩，否則如咸豐五年河決銅瓦廂故事，不塞遂徙，且回復河道有六利，盛有堤防可範洪流修繕較易，一也，豫地江淮間被災區域，可復其田，二也，黃河下游之航運，可以恢復，上游之水利，可以興辦，三也，往昔擬舉辦而不能舉辦之一切治黃計劃，此時有可辦之機，四也，豫皖蘇及江淮海災區，不至萬劫不復，導淮工事，仍可興辦，五也，新河不致蹈大清河之覆轍，因有水而再築堤，致勞民傷財，八十餘年尚無顯著之成效，六也，故曰回復河道爲上策，不回復河道爲下策，且恐再見洪水橫流，氾濫于中國之慘，惟是回復河道，非一朝一夕之事，如能籌劃有方，坐言起行，其成效可計日而待，謹擬具辦法於左：

（一）測量不可緩

民國二十二年大水以後，黃河地形變更甚鉅，且各段之情形亦不同，舊有之黃河地形圖及斷面圖，已不適用，前黃河水利委員會，擬有分斷測量黃河計劃，如左：

黃河各段之情形不同，所需測量之詳略亦異，例如鞏縣以下，河患特甚，測量宜詳，鞏縣至韓城次之，韓城至托克托則在山峽之間，又次之，托克托至石嘴子一段，較為平坦，有灌溉航運之利，宜較詳，石嘴子以上則次之。

鞏縣至河口一段，長約八百五十公里，兩隄間之距離有為十五公里，有為四公里，今估計測量之寬度為三十公里，測定河床形狀，及兩地形，繪製五千分之一至一萬分之一之地形圖若組織四大隊測量約三年可以竣工鞏縣至韓城一段，長約四百公里，測繪一萬分之一之地形圖，韓城至托克托一段，長六百公里，亦測繪一萬分之一至二萬分之一地形圖，于山峽處，測量區域可窄，于欲修築工程處，如關壩等，則測量較詳，約二大隊二年可竣，托克托至石嘴子一段，長約六百公里，亦測繪一萬分之一地形圖，二大隊二年可竣，石嘴子以上則暫作河道縱斷面及切面測量，一隊約二年可竣，黃河上游之地形及河口狀況概以飛機測之如是則組織五大隊五年可竣事，若同時組織九大隊分地施測則三年可以竣事。

竊按黃河全部測量目前固不易舉辦，由三劉砦至河口似應從速實測，此段測量完成，則豫魯兩河可以充分整理，豫魯兩河得以整理則全工過半矣，蓋河病在豫魯不在上游故也，至于鞏縣以上各段測量，稍緩無妨。

（二）招集治河人材勿使流亡

此次路過河南，就便訪問往日從事于河工之各級員工，不料多不知去向。至為太息，查治河人材，上級人員較中下級員工易得，中下級員工，則至為難得，蓋中下級員工，均具有純熟之搶險技能故也，且治河在平工時覺其易，在險工時覺其難，無論將來回復河道，不回復河道，此項人材，似宜設法招集，否則三年之病，求七年之艾，增著極感困難也。

（三）廣集治河資料，編成治河全書，以增進治河人員對於黃河之認識。

黃河有其難治之特性，非久于河上者不知，吾國研究治河者，代不乏人，史冊所載及私人著述，極為豐富，即近年來費禮門 John Ripley Freman 恩格司 Crof H. Engels 及方修司 Crof O. Fradgius 所研究，及因試驗而發表之學說，亦無出其右，若不熟讀吾國舊有之治河學說，而加以融會貫通，未免可惜，蓋水工學識，重在實地試驗，吾國治河著作，皆出自實地經驗故也，惟以分地保存，難免散失，若不分地廣為搜集，加以整理，恐將來更無從借鑑，故曰欲謀黃河之全部認識，宜廣集治河資料編成治河全書，以期學術集中，俾治河人員，增進認識

（四）濬河培隄

近數十年來河床逐漸增高，幾無槽之可言，偶遇漲水則氾濫橫流侵及隄脚，守隄不如守灘之定論，早已打破，故伏秋兩汛，輒有潰決漫溢之事實，國家對于隄防工作，雖年有增高培厚之舉，亦不過于春廂前霜清後取灘土爲之，故隄土焦力，水至即崩，以豫河大隄尤弱，此次河決花園口，雖曰爲害甚大，亦莫非根本治河之良機，如能藉之以勘定舊河槽位，從事于挖灘掘淤即以灘淤培隄，則灘槽界綫分明，橫斷及流速亦得以整理，將來水由地中行，潰決之患可免矣。

（五）裁灣或改弧

河道過曲，爲下游病症之一，亦爲漲水落水時，上提下錯險象叠生之極大關鍵，故應從事于裁灣改弧，惟應俟測量後，相地勢爲之，宜裁直者，則裁直以順水勢，宜改弧者，則改弧以緩頂衝，庶可化險爲夷，一勞永逸。

（註）此之所謂裁直者，非欲大規模之武斷裁直，意在善用水之天然性，因勢利導。

（六）修築對壩以束流刷沙

有主張于內隄之適當地點，多設滾水壩，使洪水暴漲時，漫入內外隄之間，以圖緩水勢而留泥沙者，須知水分則勢弱，勢弱則流緩，流緩則泥沙淤塞河槽，實不如修對壩之較爲有效，然論者鑑于北岸修壩，則南岸出險，南岸修壩，則北岸生工之往事，亦有不以修壩爲然者，殊不知舊日修壩，概無統盤計劃，對於河身之寬窄，壩身之長短，壩角之大小，均未依照科學計畫，其目的僅在防險于一點一時，故不免有對岸出險之事實，倘能藉河水乾涸之時間，將兩岸擇地修成對壩使壩與壩相對爲用，則流可束，沙可刷，實治河之要圖也。

（七）修河口以導河流

黃河上游之泥沙，以豫魯兩省受停積之害爲最烈，其過不盡在河流之本身，海水夾帶泥沙，倒灌壅塞河口之害，亦居其半，爲根治起見，當于三角洲上，擇一枝流以爲幹道，然後築隄束水，使之蕩滌自深，築隄之後，如水力仍嫌不足，亦不防施行開浚之工，逕行修成出水口，使之伸入海內，則壅塞之患可免矣。

查河口三角洲，淤田約三百萬畝，如河口修成，則淤田同時可以治理，庶不致利棄于地。

（八）闢溝洫以利灌溉

黃河之爲害在泥沙，泥沙由各枝流夾帶而來，盡人面知，枝流不下百數，其著者如河南之伊洛瀍澗，陝西之洛渭涇無定等河，山西之汾沁等河，每年輸入黃河之泥沙，因水勢之大小而定停積之遠近，遂年如此，故河床日漸增加，前海關稅務司，W. F. Tyler 台納君，謂查黃河，有河底每年平均墊高二公寸三之語，雖不能據爲定論，若分段言之，亦不能謂其必無，近有主張築水庫以留泥沙者，然水庫善淤，用于黃河則不當，因黃河之水挾沙太多水量減縮太速，若分散之爲溝洫，則不啻千萬水庫可以容水，可以留淤，淤經渫取，可以糞田，利農兼以利水，惟開闢溝洫，須先相度黃河及各枝流之地勢，劃定若干灌溉區，再從事于開闢溝洫，後漢王景多開水門之遺制，及陝西渭惠渠之灌溉成績，均可取法也。

（九）整理西北階田及設谷坊

西北階田之不整理，亦爲泥沙輸入黃河重要原因之一，蓋階田皆爲農民任意開闢，既無科學知識，其坡度多隨意傾斜，存水既難沖刷自易，每至雨季，則階田泥沙流入山谷，由山谷流入大河，爲害之烈，與枝流無異，故階田亟宜設法整理，而出谷尤宜同時設坊，設坊者，即多作橫壩是也。橫壩既多，自能收制洪流，澱泥沙，平邱壑之效，

又查北方平原中之大車道，有深至數丈者，亦爲直接間接輸送泥沙入大河之一種害物，非設法平治不可。

普及造林

造林可減少土壤之沖刷，且可裕埽料，防氾濫，沿河大堤內外，及河灘山坡等地，皆宜培植森林，惟造林貴乎普及，非一機關或少數人所能爲力者，故造林一事，應沿河同時舉辦，尤須注意者，河防造林，以矮柳爲上選，宜密不宜疎，蓋矮柳粘留泥沙之性質，較他種樹株爲優，且根株繁多，可以固土。

（十一）鹼地放淤

沿河鹼地，多爲不毛，每畝價格極低，即以山東而論，已有數十萬頃之數，其其若河南河北兩省沿岸亦甚夥，若能相度地勢，建築閘口以資放淤，則荒田可變成佳壤，其利溥矣。

以上各端互有關聯，決定回復河道後，即應積極着手由一至七尤宜先行同時舉辦至于花園口堵口工程共末也。

（乙）不回復河道之研究

有謂黃河既已南犯，豫皖蘇三省人民，死亡者不可復生，損失者不可復獲，不如逆取順受，以治舊河之人力財方，而憲新河者，此種主張，如不加以深思，亦似近理，倘必欲行，則應先從救急入手如下

（一）闢舊河爲耕地籌地價以救災民並以之補助工欵。

自三劉砦東至河口，已成爲陸地，暫以長八百公里平，均寬四公里計算，得可耕之地三千二百方公里，合三千二百萬公畝，以每公畝值價十元計，約值三萬萬二千萬元，以此數救濟被災之民，及補助治河工欵，似尚可行。

（二）東水入新河

河水雖已由潰口南行而孟縣溫縣武涉武榮原陽各汎，險工林立，倘大汎降臨，隨時有奪衛河侵津沽之險，且潰決處形成急灣，迎流頂衝

之勢已成，漫溢極易，不可以漫而無溜四字忽之，爲防萬一起見，宜在三劉砦及花園口之間，堅築橫堰，使之聯接北岸大隄，西過孟縣，使洪水逼入新河，免其北犯。

竊按回復故道，與不回復故道，兩大問題，關係重要，何去何從，前清文彬丁寶珍（主河道南行者）及胡家玉李鴻章丁顯張謇（主張河道行大情河並導淮者）諸先生，論之甚詳，可資比較，且回復河道有利于民，而無害于民，彰彰明甚，無待末學之瀆陳，惟黃河險象已成，不南陷江淮，則北犯津沽，欽爲此文，心爲之惴，如能曲突徙薪，早爲之計，幸甚禱甚。

易君左打倒父親

因著「閒話揚州」引起糾紛之易君左，名家鉞，君左其字也。爲湖南詞人易實甫之子，家學淵源，文筆暢達。當五四運動時，肄業北大，思想尚屬前進，惟生性浪漫，曾因「嗚呼蘇梅」一文，得侮辱女性之名，被少年中國學會開除會籍。所謂蘇梅者，即「綠天」之作者綠漪女士也。不料事隔多年，復引起閒話揚州案之糾紛，所謂禍不單行矣。其令尊實甫之詩，與樊增祥陳三立等齊名，此數人者，皆以遺老自命，實甫尤狂放，縱情聲色，專捧女伶，甚至穿女伶之小襖，亦不爲怪：當時易君左思想趨時，對乃父行爲大不以爲然，曾在少年中國雜誌發表一文曰『這也應該學父親嗎』？鬨動一時，文人實行打倒父親者，自易君左始。君左亦人傑矣哉！（毅）

中華民國二十四年八月十三日 星期二 綏遠農村週刊 第一版 中華郵政特准掛號認爲新聞紙類 第六十五期

綏遠農村週刊

馮曦題

社址：綏遠新城西街門牌廿號農村週刊社

本刊價目：預訂 半年九角 全年一元七角 郵費在內；每月一角六分；零售每份四分

社評

治理黃河根本辦法

我國數千年來，黃河爲害之劇烈。夫人而知之，然耗款數億萬，歷時幾千年，治理之法，卒歸無效，亦夫人而知之，此其故果安在哉、查從來治理黃河之方法，無非築堤修埝，及臨時搶險等辦法，吾以爲此法行之愈久，而黃河之害．潰之愈烈．故歷朝至今，未見有絲毫之成績。而反日趨於惡化，故有自古治黃無善策之諺，噫，豈眞無善策耶．抑未得治理根本之要領．使之然耳，與其大患之來，倉皇失措，臨時周旋於災情顯見之後，勿寧未雨綢繆，於大患未至。預爲防止於災情未發之前。

試思黃河之所以能較他河爲害劇烈者，以其發源於高峻山地，加以所經上游寧甘，綏遠，等數省，童山濯濯．舉目荒涼，一遇雷雨連綿．狂遭打擊，表土盡失，石骨暴露．因此水勢湍急，冲刷泥沙．一擁而下，而且出關之後，一片沙漠，被風捲入於河內．比及流入豫，冀，魯，境內，水勢頓緩，漸就平原，沙泥沉澱，河床增高．偶一水漲．遂致漫溢，是以匝月以來，豫東冀南魯西一帶，數十餘縣．淹田沒屋，蕩產傾城、所遺之黃河水害、本刊上期，業經詳細叙述，茲不贅及，

惟一般淺見之輩，對於防汛工作．毫無科學之眼光．而有腐朽之思想，猶積極主張其築堤修埝，竭力搶險，爲治黃惟一之方案，須知此種辦法，以之治標，未嘗不可，以之治本，寧非大謬．何以言之．築堤防汛．堤漸高而水亦隨之，且積久沉澱日增，而河高於岸，水行牆頭，高出地面者若干尺，或若干丈，且無大森山岳以資屏障，稍有疏虞，未有不氾濫洋溢，而遭洪水橫流之害者，政府懲其爲禍之烈，迺因循陋法，率由搶險築堤之舊章，勞民傷財，年費不貲，嗚呼，揚湯止沸。宜其無濟，養虎貽患，尚何言哉。

爲今之計，莫若以築堤濬河爲治標之法．以造林防患爲治本之策也，苟能將黃河之發源及兩岸山童野禿之地．各就其土性適宜，造成大規模之森林，將見十數年後。濃蔭遍野，鬱然暢茂，從此以後，凡在引水入河之處，均屬林木茂密，枝葉繁盛，縱遇大雨下降，自必由葉而枝，由枝而幹，由幹再達於枯枝落葉雜草地皮之上，所有下降之雨量，得盡涵蓄於其中，不至直接冲刷地表，含沙帶泥．流入於河，更能蒸發水分，漸集於空中，遇冷下降，故大雨時不至山洪暴發，人遭无妄之災，無雨時亦不至有亢旱爲虐、禾受枯萎之弊，是以利用森林，以澄清河流，防止土沙，含養水源，調和雨量，爲獨一無二之良法也。

（未完）

農諺

○三伏之中逢酷熱、田中五穀多不結。

○伏裏迷霧，雨到白露。

○早起秋，涼颼颼，黃昏秋，熱愁愁。

○立秋十八天，寸草皆結子。

○秋前北風秋後雨，秋後北風遍地乾。

○立秋一場雨，遍地是黃金。

○立秋以後蝦蟆蹦，乾得翠頭沿地跳。

○小暑大暑，有米懶煮。

○該熱不熱，五穀不結，該冷不冷，減少收成。

○立罷秋，鋤桿丟。

政院通令救災辦法

行政院六日院會通過通令各省市救濟水災。（衛路）本年入夏以來雷雨兼旬，山洪暴發，自黃河長江以及珠江各流域，或則大堤決口，或則民埝潰防，洪流巨浸，漫溢衝決，挽救不及，遂釀沉災，迭據各省市先後陳報災情，並經中央派員查勘，所有淹沒人口牲畜，以及田地房屋，雖尚未有正確之統計，而罹災之重，亦幾與民二十年相埒，承上年旱之後，復繼以洪水之厄，滿目瘡痍，至深惻惻，中央於本年六月間業依據救災準備金法，將實施救災準備金暫行辦法，及救災準備金保管委員會組織條例分別制定，明令公布，並於本年度歲出預算第二預備費內，酌列救災準備金二百萬元，一面經將該保管委員會組織成立，除工賑部分應由各被災省市就原有工程盡量容納災民外，其餘急賑，應視各該省災情輕重，就上項救災準備金項下依法以二分之一提作賑款，量予分撥，惟是災區過廣，國庫財力有限，照救災準備金法第二條，省政府每年應由經常預算收入總額內，支出百分之二爲省救災準備金，並於實施救災準備金暫行辦法第八條第二項內，規定省救災準備金未依法撥付者，不得請求中央補助，良以災況劇重，非通力合作無以挽此浩劫，是用剴切申告，期於必行，自文到日，務各遵照原定各法規，將省救災準備金酌列省預算，並將省救濟準備金保管委員會趕期組織具報，庶內外相維，未被災省得充實力於平時，而已被災者亦挽垂絕之生機，俾災區人民早得一日之拯救，即少耗一分之元氣，民生國計，實利賴之，政院長孔祥熙。

中華民國二十四年八月二十日 星期二 綏遠農村週刊 第一版 中華郵政特准掛號認爲新聞紙類 第六十六號

綏遠農村週刊

馮曦題

社址 綏遠新城西街門牌廿號 農村週刊社

本刊價目 預訂 半年九角全年一元七角郵費在內 每月一角六分 零售每份四分

社評

治理黃河根本辦法（續）

森林有益於人生及水利者，已爲古今中外一般科學名家所公認。惟我國數千年來，對於此種事業，向不注意，所以古有之天然林，砍伐殆盡，現在之人造林，更復缺如；以致童山荒野，到處皆是，堤旁河岸，從不知利用植物，鞏固盤結，山嶺高原，更不知利用植物，涵養水源，故旱乾水澇，屢見不鮮。

有識之士，未嘗無倡導造林運動之說，以救濟水患，但所云者，祇知高談闊論，籠統言之，至如何通盤計劃，澈底實施之提議，概屬茫然，無怪乎諺有之曰，理論與事實，往往背道而馳，信哉斯言，然於黃河兩岸及上游，創造大規模之森林，以鞏固堤岸，涵蓄水分，勞民傷財，工程浩大，原非一縣一省所能爲力，一朝一夕所能奏效，但中央與地方，如肯痛下決心，通力合作，亦屬可能之事耳。

曠觀日本之愛知與秋田兩縣，當大正以前，本是荒山童禿，彌望皆屬黃泥沙土，比及大正元年以後，始着手營造沙防林，及進行荒廢土地，復舊事業，迄今不過二十餘年，前日之沙土裸露，每逢暴雨，常被冲刷，而堆積於山麓之田地，甚至成爲沙灘，疊遭洪水之害者，今已蒼鬱成林，不見赤土之暴露，疇昔山脚之沙地，今一變成可耕之良田，森林有防沙禦水之功效，可爲明証矣。

我國黃河上游一帶，苟能在甘，寧，綏，秦，等諸省，於枝幹流域兩幅百里之內，積極造林，以調水量而障沙泥，自河套以上，河源水急之區，尤當擴大植樹、自開封以東，沿河沙質堤岸，亦須密植矮林，倘過山形坡度陡斜者，宜先築成梯形，方可栽樹，並須以耐旱針葉等樹爲最宜，俟該植物能固定土壤後，再着手造林，如此辦理，非特防止飛沙，固堤順流，又能覆被土地，涵蓄水分，調節雨量，誠爲一勞永逸、功垂久遠，澈底治理黃河之根本辦法也，

（未完）

俄小麥收成極佳

莫斯科五月二十五日合衆社電稱：俄國官方對穀物出產情形之報告，謂今年小麥收穫情況極佳，可救小麥之恐慌！春麥之畝已經耕種者，達百分之九十一云。

農諺

○處暑難得十日陰，白露難得十日晴。

○處暑處暑，熱煞老鼠。

○處暑若還天不雨，總然結實也難收。

○處暑根頭白，種田有得吃。

○秋後北，田乾裂，立罷秋，把扇收。

○立秋涼颼颼，經秋熱到頭。

○處暑聞雷，遍地是賊，早涼晚涼，乾斷根粮。

○處暑雨不通，白露萬物空。

○大暑前三晨，雖熱不要緊，大暑後三晨，熱得翻眼睛。

○過了立秋節，夜寒日裡熱。

山東擬修魯南大堤

魯省府以微山湖水勢暴漲，湖水一旦潰決，魯南各縣，首當其衝，聞韓主席擬在微湖北岸沿運河一帶，蘇魯交界處，築魯南大堤一道，西起夏鎮西北地區，東接運河岸，防微水北泛入魯，已責由魯南各縣，剋日興工，又派軍隊分駐夏鎮西北韓關及西潞各處，並徵發大批民夫，刻已在測量設計中，近期間即將動工，該堤用作防範黃水向東南泛濫云。

上海五大銀行投資西北農村

上海之交通，金城，上海，浙江興業，四省農民等五大銀行，有鑒於現金集中都市，致農村經濟日趨枯竭之境，尤以西北農村經濟破產程度，比較深刻，特於去年聯合委託陝西棉產改進所。在陝豫晉三省境內，組織棉花產銷合作社，辦理農村貸款，以調濟西北棉農金融：各該銀行暫以利用貸款二十萬元：生產貸款五萬元：運銷貸款二萬元爲最高額。

西北農田分布概況

立法委員吳尚鷹前與隨條科前往西北考察，對西北土地問題博訪周諮，所得甚豐，談西北自耕農佔百分之五十以上，餘爲半自耕農，佃農極少，與耕者有其田原則相距不遠，陝甘等省農產物以棉麥煙葉及食鹽爲大宗，至棉產已暢銷後，食糧仍感不足，麵粉運入童關，絡繹於途，此則有待於開發水利交通，培植森林，及借貸農民以資本云。

本省創辦大規模牧場

綏省府主席傅作義，以本省地處西北邊陲，與蒙古接連，向爲產馬牛羊名區，惟對種類方面，亟應加以改良，故籌妥的款，聘請北平大學助教王焯勳來綏，設立牧畜場，主持一切，現已擇定場所，設在集寧，該處畜場設在平綏路馬蓋圖站，與十八台站中間，場大周圍約六十餘頃，距鐵道二里之遙，交通極稱方便，惟改良種畜分爲三種，一「牛」，擬購外國乳用牛二百頭，配合，注重多出牛乳，二「羊」，擬購美利奴羊五百頭，配合，注重毛肉，使其毛多肉美，三「馬」，擬購純血種馬，用以改良馬種，所費不貲，以本省爲產馬牛羊之區，似應格外注重，將以少費爲原則，注重對於身量，及喂養方面，努力改善，聞王氏，定今晉謁傅主席，商討一切，俟決定後，即馳赴該處，興工建築云。

中華民國二十四年八月二十七日　星期二　綏遠農村週刊　第一版　中華郵政特准掛號認爲新聞紙類　第六十七期

綏遠農村週刊

馮曦題

社址：綏遠新城西街門牌廿號　農村週刊社

本刊價目：預訂　半年九角全年一元七角郵費在內　每月一角六分　零售每份四分

社評

治理黃河根本辦法（二續）

據某德人研究，森林稠密之地，縱有大雨之降落，總量百分之五十，爲森林所吸收，不致同時下衝，於是流量調而河清，泥沙絕而流暢，即便偶有氾濫，亦甚微而且輕矣，但此林之成，非三二十年不爲功，河水爲患，不能長久而待也，故同時又當於梯形水源之地，土沙疏鬆之處，層層設以水坎，處處施以沙防，以和緩水流，而桿止泥沙，其轉流灣曲處，適當加以修直，下流汚塞之段，盡量加以疏洗，尤宜於山溝溪澗間，遇有必要時，尚須築堤堰以減殺水之流量，建蓄水池以澄濾沙泥，均爲防沙上之緊要工作，如是則水流暢盛，縱有少量泥沙，亦可直衝入海，所謂導淮計劃，亦易行矣，

由是知河患之除否，仍視造林之成績以爲斷，惟造林之成績優劣，更須視有無此項專門人材以爲決，故宜特設專員，以督其事，特辦專校，以造其材，果能如此設計，可謂異日開發西北之出發點，移民實邊之生力軍，否則直令北方裸土任其暴露，不獨農田日益瘠薄，氣候日益惡劣，而且沙漠之地，被風南徙，所到之處，盡變不毛，沙漠足以亡華北之一語，初聞之似覺駭人，準情度理，殊不足以爲怪也。

治理黃河之目標，豈獨專爲防沙禦水而已哉，擴而充之，有益於人生事業者，其目的厥有四焉，四者維何，一曰便於灌溉，二曰利於航運，三曰免除水患，四曰利用水力發電，以振興實業是也，查我國黃河，歷有年所，自大禹治水之後，迄未經澈底之治理，以致數千年來，有益於農田水利，交通電力之河流，非特不能利用厚生，發展實業，抑且一遇大雨滂沱，驚濤駭浪，田園廬舍，頃刻蕩然，爲害之烈，罄楮難述，興言及此，可勝浩嘆。

苟能按科學之方法，追本窮源，澈底解決，將見化險爲夷，廢物利用，且於其地之文化事業，人民幸福，國家休戚，亦顯有莫大之關係也，故世界文明發展，罔不淵源於大河流域，各國繁盛之都會，鮮不濱臨於長河美港也，我國黃河，發源青海，蜿蜒而東，注入渤海，長凡七千餘里，流域八省之境，乃北部之第一大川也，古昔文物盛於朔方，論者多歸因於河。或謂漢族始祖，來自帕米爾，沿黃河而繁殖，而建設。以開數千年之歷史。由是知黃河非上古時資爲大用，實我國民族文化之發源地，其與國計民生，重要爲何如耶，我國朝野上下，若能竭其全力，注意於此，他日興利除弊，轉危爲安，地力之福，亦國家之幸也。（完）

農諺

○天上起了鯉魚斑，明天曬穀不用翻。
○天際灰布懸，雨絲完連綿。
○天上有了鈎鈎雲，三五日裏雨淋淋。
○雲如一條線，原來是水蜒。
○天上起了泡頭雲，不過三日雨淋淋。
○老鯉斑雲厚，曬煞老和尚。
○黃瓜雲，淋煞人，茄子雲，曬煞人，
○天上鈎鈎雲，地下水汪洶。
○龍掛江，晴[illegible]，龍掛湖，白糊糊。
○天上掃帚雲，三日雨來臨。

洋麥入口數額驚人

小麥，本爲我國特產之一，但因生產技術落後，致年來洋麥，反鉅額進口，遠者姑勿論，即就本年（一九三五年）一至五個月而論，全國小麥進口、計達三百餘萬公担，值國幣二千四百餘萬，中以澳洲爲最多，共二百五十七萬一千餘公担、值關金九百四十八萬一千一百零四元；阿根廷佔第二位，共一百零五萬四千餘公担，值關金三百七十五萬五千八百六十三元；美四萬餘公担，值關金廿九萬六千三百零三元；坎拿大一萬餘公担，值關金四萬七千餘元。其他各國二萬餘公担，值關金九十一萬餘元。共進口三百七十一萬一千六百十三公担，值關金一三，五七三，九八四元，合國幣二四，〇九七，八八六元。五月份一個月進口值國幣五百零八萬六千餘元云。

▲華北麥產情形

華北今年麥作收成，雖較去年爲歉；但因麥出面積增廣，產量仍較去年爲豐，且以近收割期及上揚之後，天氣晴暢，致得「亮皮，亮粒」，麥質頗佳，以冀、魯、豫三省麥收比較，計山東最佳，河南次之，河北較差，總計植麥面積，較去年約增一培強，今年收成與去年相較，平均約抵六成，故總產量仍較去年爲多。各斗店（即糧食行）及麵粉廠所接得報告及貨樣，以上河麥（山東北部，德州，武城，臨清一帶所產）品質最好，粒肥色黃；御河麥（滄州，泊頭，東光一帶所產）次之，西河文安窪一帶，東河豐潤，玉田所產，亦均不懸，而以冀省中部各縣爲最劣；據謂關於麥價之漲落，關鍵尚不僅在麥產之本身，與秋收豐歉，尤緊重要！連日各地均降透雨，預測秋收當亦不壞，故新麥上場之後，不但舊麥行市銳跌，新貨價亦頗低，致一般糶戶，莫不叫苦云。

科學新聞

▲國內

黃河泛濫的治理繼續在德國研究

一、德國拔哇利亞阿爾卑斯山麓中國黃河研究所

二、黃河試驗區沙土底層

黃河水災本來是古今昃懼中外震驚的，爲了科學無疆域學術無止境的關係，在一九三二年冬季起，德國奧培爾那黑研究院(Obernach)在拔哇利亞阿爾卑斯(Bavarian Alps)高山區域裏，設立一個中國黃河研究所（圖一），築成一條十餘公里長的黃河流域區，河底鋪了很厚的與黃河底層沙泥類似的沙土（圖二），由天然的高山流灌溉，用機械的壓力管理潮汎（圖三），由德國河海工程家隨時測驗，研究了一年多的工夫，對於治理黃河，頗有所得。近來又邀請幾個我國學生在那裏做測驗土性，又用煤渣研成粉末，與黃河沙泥攙和，異其成分，考其沉澱，考其潮汐，定其漲落，加以紀錄，集成標本（圖四）等工作。恐不久的將來，治理黃河，就有好的辦法了。

三、管理流水灌溉潮汐壓力的機械

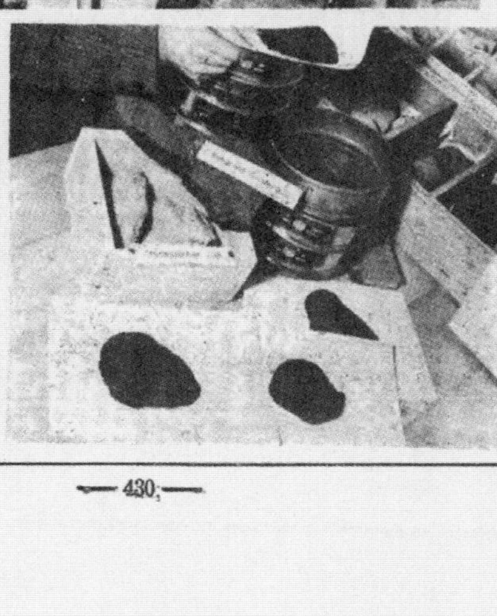
四、煤渣沙泥混合試驗

第十一條　本班辦事細則另定之。

第十二條　本簡章如有未盡事宜，得隨時呈請修正之。

河務局擬具治理黃河計劃——本市北距黃河僅十二里，因河底淤墊日高，水面與堤內地平相等，河堤又年久失修，蟻穴鼠洞，百孔千瘡。今年河水盛漲之時，堤頂出水，僅一公尺有奇，堤內南面相距里許為官堤，均東西向，與河水成平行線。惟津浦鐵路在洛口迤東，南北穿過堤埝之間，路基甚高，如一旦河堤決口，水入堤埝之間，東阻於津浦路基，不能宣洩，則必潰決官堤，順流南下，濟市四十萬人民將有其魚之患。市民朱景東有鑒于此，呈請市府轉呈省府，將津浦路基廣穿涵洞，庶決口之時，水可由涵洞東下，不至淹沒濟垣，省府據呈，令河務局議復，河務局當呈覆省府，以該市民呈請，雖不無見地，但係已決口之辦法，究不如防患未然，先事修理堤埝，使不決口，並附簡草計劃書，計南岸自長清北店子起，至洛口東蓋家溝止。北岸自齊河南壇起，至歷城桃園，大王廟等處止。各長二十六公里，修理堤埝等費，約需洋三十四萬一千九百二十元。昨日省府九十次常會議決，令建設廳查復核辦，事關黃河工程，與濟市四十萬民衆生命財產之安全，頗為重要。茲錄省府訓令與河務局呈文及計劃書如下：

為令飭事：案據濟南市市長聞承烈呈，據市民朱景東函稱：竊維黃河水面，高出濟市，設有不虞，如灌鼠穴。洛口石埝雖特別堅固，昔人猶不敢以為全城可恃，復設外堤，以保意外之險。惟年久失修，不無缺漏，常不顧及，等於虛設，在道路通過之處，尤宜早加修整，以鞏固堤防，大流突漲之際，民曾以個人資格赴河岸視察，危險段落在洛口西北，當時只見搶護，不知有無最後計畫。洛口民衆同時亦預備蔴袋堵塞西門，險期雖過，不為無懼，而不沒者僅三板耳。默察情形，洛口北有大堤，南有城垣，較之濟南可稱無險、地勢南高北下，出險則水勢奔向東北，但平浦路橫阻於內堤與外堤之間，南北相距里許之狹，來源不絕，必南逾外堤而灌濟南，四十萬市民之生命財產難保不為漢口第二，宜在黃河南岸內堤與外堤間之平浦路廣關水門，所費不過萬元，保障奚可數計。本杞人憂天之愚，援匹夫有責之義，不揣冒昧，披瀝陳之，唐突之處，伏乞鑒原；等情前來。查濟南市爲省會重地，人文薈萃，商賈輻輳。惟以南界佛山，北帶黃河，水面高於平原，形勢至爲險要，每至山洪暴發，或上游水流宣洩，河水增漲，危險可慮，恃有石壩堤埝，內外防護，尙不至漫溢爲患。但石壩堤埝，經年既久，應事重加修築，而津浦鐵路橫衝堤壩，尤應注意防堵，以保永固。該民所陳各節，具有見地，至應否開水門，或用其他修築辦法，案關治理河工要政，係屬河務局範圍，未敢擅擬，擬請鈞府轉飭河務局，詳爲就河查勘，採擇施行，以免水患，是否有當？理合備文呈請鈞府鑒核示遵，等情；據此，除指令外，合行令仰該局長詳查議處，以憑核奪，此令。

呈爲呈復事：案奉鈞府訓令第九四九九號，以據濟南市長聞承烈呈，據市民朱景東函稱云云：以憑核奪，等因奉此。查該市民朱景東，請在黃河岸內堤與外堤間之平浦路，廣關水門，以免南邊外堤，波及濟市，所陳不爲無見，但此項計畫，僅能於大堤失修之後，宣放漫水，以殺水勢，似不如先事修固堤防，弭患未然爲得計。本局對於此段河防，正在擬具修治整理辦法，以爲濟市安全根本之計。茲奉前因，理合將擬具辦法繕册繪圖，隨文呈請，鈞座鑒核，採擇施行，實爲公便，謹呈山東省政府主席韓。附呈請册一件，圖一紙，代理山東河務局長張連甲。

敬略者：查濟南爲山東省會，當南北要衝，水陸交通，商賈雲集，居民統計，四十餘萬之外，實華北之重鎮也。以形勢言，外則南臨佛山，北枕黃河，內而大明湖居城半面，全城地勢窪下，形爲釜底。頻年以來，黃河逐漸淤墊，河底日高，幾與城北之地面相等，其水溜之形以能順勢東流者，無非以隄防爲之約束耳。如南岸之北店子、楊莊、老徐莊、小魯莊等處，均爲濟垣之屏障，其工防之完善與否，尤爲生命之安危所繫。本年大汛，黃水陡漲，至其水勢之猛，來源之旺，幾等於民國十年之最高水位，洛口水暴漲至三十一公尺，（較海平面）較諸濟垣北城地面；已高出三四公尺，水面距隄頂不足一公尺，設當時遇風浪撞擊，或接續再漲，則氾濫漫溢，不可收拾，漢口之災，將重見於此矣！幸蒙鈞座關心民瘼，冒暑蒞工，指示機宜，激勵兵夫，拚命搶護，卒能補救萬一，未至出險。所有經過情形，已在洞鑒之中。聯甲職司河務，揆之已往工情，公所謂危，敢安緘默？僅就管見所及，擬具修治辦法，以事預防，是否有當？伏乞鑒核採擇施行，不勝屏營待命之至！按黃河自孟津以下，始設防隄，兩岸大隄，相距多至十餘公里，少亦二三公里。及至魯省中游，長清北店子以下兩岸大隄，均係民埝，改歸官守，所以隨灣就曲，頗不規則。當修築之始，兩岸居民，本與水爭地之高，故將河道收束窄狹，甚至寬度不及一公里，在中水位時，除水道以外，尚有淤灘餘地，一遇盛漲，水流至此，不免束縛而難暢，擁擠而上抬，按之本年上游李升屯報漲五尺，而同時齊河洛口兩處，均漲至九尺有奇，其束水抬漲之情形已顯然矣。惟魯省當時棄官隄而守民埝，原爲愛護河內之村莊田廬，實行於前清光緒年間，迄今已數十載。現在限於財政，又未便遽爾更張，以目下工情擬籌補救之計，惟有加培堤身，修固埽壩，整理河槽，實行束水攻沙之策，使水行埝中，不至有抬漲漫溢之虞。且水束則力專；力專則沖刷甚強，河槽不濬自深，容量增加，雖遇盛漲，其爲患之能力，自銳減矣。計魯省窄狹河道，上自長清之北店子起，下至利津王庄止，共長二百一十八公里有奇。其北店子至洛口下蓋家溝一段，計長廿六公里。該段大隄，多年未經修培，不免剝蝕殘缺，埽壩又以工料缺少，未能及時飽廂，所以水溜稍急，時報蟄塌，其抵禦能力，尚屬薄弱。況水溜挫堤靡常，歷城之老徐莊上首，現已均見淘刷，發生新險。總之該段隄防既爲濟垣之屏障，設有疏虞，爲患均足以波及全市，尤不可不妥籌辦法，先行修治。此段修成，將來依次向下，分段進行，則本省河防，可期完全整理，即濟南全市，亦可漸臻安全，所謂行遠自邇，一舉而兩得者也。此項整理河道修防辦法，估需工料欵數如左：

（一）南岸大隄，自北店子至蓋家溝一段，共長廿六公里，舊隄頂高出本年大水位平均僅一公尺，茲爲安全計，以舊提頂寬十公尺作底，加一公尺，收新頂寬六公尺，每公里估需新土二千一百六十方，廿六公里，共需新土五萬六千一百六十方，每方土礅均價洋一元，共合洋五萬六千一百六十元。

（二）北店子、楊莊、老徐莊、小魯莊、洛口、蓋家溝等六處，均係極險工段，原有石壩，多需廂修，以及整理該段河道應添之護灘各壩，每處平均，估需石料八百方，每方採運均價洋十二元，合洋九千六百元。柳枝三百萬，每萬價洋十四元，合洋四千二百元。柳木丈六連椿二千根，每根價洋八角，合洋一千六百元。鉛絲繩纜雜料等項，共估八百元。短夫人工，共估洋一千六百元。每處共估工料洋一萬七千八百元，六處共合洋十萬零六千八百元。

（三）以上土工修壩及整理河道等項，在興修以前，須精密測量設計，及興工時之監修，各項薪旅雜費，以半年完工計算，估須洋八千元。

（四）南岸一岸，總計以上三項，共估需工料洋十七萬零九百六十元。

（五）北岸大堤，自齊河南壇至洛口鐵橋迤下一段，計長廿六公里，所有險工，如齊河之南壇，席家道口，李家岸，邱家岸，王家窯，歷城之桃園，大王廟等處，情形與南岸相似，亦應同時進行，培修工程，方可整理該段河道，估需工料價洋，即照南岸十七萬零九百六十元計算。

（六）南北兩岸，統共估需工料洋三十四萬一千九百廿元。

上項均係約略估計，如蒙核准，尚須實地勘估，詳細設計，方得爲施工之標準，登明。代理山東河務局局長張連甲謹呈。

建設廳令濟寧建設局修堵泗水河——濟寧縣之泗水河，于今年夏間決口數處，仲村崖莊附近一帶，水災極重

論著

認識黃河與治理黃河（上）

赫煒烈

一、序論

黃河之患，史不絕書，自夏禹治洪水，穿龍門，注渤海，迄今不過四千年，而河水之爲患則不止千餘次，大者迂流數千里黍受浩劫。小者（改道）兩岸村莊慘遭沒頂，其禍國殃民之大，自古無可比擬，然則自然之變化必有其究竟之理，黃河在漢唐各代雖經修治，而爲禍之烈，愈來愈勝者，非天災有加，實人謀未盡其善也。

吾人試觀有唐一代，二百八十七年間，河決三十二次，平均九年一次，南北宋三百五十年中河決一百四十七次，平均兩年一次，元朝九十年中河決九十一次，平均每年河決一次多。明朝二百七十五年中河決二百三十八次，平均每年有河決一次，清朝河患早者無詳細統計，僅自咸豐六年至民國二十七年，九十年來年有氾濫，依例推測，清朝二百六十七年連民國二十七年共二百九十四年當中，河決至少在二百五十次左右，以上共計一千二百年中河決七百五十八次。這種現象，愈到後代，次數愈多，而事實上，中國政治後代，愈趨混亂，可見政治之與河患大有密切關係。是故吾人今後欲使爲患已久之黃河，常安其流，反害爲利，必須要國內統一，政治修明，不然則智伯引水灌陽城之術，就有用於今日之黃河者，古云：天作孼猶可爲，人作孼不可活，豈今日吾國黃河之謂耶！

二、黃河——中國文化的源泉

中國古代文化據現在發掘著，分爲舊石器時代與新石器時代。舊石器時代又分：周口店文化期即下部舊石器時代，河套文化期即中部舊石器時代，周口店上洞文化期即上部舊石器時代。新石器時代分：齊家期，仰韶期，馬廠期，辛店期，寺窪期，沙井期六個時代。而陶器又分東西二大系統，在山東歷城之城子崖，滕縣之安上村及浙江杭縣之古蕩，良渚，朋橋等地掘出者爲黑陶，河南澠池之仰韶村，青海樂都之馬廠，甘肅洮河縣商店，及民勤之沙井村出土者，多爲彩陶，而中原如河南安陽之候家莊，濾據諸上述，以物質新舊不同而分爲前後不同之時代，然其地位幾盡在黃河流域，黃河流域爲中國文化發源地可無疑義矣。再就文字記載者，夏禹治「洪水」，即爲「黃河」。古代所謂「天玄地黃」即黃土之地。古人稱「江、淮、河、濟」爲中國四瀆。江、淮，固爲獨立大川，而濟僅爲黃河一支流而已，蓋因濟水流域之魯、衛、齊三國都是當時文化之重心，故列爲大川也。

殷人七遷（仲丁遷囂今榮澤，紀元前一五六二年。河亶甲遷相，今安陽，前一五三四年。祖乙遷刑令，今河北刑台，前一五二五年——一五二四年。盤庚遷殷，今商邱，前一三八八年，二遷不詳）不出黃河，周起關中，秦興秦州（今甘肅天水）。見於春秋者周初封四十多國，除楚（南陽之西，丹浙水入漢之處）聃（湖北荊門東南）吳（江蘇無錫）越（浙江會稽）五國在漢水流域和海濱而外，其他三十多國全在黃河流域。自秦統一天下，後及西漢後，因隋唐各代，相繼建都西安咸陽者垂及千年，而東周東漢建都洛陽，五代北宋都開封，皆在黃河流域，此二千多年中，文化最勝者爲春秋戰國時代，國力最强者如秦漢唐三朝都是中國歷史上大放光芒之一頁，葛得石先生說：代表中國之六個朝代（周秦漢唐宋明）完全在黃河流域，顧頡剛先生又說：有了尼羅纔有埃及文化，有了幼發拉底纔有巴比倫文化，有了黃河纔有中國文化，此實考據家之語也。

自南宋偏安亡國君臣銜延江左，雖有中國之名，而先人文武合一之精神，已漸弭滅，不以反抗爲策而以屈服爲事，結果不免爲人魚肉，而最引人懷疑者自此以迄民元，六百年三個朝代亡國兩次，關於此點吾人不得不承認是因爲文化之中心南移，而失其眞之關係。

以農業而言，中國向以農業稱著於世，然其始祖「周」原在關中涇渭沿岸，利用當時肥沃土地，試驗成功了務農之方法和季節。戰國末年，韓人鄭國開渠鑿溉，引[illegible]延三百餘里灌田四萬餘頃，秦因以强而平定天下，漢代中葉又築白公渠、灃渠、龍首渠、靈軹渠、成國渠，以及引偉水而成偉渠，均有灌溉之利。漢武帝又引昆明池，與五候王鳳等所引入長安城之灃水，高都水等雖只限於遊賞娛樂，但亦有運輸灌溉之副作用，因此，關中繁榮已極，而秦漢之國力以達盛點。

秦漢以後關中頗多變亂，溝渠淤塞，水旱無時，富庶之區，一變而爲瘠貧之鄉，經濟重心，東南移至揚州，關中及洛陽難以立國，隋陽帝爲開運河，引用東南漕運以補關洛之不足，安賨之亂，玄宗南下至四川，於興元得江南糧道方得入關。宋都大梁，舍關中建瓴之勢，居中原四戰之區，乃就東南糧道也。元明以來政治脫離關洛，明起於長江流域，自南而北竟破燕京。李思齊據大同依關中圖復元室，雖佔地形之優勢亦竟失敗，此皆經濟不足所致也。元都大都（北平），明成祖欲固北塞而遷燕京後，即完成南北運河以通江南糧道。凡此種種皆足以證明黃河流域農業衰微不堪以立國也。

再就各代人才分佈言之，唐宋以前黃河流域廣出人才，中國上古中古二代所有之學術傑作及建國之偉人名將，多在黃河流域，宋元以下，則適得其反，千百年來連中等人才亦不多見，民國初年北方多軍閥把持，此乃經濟衰微，民不聊生所致，經濟之於文化可謂形影相依也。

三、河患原因

自然方面 a 土壤與地形——黃河之含沙量大是因爲土壤疏鬆之關係，沖刷力强與沉澱不均則爲地形之關係，治河患者不可不察也。

黃河上游河流在四千公尺至三千公尺左右之山嶺當中，坡緊流急，勢成湍溪，而土壤則爲富含腐性質之黑鈣土，栗鈣土及腐殖質涇土簡稱之爲栗鈣土，與高山原土區，土壤多是中性，土色黑暗，構造優良，水分之滲透與保持率較高，惟以氣候寒冷，僅有草類生長，爲藏民之天然牧場，水力之侵蝕不甚顯著。

黃河中流（包括支流在內）地形較爲複雜，地質亦分數種。地形在中流之上常穿古老岩石而成峽谷，在中段者如河套之平疇四展，在中流之下段者自河口以下至潼關則盡在山中折轉，其支流有來自山西高原者，有來自陝甘盆地者，有來自陝北高山峻嶺者，不一而足，而其流之滿載泥沙而歸，可以一概而論也。土壤除高山區有草原土，栗鈣土，森林王棕壤與灰棕壤外，大部皆爲黃土性準栗鈣土與準棕鈣土，故晉陝甘名之曰黃土高原。隴西附近黃土高原爲準暗栗鈣土亞區，隴東陝北及晉中爲準漬栗帋土亞區，蘭州，天水，西安等地，則屬準棕鈣土亞區，及至黃土性殘積幼年土，隨處均有其分佈，而紅色殘積土之面積，則次之，河谷低地大部爲冲積幼年土，鹽漬土次之。

黃河下游地勢平坦，高海亦僅數十公尺至十公尺，其範圍起自豫西而至東海，北由河北南至江蘇，皆爲黃河冲積平原，河床濫平，流水緩慢泥沙沿河沉澱，故河身高於地面，及至入海淤積更顯，自咸豐五年河決銅瓦廂，由山東利津入渤海以來垂八十年，淤出灘地三百八十萬畝，平均每二年半，淤出一公里，其影響於航海與魚鹽者至深且巨。

b 支流分佈——第二章所述黃河支流長千里者有四條，長八百里者有五條，長六百里者有八條，長五百里者十條，長四百里者十二，長三百里者十八，長二百里者二十八條以上共計長短八十六條，其分佈在潼關以上者佔百分之九十八，潼關以東則僅三條而已，是故謂黃河之受病在潼關以西者，此爲一最大之證明也。

再就含沙量言之，據統計黃河上游之含沙量遠不如中游之多，每年十一月之後的五個月中，潼關含沙量不過千分之五六，或竟至千分之一者，春令潮發數小時內便能增加數倍，竟至百分之十至三十，當時含沙性質純爲細土與粘土，此沙大半來自晉陝甘，少半來自青甯綏，而綏遠含沙量很少超過百分之二，一至龍門潼關即增大數倍，蘭州與綏遠相等，所以證明上游含沙大半來自蘭州以上，下游含沙則來自晉陝峽谷及支流，各支中又以涇渭洛汾諸河含沙最多。

涇河春令漲水時沙重百分之三十，夏季增至百分之五十，洛渭二水情形相近，而渭水就比涇水含沙重，古書云：涇渭有濁當分：可見含沙量之大也。汾水含沙有百分之二十，潼關以下之支流爲沁洛等河含沙不到百分之七，八故不多論。

由此觀之，黃河支流在潼關以西者爲黃河致患之重要之因素也。

次就輸沙量言之，據二十三年黃河水文站報告謂七月至十月四個月之輸沙總量約佔全年百分之九十以上，包頭以西輸沙量很少，僅及陝縣百分之二十，包頭龍門間之泥沙，約佔陝縣百分之四十八，龍門陝縣間約爲陝縣百分之四十，陝縣以下尙稱平穩，利津至入海，約佔陝縣百分之四十六，茲將黃河流域各省輸沙量比較如下：

陝西（甘肅東部）	佔百分之六十
山西	佔百分之二十
河南	佔百分之五
綏遠	佔百分之五
甘肅（青海甯夏）	佔百分之十

根據上表黃河洪水時間之含沙量，大半由流經陝甘之渭水所造成，如對渭水無法控制，則黃河之患，永無清除之日。

c 氣候因素——黃河流域，雖東接大海，而仍受大陸氣候之控制，夏熱冬寒，其雨量分佈具有下列四大特性：

一、冬乾——最少日不及最多日之十分之一。

二、乾日多——至少有七個月，其雨量不及年總量之十二分之一，即百分之八十。

三、最多月份——非七月即八月。

四、變率——歷年雨量偏差甚高。氣溫方面，各季餘值自三度至負十九度，中上流冬季達半年之久，夏季熱自〇度至三十三度，寒熱相差之大，堪爲驚人矣。風速之變率殊多懸殊之虞，即初春時之風，飛沙走石，草有拔根之患，其他則緩而不急也。

諸如上述，黃河流域之溫度以七月最高，以溶消高山之雪，積雨量則以七月爲最多，可以佔全年之多半，雙管齊下，則河水爲之洪流，此實天之有害於黃河者也。

政治因子 砍伐無時，森林減少——造林以治水，利莫大焉，蓋樹根可以固土壤，樹蔭可以保持水分，調節氣候，奈因政治不良，保護無法，明代暗採，使稠密者變爲稀疏，使稀疏者變爲童山濯濯，故冲刷得勢，下流遭災，黃河致命之傷於此爲大也。

西北原爲造林佳地，宜林面積甚廣，目下所存森林，面積極小。陝西森林面積爲三一二、一二一、六〇〇〇公畝，占宜林面積百分之四十。甘肅森林面積二六、五一、七、八〇〇畝，宜林面積爲一、一〇〇、五〇二、七〇〇公畝，現存森林面積僅佔宜林百分之二〇。寧夏現有森林面積爲二〇、九八〇、四〇〇〇公畝，宜林面積爲九〇七、三五二、〇〇〇公畝一，現有森林佔宜林百分之一三、三。青海省現有森林面積一四五、六三九、六〇〇〇公畝，宜林地面積三、五六八、一七〇、二〇〇〇公畝，現有森林地佔宜林地百分之四一。陝西森林多在秦嶺深處，且南爲漢水流域，於黃河影響有限。甘肅森林多在六盤山、岷山、馬御山、西傾山、祁連山一帶，地面廣大，森林豐茂，岷山有長一百五十里寬七十里之林區，數目尚無精確估計，渭源五竹森林十五畝，約五千株，清水縣龐古安有森林七畝，約一萬株，石洞山有森林八十四畝約一萬株，徽縣東西岳中華山森林六畝約一千餘株，天水縣東鄉仙人岩有森林十餘里約二萬餘株，東鄉石門有森林八里約萬餘株，東南包家溝有森林二十里約萬餘株，甘谷縣小鄉碧雲山有森林十餘里約千萬株，西北鄉中山寺有林區五里約萬餘株，西鄉倒轆軸約三十萬株，西固縣縣東鄉羅家谷有林三十五畝約十萬株，以上多爲古老之天然林樹種多係松杉。

寧夏天然林大部在賀蘭山中，山上森林面積十三方公里有森林十萬以上，平羅城西賀蘭山塔棋溝，林面積約二十方公里，林木十六萬株，定遠成東賀蘭山森林面積二十三方公里林木二十萬株。

青海森林多在南部番區之中，綿亙數十里，大可數圍，黃河兩岸森林滿地，均屬松木，以習俗關係多未採伐。

根據以上之調查，便知西北宜林面積如此之廣，而現有森林，又如此之少，對於大西北之水土，保持之力量甚微，不得不有山洪暴發而急轉直下，黃河下流一帶，釀成水災，要之則一面保護原有林木，不使任意砍伐，一面提倡人造林，以對黃河上游作有效之控制也。

四、河患概況

黃河經流情形，在夏禹滑果以下，即分爲二：一由濾縣北過洚水，播爲九河，會天津而入渤海。一經濾縣南爲漯川，由濮陽聊城利津入渤海，史稱「禹貢故道」，周定王五年河決宿胥口，自長壽津，別漯川，東北合漳水經成平至章武入渤海，史稱「周時故道」爲河初徙。漢元二年河決濮陽淤瓠子往頓邱分爲頓氏河，東北至利津入海，新莽建國三年河決元城東經館陶南入武陽絕漯川，泛清河，東北至千乘入海，爲河東徙之始，史稱「東漢故道」爲河二徙。宋太宗興國七年，決河滑縣，東南經彭城匯入淮爲河由淮入海之時。仁宗慶曆八年，河決之商胡東西分流，北流合永濟渠至乾寧軍入海，東流合馬頰河至無棣入海，爲河東西分流之始，史稱「宋時故道」爲河三徙。神宗熙寧十年決河壇州曹村，東匯梁山泊亦分二流，北合大清河入河，南流合古泗水，爲河南北合流之始。金章宗明昌五年河決陽武故堤，出昨城北注梁山泊，仍由古泗水大清河南北河，自從南流水大不復塞，北流水微惟尚未絕，史稱「金時故道」爲河四徙。元順帝至正十一年河決柳樹口，漫溢曹濟東昌東，爲保運，始塞北流遇入淮，明太祖洪武二十四年河由徐邳祚鳳穎仍入淮，萬歷卅四年河決飛雲橋，南徙至阜寧小沙子入海史稱「元明故道」爲河五徙。清順治七年河決封邱，康熙六十一年河決武涉，均經濮苑至壽陸潰堤由文濟注入海，結果導之入淮。咸豐六年河決銅瓦廂由河北長垣東明入魯經濮縣、范縣、陽穀、平陰、長清、齊海、歷城、濟陽、齊東、青城、蒲台、至利津鉄門關北之蕭神廟入海是爲晚清河道，黃河六徙。光緒十三年河決石橋堡，由賈魯河注入淮，翌年合攏，仍歸咸豐六年故。道民國廿七年河決開封由賈魯河惠濟河入海，迄今尚在堵口中，本年三月十五日花園口合龍黃河仍歸舊道。

以上河決七次，若以年代計之，禹平洪水至周定王五年一千六百七十六年，由此至新莽建國三年，六百一十二年，由此至宋仁宗慶歷八年，一千零三十七年，由此至金明昌五年一百四十年，由此至咸豐六年六年六百六十二年，再至民二十年八十九年，所過之地大致在孟津至天津，阜寧小沙子之三角地帶，約成七十度之銳角形，面積三十萬方里，人口四千五百萬，三千多年來之損失，實難設想矣。

（上篇完）

認識黃河與治理黃河（下）

赫煒烈

五、歷代治河工程

黃流遺患萬代，一部治河史，亦即中華民族與黃水搏鬥史，不過古代科學程度較低，治河未至其本，方法雖不夠優良，然亦足為現代參攷，茲分述於後：

（一）築堤與疏導：治河最早者首推伯鯀，彼專事堤防而不歸其自然，故九年無成。大禹反其道而行，力事疏導，水患始平，然而築堤與疏導同為後世治河之法也。

（二）開道分流：漢哀帝時賈讓治河三策，於疏導堤坊而外，益加穿渠分流，故為治河空前之大發明。明帝時王景修汴渠堤，自滎陽至千乘，長千餘里。汴棣之河，自大名東播而為八，無河患者數百年。宋哲宗時，都水使王宗望，於橫隴歸北築金堤七十里，障北流，自長清還故道，下濬二股河。明永樂時，於荊隆口，塌場口冶堤導河分由古測曾通南北流，故堤防與穿渠並重也。宋仁宗時殿中丞李仲昌鑿六塔東引河三分，水歸橫隴故道，分河水東西流。河北轉運使韓贊，濬魏恩德博間二股河，自德滄入海，是疏導與穿渠並重也。自後明孝宗時，河兩決荊隆口，侍郎白昂治之，首塞其口，於滎澤間開渠導入淮，副都御史劉大夏，築堤徐兗間，障北流於決口，西南開月河，引水入舊河，別鑿新河由中牟穎川往入淮。穆宗時，河決黃咽口，總河官劉東星，請濬賈魯河，清康熙巡視徐州南岸河工，指求刷深河道，頂濬裁直。雍正巡視條家集荊山橋河工，指示由馬頰河，徒駭河及舊黃河三分疏入海。乾隆時尚書孫嘉淦請開減河，使大清河受全河水，由利津入海，或從滄州宣惠河開渠漕運。光緒初，河督陳士杰，請減河分流，由長清北流為龍潭，趙五河分入徒駭河，從臨邑田家至窮化繇鍾鎮挖寬二十四丈，深一丈五尺。嗣因河決鄭州，河工大臣李鴻藻導淮宜洩東入海，東撫張曜請分黃河，自乾河口銅瓦廂直接入海。侍郎游百川贊助尤力，是皆堤坊與疏導分流並重者，其遺規尚可考而治川之。

六、今後治河應有之措施

（一）廣植樹木以調節雨量：關於廣植樹木為治水之本，已早具科學之根據。其原因有三：第一，樹木多以調節雨量，平衡氣候之乾濕，減免暴風急雨及山洪暴發。第二，樹木本身吸收水量，減少流水之量。第三，樹木盤結根，阻礙水之沖刷，其功用在於治水者甚大。遠者不論，就以甘肅蘭州一地而言，成效顯著，谷正倫先生在其「讀漫談治河大計以後」一文中略謂：民卅一年前，蘭州之中正山原為一片荒山，卅一年蔣主席視察西北，指示應積極辦理荒山造林，該山原童山濯濯寸草不生，一遇暴雨，山洪暴發，為害至大，自挖掘水平溝截留雨水，內插樹苗後，即未見山洪沖洩，不到數年，全山綠化，再無水患之災，可見其功用之著。今後治河，應採取本法，擴大至黃河流域之每個角落、黃河之流沙量自然減少，河患當除其根，可以一勞永逸，朝野上下，何樂而不為哉！

（二）沿河開湖以調節水量：

以治河之湖，來調節水量者，長江即其一例也。黃河流域本有湖泊，其見於禹貢者可分為五區：

（1）魯西南區：有大陸澤，梁山泊，雷澤，荷澤。

（2）豫東區：有孟瀦。

（3）冀中區：有白洋淀。

（4）魯南區：有微山湖，獨山湖，東平湖。

（5）豫中區：有滎澤及中牟周圍之沼澤。

以上諸湖在夏禹以前大半淤沒，失調節之能力，故河患起於夏禹者原因在此。梁山泊宋時尚係水泊，為草莽英雄出沒之地，今則已變為可耕之田矣。湖心已增高百尺，掘非至百尺下，尚可見青色荷葉。豫東之沼澤區久無遺跡可尋。豫中區僅在廣武境內一畝許之小地，及中牟境內三畝餘之殘形。冀中區宋時南凡瓦橋關為遼宋之界，東起滄州，西至湖馬河，依湖沿以防遼，今東部已變為田野，西部儘存距馬河上游之遺跡耳。魯東南一區，微山蜀山諸湖今倘俱存，可為今後調節水量之用也。

是故吾人今後欲開湖沼，以調節水量，必先開掘原有之五區湖沼；因其地位接近黃河，其土質極鬆散，易於挖掘故也。

（三）開渠分流以減輕下流之水量：

世界上大河滿其下游入海處受分流之利者：為印度之恆河，北非之尼羅河，蘇聯之伏爾加河，此皆下游分流排洩容易所致。綏遠「河套」，其地平坦，共水分流故永不為患也。

黃河分流之道有四：

（1）由孟津鑿渠，北通衛河，並濬沁河使其倒流入衛，並引黃河之二分水入之，由顯運河至滄州，沿捷地河由祁口入渤海。

（2）築固現有之堤坊，保持原來河道，並疏東平微山諸湖以調節水量。

（3）由銅瓦廂東引水經銅山（即宋太宗興國七年河道）至宿遷分由馬頰河，薔薇河，灌河，中山河入東海，並以微山諸湖與北河相聯絡，以灌溉蘇北。

（4）疏濬賈魯河引一分水入淮，不致為害。

以上各支流引水處設以最新式水閘，按時開關，流水有度則不致出床，而加害於地方也。

（下接第十四頁）

甘肅自衛特捐征用

說到人民的希望

龍興

一、為什麼要征募自衛特捐？

本來，人民在盡到國家的義務以後，自然國家給予他應享的權利。但是在今天這樣一個動蕩不安，備戰心理緊張的世界中，特別是我們中國而隴着如此嚴重的局面，人民是沒有絲毫權利可言！因此可以說：「人民當盡義務，不享權利」，我們非常痛心，我們更感覺着還是一個極危險的現象。東北華北的戰事愈演愈烈，西北當然受到很大之威脅，但是作為西北國際重心的甘肅，很本是沒有什麼國防工事，中央似乎倒還不在乎。這裏我可以引水楚琴先生，於國大會議完畢歸來在中區行政會議專員縣長的招待會上的一段談話：「當隴東隴南戰事極度緊張的時候，本席因參加國大主席團，當與白健生將軍談增援隴東及其他軍事問題，他說中央已有辦法，絕有辦法，但結果還是沒一點辦法，原來他們努力於助選工作，把這樣大的事忘記了。但是我們眞是……」這就可想而知了。因此政府擬訂了一個擴充保安團計劃，結果以經費無着，中央補助太少，又來了一個地方籌募一千二百億自衛經費的計劃。元月卅日省戡亂建國動員委員會成立，第一個主張，就是充實地方武力，加強自衛力量，這當然是針對着目前的需要。接着就研討一千二百億自衛經費的征募，結果費了很大的精力，總算是通過了！參議員諸公以此關係人民負擔，應再行考慮，說來說去，總是緩不濟急，還是得照辦了！我們感覺着非常難言，但有什麼辦法呢？自衛特捐也就是如此而征募的！

二、自衛特捐的征用

自衛特捐就要征募了，總還得有一個征募辦法，因此也經過幾天的研討，訂定了以下的辦法：（其重要者如次）

一、本省以充實地方武力，保障省境安全計，所需保安團隊擴編臨時費用，由各縣征募自衛特捐。

二、總額定為一千二百億元，分配各縣征募之。

三、征募對象以殷實商人，及富有房屋田產人士為限，不得普遍攤派，募征時應注意各商民人戶營業稅土地房屋存款之實際狀況比例攤派。

四、捐款分為：特等一億至五億元，甲等四千萬元，乙等二千萬元，丙等一千萬元，丁等五百萬元，戊等二百萬元。

五、名縣征募按旬造表呈核，並送省戡亂會，作備查。

六、特捐限於四月卅日全部繳解，不得減少或緩辦。

這一個辦法，我們認為大體上還相當進步，但是底下會不會照這樣作呢？是當眞無騷擾或流弊，那我們就不得而知了！現在已經是六月中旬，全部繳解清楚了沒有，據我所知，才有數縣辦畢完竣。已征的款如何運用，我們可以說，除借保安旅七十億外，其餘都與原意相去甚遠。最可笑是撥付蘭市核心工程修築工人水費十二億，在很長的時間內，蘭州市長將還款還沒有發給工人。其他如借蘭市工程費，製手榴彈費，慰勞金……這些全由政府主管的人們動支後，才提會追認的。而且最痛心的是現在有很多主事的人們，沒不就在自衛特捐上打算盤，撥用也好，借用也好，……。有一次張鴻汀張開選二先生很嚴厲的說：「自衛特捐原係擴編保安隊費用之需，現在所動用的款項當然都需要，但是與我們的原意相去很遠，如此下去，恐怕一個一千二百億還是不夠，而且有很多人對我們的如此動用，表示懷疑。……」據說在各縣政府的檔案裏，有很多請求核減配額的呈子，結果卻是相應不理，我們如此動用，對得起老百姓嗎？我們希望地方人士監督政府，將這人民的血汗錢用在人民的安全上。

三、甘肅人民的希望

甘肅人民是禮義的，是進步的，是自力更生的，是很識大體的，但是他們並不是番子，並不是沒人才！只是沒有其他的關係罷了！甘肅人民是怎樣的在困難中掙扎，但是只有一個目的，為了國家。中央對我們怎樣呢？那簡直不堪一提，這也是多少年來政府的「德」。例如在此次組新閣時甘肅曾推田崐山鄧寶珊二先生參加，結果都沒有下文，這並不是希望在中央能多有一官半職，而是藉此以表達地方之隱痛。如過去地方請早撥農貸，竟有主辦者會問：「甘肅還種多麥嗎？」之笑話。再如蘭市此次核心工程費全部共一千二百億，結果中央只撥二百億，請問夠幹什麼？結果自然是地方遭殃！諸此之類太多了，我們眞不勝枚舉！過去當然是過去了！未來的日子正長，我們希望中央確實了解甘肅，放寬用人的尺度，他如國防工事的修築，地方經濟的補助，經濟建設的創辦等，都應該有一個澈底的辦法，絕不可頭痛醫頭，腳痛醫腳，甘肅人民的眼睛是雪亮的！

（上接第十頁）

（四）修築港口以利入海：

據沈怡先生估計，一日之間，黃河輸出沙量在洪水時期有三千一百萬立方公尺，在低水時期為六萬四千立方公尺，如此巨大之沙量，若不遠送入海，則一日之間，可以淤塞河口，為患於冀魯豫各省。因此治河之道，修港為先，昔日美國米西西比河口，及與國大牛白河口，常有沙淤塞，後經挖掘，大船可以來往。法國仙納河口亦有攔沙阻礙，行船最為險惡，旋經

（下接第十五頁）

河西地方自衛問題

李上林

河西孤懸甘肅西部，號稱國際走廊。言其形勢，不啻爲本省之建瓴地帶，地方遼闊，人民稀少，風俗純樸，物產重要，久為彊鄰垂涎。而北接蒙古，南通青海，東進入本省腹地及剛方，西毗連新疆與中亞，在國防上則幅員平衍，寧顧是道，斥堠空虛，地理荒僻，處處有受人以隙之虞。

廿五年共匪徐向前由隴東西竄河西，佔據永昌山丹，危脅張掖酒泉，擾亂關外，西上新疆，其慘痛之教訓，業已飽受，其惡劣影響，尚在一般人之腦海。蓋當時之所以致此者，實係政府之未雨綢繆之計耳。今日河西局勢，較之昔日，殆有過之。如外蒙之新近毀觀，履霜堅冰，徵象已露，共黨份子在河西作流動式的暗中活動，以謀打通地下路綫，已圖窮匕見，症候綦篤，哈匪受人利用，在河西蹂躪嘉峪關內外，達八九年之久，且尤予河西人民經濟上以重大之致命傷。而近來無知鄉民之迷信邪道，知識份子之利用幫會，均足以防礙地方秩序之安常，與反映人民生活之不正常，有形無形，杞憂壤慮，故今日河西在政府「國防與民生並重」及「團結中求進步」口號之下，對於河西自衛問題，實有急起解決之必要。

筆者平素對河西問題，喜多研究，當此行憲戡亂之際，謹以菲薄之忱而作芹曝之獻，僅就河西地方自衛與其他有關問題，聯爲論列，並質正於政府賢達與社會高明焉。

在軍事方面：（一）河西各縣自衛隊之編組，多欠充實，平時既乏裝備與訓練，一旦萑符不靖，自難要求其克敵致勝。所以河西各縣之自衛，應即嚴密考勤，充實內容。槍械裝配，均應有新式之配備，以符善事利器之條件。並多方延攬地方軍事人才，發揮其眞正自衛之實在力量。（二）甘肅保安團隊，其額數，中央已允許依數擴編，河西地域遼闊，走廊空虛，應有地方性之大量重兵駐守，至少應有保安團二團之兵力，經常駐防。始足以敷地方實際要求。考之清代，陝甘三分之二的武官，均駐河西一帶，足見前代重視邊防之實際措施，惟其如此，方足以發揮國防上之威力與尊嚴。（三）河西地方遼闊，人口稀少，良田荒蕪，生產不足。在人力方面近年已感萎弱貧乏之現象，政府應速計劃，大量移民，以充實走廊上之動脈，故在扶植地方自衛力量步驟之中，關於徵兵役政，頗應有一補救辦法，力詳減少國家徵額，而準備徵應地方團隊之調充。國防部對此，亦頗注意，思謀補救此一缺點，希政府本諸保存河西地方人力之道，對於役政，應針對地方需要，往請辱峯，予以改進，以符實際。在關外安西方面，尤應舉辦軍隊屯牧，以充實適應國防之潛力，亦河西扶植地方自衛力量中之輔助辦法。（四）河西各縣過去軍校及其他軍訓機關畢業，而參加抗戰及剿匪各役之在籍軍官，頗不乏人，均以國軍改編，因而解甲歸來者，所在多有。措近調充，人數不下二百之多，此衆在鄉軍官，性行敦厚，愛國愛鄉，忠勇素著，值此地方建立團隊之時，請政府對此在鄉軍官，一律起用，俾報效有機，用武有地。在行憲國民大會上，國防部白部長報告軍事時，對起用在鄉軍官，以保衛地方，尤特別致意，鑒今日政府起用在鄉軍官，實爲目前剿匪戡亂時期之重要措施也。（五）提高縣長指揮團隊之權，在二十五年，爲委員長南昌行營剿匪時，各縣縣長均任軍法官，及殊事指揮官，俾使指揮軍事，頗收因時制宜之宏效。今日戡亂剿匪，情形無殊於昔，故對縣長指揮團隊之權，應師前法，予以提高，以期指揮靈便，臂助聯繫，協贊軍紀，以達政治事非化之目標，而符政治與軍事配合之條件。

此外與河西地方自衛問題有關者，厥爲政治與教育二者。值此行憲新政正式開始，政治革新之時，河西政治與教育，比較落後，積極方面，固然注重軍事，致力地方自衛，而另一方面，地方之經濟文化，尚須與軍事配合，使之並駕齊驅。河西人民窮苦，生計維艱，多年以來，河西糧食，供給新疆與本省內地者甚鉅，去年河西歉收，今歲食糧已缺，使此青黃不接，近來粮價，不斷狂漲，戶鮮蓋藏，民食恐慌，尤應商謀平抑救濟之法，以安定人心。本年省行政會議，隴東隴南及中區，均已如期舉開，而河西區因隴東軍事關係，致未如期舉行，僅調各區專員到省述職，當屬一時權宜之計、此種行政會議，極關重要，仍請省府於最短期間，補行舉開，俾省主席親近各縣縣長，聽取各縣長之實際報告，考核其實在政績，接近人民，探知人民之種種隱痛，明瞭其地方疾苦。教育方面，如河西省立各中等學校之實況與辦理好壞，各縣立中學之窮況如何，均可藉以眞正瞭解，以圖補救。尤其七八年來，教廳在河西未保送過一人入國內各大學升學，青年學子，無法上進，尤失教育上機會平等之深意。再查各縣小學之簡陋，聽其自然，亦可藉行政會議機會，加以考察，救濟改進。此皆與國防民生，地方自衛有密切關係者，故並提列論，亦筆者以望治之誠心，而貢芻蕘之管見，邦人君子，幸賜教焉。

（上接第十四頁）

大石填海，建造海塘，高出大潮水面，兩塘相距九十丈，塘成之日，海口深至三丈，大船稱便。比利時之麥士河口亦嘗有此大工，而收大效，此皆海塘有利之明驗也。況築塘工程所費，人力物力，不及黃河一次氾濫所損失，財產之幾分之一，政府奈何明於小而昧於大耶？更何況以後無窮次之泛濫，將因一次大治而絕跡乎？

（五）控制支流以減輕輸沙量：

黃河各支流含沙，已如上述，而各支流中以涇渭爲最大，故節制支流，必先節制涇渭。秦漢各代，關中有涇惠渠渭惠渠分流灌溉，生產豐富，關中極於繁榮，黃河水患亦較後來爲少，故控制涇渭，事在兩便，望當局舉而行之。

以上諸法，或爲先人提論，而未實現；吾人所提各項，僅供當局問津之助而已。

七、結論

總之，黃河之患，史不絕書，治河之議，亦代有提出。最近美國陸軍工程團總工程師雷包德中將，美國墾殖局顧問薩瓦奇博士及總工程師，葛羅同先生，來華組織黃河顧問團，由中國公共工程委員議隍崇氏，水利委員會譚葆泰氏陪同，於去年十二月十二日出發，沿運河及黃河故道，飛往開封，寧夏，蘭州，青海一帶視察，尤對三門峽，龍門，寶雞峽，涇惠，洛惠，渭惠等渠，注意甚詳，已於本年元月六日公畢歸來，吾人深信各氏治水名宿，必有一個正本清源之偉大設計，一勞永逸，庶免中國千年心腹之患也。

三十七年六月二十日於南京邊疆學校。

論著

防止土壤冲刷爲治理黃河之要圖

萬晉

治理黃河之基本而最有效之方法，爲減少及善於處理其所含之泥沙。事實爲人所知，但其源委或未爲人瞭解。著者之爲茲論，毫未蔑視或未曾顧及工程問題之重要。工程在治黃所居之地位，不獨重要，而且主要。黃河之各種現象，表露雖多，迄未能完全明瞭其眞象。著者切望工程家及其他對治黃抱有興趣者，用公正態度，共同研究之。則知治理黃河，如不從事於泥沙問題之解決，則無論採用何種方法，終不免事倍功半。

黃河之流量——黃河流量與世界各大河相較，並不爲高。每年平均流量，每秒鐘一千二百十六立方公尺。（參考十六）民國二十二年八月十二日，河南陝州最高紀錄，每秒鐘二萬三千立方公尺，較漢口長江之每年平均每秒四萬八千立方公尺之流量，相差實多。歐西人士因黃河之險惡，竟名之爲「漢人子孫之害」。若僅由水之流量方面觀之，則似未足深信。

惟吾人再詳細考察黃河流量之現象，則知其他河流過大水時，流量之增高，甚爲徐緩。黃河則不然。其流量之增高，突然銳進。頃刻之間，越過其應居之水位。其退也亦極迅速。在一進一退之際，所佔時間，僅三四日。茲將陝州水文站之紀錄，列表於次，以供參考：

日期（二十三年八月）	時間	水位（公尺計）	流量（每秒鐘立方公尺）
八日	下午三時	二九二・六六	三、一〇〇
九日	下午三時	二九二・九九	二、八〇〇
十日	上午八時	二九四・〇二	六、五〇〇
十日	上午十時	二九五・一三	八、〇〇〇
十日	正午	二九五・三五	一一、三〇〇
十日	下午九時	二九五・〇三	八、〇〇〇
十一日		二九三・七五	六、〇〇〇

今年致董莊決口之洪水在董莊決口，尤出乎意料之外。七月七日以前，中牟縣之流量，未曾超過二千一百秒立方公尺，但至次日上午十二時，忽然漲至三千零八十秒立方公尺。此尚不足爲奇也同日下午三時，又漲至六千六百秒立方公尺。夜間十時至一萬五千二百秒立方公尺，及夜半十二時，至一萬六千六百秒立方公尺。是一日之增加，相差至一萬三千秒立方公尺。其退落之迅速亦如之。九日上午十二時，即退至一萬一千五百秒立方公尺，夜間十二時，爲六千九百六十秒立方公尺。

至七月十一日下午八時，仍繼續退落至四千零六十秒立方公尺，幾如一般之普通流量。洪水如是之激增激退，實可代表黃河之特點。其意義果安在哉。

西北爲中國文化發源之地，吾先民建國於此，林木葱鬱，山谷肥美，一切物產，均極豐富。經過若干世紀之開發，以人口過剩，不第山林及富於吸收力之物質完全消失，即肥沃之土壤，亦摧殘殆盡。今所暴露者惟累累之塊石及磽薄之坡地而已。地被植物及其吸收能力，既已損毀，故大雨之時，水無含蓄，洪流急湍，勢如建瓴。山上土壤之剝蝕，與下游之急流，確有直接之因果關係。任何地方之急流，經過盆地，流量定然增加，視其烈度如何而釀成相當洪災，此非個人之意見，乃確鑿事實，不容吾人忽視者。

黃河之含沙量——世界各大河流，含沙之多，無如黃河者，試列表於下，以資比較：

河流	含沙量（以重計）
尼羅（Nile）	1：1900
羅因（Rhone）	1：1775
密士西比（Mississippi）	1：1500
波河（Po）	1：900

綠各蘭	（Rio Grande）	1：291
米蘇里	（Missouri）	1：265
可崙拉都	（Colorad）	1：142
黃河	（The Yellow River）	1：49（陝州）

此猶一年平均紀錄也，若以某期單獨記錄爲依據則黃河及其支流之含沙量，可達百分之三十乃至百分之五十，（涇河含沙量之記錄曾達百分之四十九）每夏河水暴漲，含沙量益高。據陝州水文站測量，民國二十三年黃河所携泥沙經過陝州之總量爲一、四五一、九四二、一一五立方公尺。誠如翁文灝博士所言：『世界各大河流若以其水量爲比例，黃河之輸沙量爲最大。』（參考十九）

泥沙之來源——黃河與世界河流不同之點，因其發於西北黃土高原，其地廣濶，土質疎鬆，特易浸蝕。且多數支流，亦位於黃土區域，此區域之面積，約計一十八萬八千方公里。（參考十九）分析黃土及河中之沈澱物，（參考九及十二）知其大小如穀粒及化學質之成分，大抵相同。足徵什九之泥沙，來自黃土。黃河水利委員會安立森先生（Mr. Sig. Eliassen）估計在洪水時期，（參考七）黃河流域各省輸沙量之百分率約計如下：

陝　西（連同甘肅中部及東部）　百分之六十

省份	比例
山西	百分之二十
河南	百分之五
綏遠	百分之五
甘肅西部，寧夏，青海，	百分之十

上表雖不甚精確，已指示各省對於黃河輸沙之相當重要。並指示吾人應先注意省份。

黃土高原之概况——論及黃土高原，安立森先生所著之論文『黃河流域土壤冲刷之節制』，極爲詳細，茲引數段，以資參考：

『黃土高原之廣大，』係由甘肅東部涇河流域之西部起，橫經陝西，越黃河而至山西。南以渭河爲界，北包寧夏綏遠之沙漠地。

眞正之黃土區域何似？乃一高原，被河流及支流陸續冲刷，處處皆成山脈，其山峯由五百公尺至七百公尺，高於普通之高原平地，形成各河流域分離之狀。更因雨水下注，各山脈之沈澱物，均被冲積於高原之下。

旅行者經此黃土區域，無不注意其浸蝕之迅速。主要河道位於峽谷之間，低於普通高原約一百五十至二百公尺。而主要河流之峽谷，寬自一千至二千公尺。支流較狹。谷底之盤石……時時顯露於外。峽谷遼闊，河床之水在兩岸之間者，得以紆曲。……至兩岸所存沈澱物，高由一丈至二丈。洪水時期，峽谷雖寬，亦爲飽含泥沙之水所淹沒。澎湃而下，以致谷之兩壁高自一百五十公尺至二百公尺，幾成峭立之形。隨處爲深溝所橫截，當大水驟至，匯合高原之水，急流入溝，如是年復一年，溝且益加寬深。

該處時有地震，山上之土壤及石塊等物，均被崩裂，梗塞溝壑，大雨時，則又完全冲於河流之內，因之河床日見增高。

高原位於兩河流之間者，其斜坡傾向兩邊之河流，再向河流之峽谷，如斯橫過之斜坡，往往較縱過之斜坡爲險峻。大雨時，雨水漸次排向峽谷。當水未至谷邊時，許多高原土壤，已被浸蝕。及至谷邊，流速過急，直冲坡地，故水中飽含泥沙，流入河中，運至下游，年久峽谷之各邊，自當飽受浸刷矣。

年年如是，益以雨期之冲刷，山溝益見深寬，高原自被割裂。浸蝕之甚，兩河間之高原，遂分爲許多部分，山溝之深寬，由此河至彼河，可以經高原而溝通。隨處可以由一千五百尺之高原，完全降至谷底，並可復增至一千五百尺之高原。

黃土高原之上，徐徐削減，幾成平原，此等處面土層狀浸蝕最烈。大雨後，隨處發現無數小溝，如網狀，深由一寸至數寸。多量土壤，如是冲去，若不制止，則溝渠益形深闊，及至成爲傾陷式之浸蝕，更難節制。（參考十）西北潮濕區域，未有石灰性之紅泥土地，常見不甚普通之V式浸蝕。雖不普通，亦甚重要。（參考十八）

綜觀以上許多浸蝕之形式，可知西北之土地，盡爲溝壑所分割。而此無數溝壑，彼此結合，成爲寬大之山谷，平時，水平緩。若遇大雨，山洪暴發，崩騰四溢，輒成巨災。以普通人之眼光，驟見河南西部，陝西中部，及甘肅東部之情形每引爲一種奇觀。惟在研究土壤浸蝕者視之，此種現象，實爲人類之大患。

是以西北許多可耕種而具有生產力之地，已成荒廢不毛之田。平地及坡地之植物營養品與土壤，均被沖去。所餘者僅廣大堅實而無生產力之下層土地而已。而現在一般窮苦農民，雖仍有勉力耕種，賴以爲生，但已有許多因土地浸蝕過甚，失其原狀，不得已棄而之他。蓋此種地域，即僅能維持生活之能力，亦併無之。加之旱災頻仍，使農民有未能忍受之痛苦。因而死亡者，不知凡幾。推演至今，仍復如是，故人民已放棄開墾坡地工作。即已開墾之田地，亦漸次停止耕種，而逐漸離棄高地。奔亡他處。此種荒涼現象，旅行西北者類能言之。人民何辜？罹此阨運！倘吾人仍不注意及此，則所餘人民謀生乏術，將步前者後塵，相率而去矣。此皆先民處理土地未當之結果，今日吾人豈可再留此惡因於後世乎？

農民已往之工作——處此惡劣情況之下，農民並非閒逸無事者。彼等多將小山分闢成連續之階形台地。此種工作，區域極廣，約有數千方里餘。曾有某外籍人云：『建造此種階形台地，當然須移動大量土壤，累砌而成。工作之偉大有非吾人所能想像者。』（參考十八）當彼等發明此種作法，本能保持土壤及水分。惟以缺乏保護及扶持方法，繼續耕種，故經過若干世紀，台地退化甚多。除已荒廢者外，其餘百分之九十，已具斜坡形狀。況人口繁殖，日見增加，較險峻之地，亦不得不加以開墾，以致土質益鬆，浸蝕益甚，吾人治理土壤之問題，益感困難矣。

沈澱問題——另一問題與浸蝕同其嚴重者，即爲沈澱問題也。前曾言及黃土內之細粒構造及泥沙之化學成分，易使演成浸蝕。若水流速度加倍，則流勢之急恒有十六倍之運送力。當洪水時，竟能運送百分之二十至四十之土壤物質於深溝。及至水行平地，流速較緩，運送力亦小，泥沙隨時沈澱於寬衍之河灘上，爲患尙小。倘水勢驟增，因以决口，則所帶泥沙皆展布於繁生之田地，而問題立感嚴重。沈澱物如沙土碎石，圓滑巨石等類，漸漸積增，下游河床，年高一年，容量自然減少。數千畝良田，因砂石沈澱物，積高至一公尺以上，結果成爲荒野不毛之區，地價隨而低落。如開封附近之情况，已爲人所盡知。

由另一方面論之，水災以後，沈澱物所含之各種物質，於農田有相當裨益。蓋土壤所含各種物質，如腴肥之淤泥及黏土，可以變更土質而成爲極肥美之耕種地，去年在蘭封附近之舊河床上，土壤異常肥沃，收成豐富，實一例也。但每次水災所損不貲，如田地粮食之淹沒，及生命財產之喪失，又何可以數計。實超過沈澱物所得之利益多矣。再者，若論及沈澱物之利益，同時更應聯想及於上游農地之淤泥，漸次剝蝕，而成磽瘠之區，下游雖稍裨益，實無異損彼益此，又何足取。矧因浸蝕所消散之物質，繼續增加，使河流水量益增，（黄河爲百分之三十）極爲危險。至雨水流速之迅疾，尤不可輕視，凡其所經之地，無不將地面之物及表土，悉以冲去。

黄河之三角洲，漸次展入於海，每七年約可展長一公里，濱海之處，逐年塡積，產生此項新地，可資耕種。但須由內地輸送多量之肥美土壤物質，使地面高出水平線，方能利用。換言之，在海濱產地一英畝，必須損失內部百英畝以上之田地。（參考十八）黄河三角洲岸線全長奄有一百公里，每年沈澱物，總計需五〇〇•〇〇〇•〇〇〇立方公尺之土壤，似此建造新地，實屬得不償失，極不合乎經濟原理。

吾人由各方面以觀察土壤浸蝕問題，殆有百害而無一利，消耗一國之財源，增加人民之負担，爲害之烈，出乎人類意料之外，亟應施以節制，以蘇民困。

防止土壤浸蝕實用方法之效果——防止土壤浸蝕之目的有三：（一）另行布置及整理所有農地，加以經營，使成爲最穩固而永遠收益之農業。（二）節制土地所有之耗損。（三）減少土壤浸蝕所造成之水災，保持河流之正道。（參考二）而其主要原則，則爲利用處理土地之實用方法，節制水之急流，以減少土壤之移動，兼可使大部分之雨水滲入地層，或附近地面之下，正本清源，此乃防止土壤浸蝕之本旨。

至防止浸蝕之法，即爲（一）多種各種適宜之草木，及農業上應改革之正當動作。（二）工程之建築，機械之利用，認爲適當，亦應兼採併進。（三）凡險峻或過於浸蝕之土地，應停止耕種。以上方法同時併用，以適合不同之土壤，坡地，雨量，及各種農業設施之土地，而收最大利益。美國防止土壤冲刷局，對各種土壤，曾試以不同之方法，以測水之逕流，及土壤之冲刷。茲略述其結果於次，以資比較：

在米蘇里之白蒂尼（Bathany, Missouri），防止土壤冲刷試驗場所測量之Shelby 之細沙土在百分之八坡地區域內，繼續耕種玉蜀黍，每年之損失，土壤合計每英畝約六十噸，逕流爲百分之二十七。其在苜蓿地內，每年之損失，每英畝土壤僅爲一噸之五分之一，（•二一）逕流爲百分之三强（三•四一）。在提摩太（Timothy）草地內，損失較大，土壤每英畝百一噸之百分之•三二，逕流爲百分之七•七四。換言之，在坡地上，苜蓿保特土壤之能力，較玉蜀黍大二百八十九倍，草類較之大一百九十倍，而此二者保存雨水量之特殊效力，較玉蜀黍大九倍或三倍半。

在同時期內，用同樣之土地二畦，一畦聽其荒廢，一畦種植苜蓿，則前者土壤之損失，每年每英畝平均爲一百一十二噸，較後者多五倍。如具有同樣之土壤，斜度，及雨水之土地，以蜀黍，大麥，車軸草，作成四年之輪耕，則每年之損失，每英畝之土壤平均不及十噸（九·九），逕流爲百分之十一。此係証明如用合宜之輪耕法，節制土壤及逕流之損失，效果極大。

此等方法，表明如繼續耕種玉蜀黍，約二十年，上層肥沃土壤，即全被剝去，而變爲堅固不易滲透之泥石，加之烈日爆蒸，益形堅硬，則雨水時期，其逕流愈大矣。草地之上層土壤，須經三千九百年之久，始被雨水移去。至苜蓿地則須五千五百年之久，其保特土壤效力之大，於此可見。

在米蘇里黃土山谷區域，愛歐瓦(Iowa)省西部，倍基縣(Page County) Marshall 細沙坡地上，其坡度爲百分之九·六，繼續種植玉蜀黍，每年之損失，每英畝土壤爲三十六噸，逕流爲百分之十二。如種苜蓿，則土壤損失爲一噸之十分之九，逕流爲百分之六·五。

干薩斯（Kansas）省西部及奈卜拉司加（Nebraska）省肥沃之小麥地帶，在百分之五度之坡地上用以種植純粹農作物，如卡麥玉蜀黍之類，其土壤損失，每英畝爲十三噸，逕流爲百分之十七。若在本處草地，則每英畝之損失，土壤僅爲一噸之·〇〇三七，逕流僅爲百分·〇四。換言之，即本處草地之保持土壤及逕流之能力，強於純粹農作地四百倍至三千五百倍之多。另一解釋，依上述土壤浸蝕之速率，可以表明在同樣地上，土壤，坡度，及雨水無不相同，繼續經營純粹農作物，由七十五年至九十年，其地面上之七寸肥土將完全消失，若係草地，則肥土，之消失淨盡，須三十萬年。

以下表所列美國各防止土壤冲刷局，對於各種土壤之廣大試驗，更可証明無論在何種坡地上，均可長草，而草之節制土壤浸蝕之能力甚大。（表附後）

種植茂密之林木，其效力無異於豐美之草地，幾可完全防止土壤浸蝕。美國阿克拉哈馬中部（Central Oklahona）在Vernon百分之五·五之細沙坡地，完全種植本地林木，平均每年每英畝之損失，僅一噸之·○一七之土壤，及百分之·一三逕流。如林內地面枝葉被燒毀，則其平均損失，較未燒毀者，逕流增三倍，土壤增十九倍。

在泰克薩斯西部（West Texas）司培爾防止土壤試驗場（Spur Experiment Station）試驗之結果，在已浸蝕之Abiline黏土坡地，其斜度爲百分之·五，利用平台，地畔築圍，種植棉花，八年以後，無絲毫之雨水損失。若利用田塍劃成小塊，亦種植棉花，雨水之損失，僅爲百分之六·八。

在阿克拉哈馬中部，Vernon細沙土地，種植棉花，其行列係由坡上至坡下，每英畝之損失，逕流爲百分之十四，土壤爲五十九噸，如每行築以土壤，則其損失，每英畝逕流爲百分之十一，土壤爲二十一噸。

節制溝式浸蝕之方法，有永久與暫時二者。暫時者大都用土，叢林，鐵絲，柱子，或石塊所築成之堵壩。永久者則爲栽植樹木，灌木，及葛藤等。堵壩之建築簡單，價值亦廉，而又確切有效。果能建築堵壩於適宜地點，不獨可以堵水，存水，及阻止冲刷，且可保存充分水量，留備其他各種水利之用。（參老四，五）

台地之保特土壤及水之效力，固無疑義。惟其問題之重要繁難，非片言所能解釋，容當另行討論。

美國及其他各國對於防止土壤浸蝕已作之成績如何，試分述於左：

美國開始保護土壤工作，爲期不過數載，其成績之昭著，實可驚人。防止土壤冲刷局爲新設機關，屬於農業部，目的專爲保護土壤。截至一九三五年七月卅一日，其所經營及指導設計(Project)有四十，合計爲四七，四一六，五〇〇英畝，其中一，五六三，五五七英畝。爲與農民訂有契約之農地，已經詳細測量浸蝕形狀之地，爲二，四九六，一〇六英畝。此外幷有苗圃六十二，由二英畝至八百英畝不等，分配在三十八省之內。

一九三五年八月五日，以美國大總統所簽准分給之二七，五〇〇，〇〇〇金元又成立節制浸蝕之新設計九十四，新苗圃十九。是設計之總數爲一百三十四，苗圃之總數爲八十三。（參考十七）雖不能一一詳述其保持土壤之計劃，及進行之方法與成績，但已足証明其工作偉大之可驚。此雖爲極勞苦之工作，而彼邦人士，已認定爲分內應作之事，故努力爲之不息。次就日本言之。

日本現時作大規模之造林在極受浸蝕之土地，（參考十二）所造林之面積有七一〇，五三七町步（每一町步合中國十五畝）。被風浸蝕之地，爲八，六九三．九町步。造林以保護河岸之面積爲三，二六二．八町步。所採用主要樹種，爲Lespedeza bicolar Albizia Julibrissin Alnus firma Robinia pseudoacasia 等等。所費已達數百萬日元之鉅，較之土地價值，超過多多。足見其政府地方機關無不注意及此。

南非洲合衆國，已著手預防土壤浸蝕之損害。（參考三，四）意大利對其Bonifica Integrale土地計劃籌集五〇〇，〇〇〇，〇〇〇元，以防止浸蝕及開荒之用。（參考三，四）各國對於此種偉大事業，均能實際作到，中國何獨不能？他國既已創辦在先，著有成效，中國又豈可漠然視之，甘居人後？所需要者，僅爲吾人之眞知卓見，及堅決之意志而已。吾人苟能注意國家之利益，幷親見西北浸蝕之害，未有不赧然自慚，而立即從事防止土壤浸蝕之舉也。

吾人應作之工作——本文之旨，不在詳述一切証明有效之方法，不過略舉浸蝕之害，以提示國人實有統盤籌劃防止之必要。茲擬基本原則數條於下，以供參考：

（一）險峻坡地及深溝地之收爲國有

西北人民，幾乎完全依賴坡地爲耕種農產之用。而其能以陸續使用此等坡地，又須賴各種保護之得法。蓋險峻坡地具有百分之十二至十五之坡度以上者，極易浸蝕。惟一之保護方法，爲灌木及樹木之培植。故此種地坡，應停止耕種。惟果施行此種限制，小地主之人民，立即感受極大之困難。就另一方面言之，吾人非不知在國有政策之下，保護土地，不第事實感受困難，且爲不合宜之政策。此點已由羅德明博士（Dr. Lowdermilk）（參考十三）特爲指明。但國內情形特殊多數小農戶皆依此種坡地以爲惟一之生活出路，既不能舍而棄之，又未便待樹木成林以爲生。宜由政府購買此種坡地，幷沒收不能耕種及廢棄之深溝坡地。實施防制工作。

（二）與農民合作

吾人所討論已被浸蝕或正在浸蝕之地，多係私人所有，此問題之解決，賴乎各地主之是否樂從，最低限度，亦必使之能遵守所有規則。并使深信如其土地保護得法，治理得當，則不至於退化。且可因保守土壤及水分之故，增加產量。總之，地主與主管機關，必須共同努力，作大規模之整備，防止浸蝕，方能有效。

（三）中央極力提倡

土壤浸蝕之範圍，包含整個國家之利害。最有效果之治理，絕非農民本身所能解決，又非任何教育機關或任何地方政府所能爲力。所需要者，爲强有力之中央領袖機關，集中人才，共同努力，并須有充裕之經費。徐而規定工作綱要，分派技術人員赴侵蝕區域，詳爲考查測量并可貢獻有益之建議，俾於農業，工程，森林等新事業，循序而進。此項保守國家最大富源之事業，應由全國經濟委員會以現有之權力，負責舉辦，以利進行。

防止土壤浸蝕，應行同時舉辦之初步工作有三：

（一）土地測量

此種土地測量之性質，與普通之測量，略有不同。因其目的，係在盡量明瞭浸蝕區域之眞象，如土壤，坡地，覆被植物，農業，林業等，皆應一一瞭解，繪具圖說，詳爲註明，俾各區之工作人員，有所依據，以便規畫各種預防方法。

工作之開始，應選擇比較情形惡劣之支流數處，共面積約占五千平方公里，施以詳細測量，俾各成一單位，即名之爲一個設計，(Project)。

（二）成立示範推廣區

土壤浸蝕之現象，極爲複雜。凡地面之水分，土質，坡度，草木之種類，與遮蓋之疎密，及關於水文部分之流量，流速，含沙量等，均與浸蝕有相當影響，特以其性質之不同，而又互有關連，自不能有所偏重，單獨治理，應綜合研究而實地試驗之，俾便作成具體之方案。故每一個設計，對此均應試以種種方法，擇其最有效者而行之，用示模範。藉以增進一般農民之信念，以利推行。此爲必不可少之實施也。

(三)建設苗圃

樂觀者以爲西北各地在一年之中之適當時期，草木類皆葱鬱，不甚荒凉。（參考八）但此僅在比較雨水充足之地域，或有可能，餘則未必盡然。因西北多數區域，草木異常缺乏，益以人民繼續砍伐，不留根株，以作燃料之用。此種嚴重情形，迄今未能施以限制，殊堪惋惜！此後惟一補救之法，似應廣植草木，以爲地方人民儲備充足之燃料。一方更應限制濫伐，以免浸蝕。至實施之步驟，宜先在各處多建大規模苗圃，培養灌木樹株，即如葛藤，草類亦應廣事種植。所需種子幼苗，應由公家免費分給人民，使之栽培。更應釐定有效之章則，嚴密施行。如此辦法，其結果，不獨可以保育林木，幷可維護土壤。

結論

吾國廣大土地之被侵蝕，其情形極爲殘酷，實以人民對於此種現象，習焉不察，視若無覩。是以吾國之情形，較之美國惡劣十倍，而吾人之工作，亦困難十倍。然爲責任心所驅使，似亦義不容辭。況土地喪失之面積，豈僅此數十百千方英里之微而止，勢將如仇敵之繼續侵略，有加無已。吾人倘仍忽視不救，則自認冥頑不靈且不愛國。實有意坐視祖國土地之剝蝕荒廢，而忍令二千五百二十萬之同胞，流離逃亡，及二十億之財產，損失殆盡，而死于饑饉疾病者且不計也！（參考十四）

鑒於以上之慘狀，吾人亟應擬訂切實有效之防止計畫，努力以赴。以保持土壤，減免洪災，且可進而引用黃河，興辦水利，以爲富國利民之計。

總之，中國既爲世界國家之一，應深知其主要及初步之經濟建設，厥爲防止土壤之浸蝕，而每種防止侵蝕之實施，均可增加吾國財源之基礎，否則侵蝕無已時，水患無寧日也。而防止之道，尤貴利用科學方法，如過去習用之治河方策，若修堤築壩，開闢新河道等，縱能防患一時，究屬治標之策，且旋作旋毁，虛糜國帑尤不合乎經濟原理，此吾人所敢斷言而一致承認者也。（參考十五）

十二種重要土壤之浸蝕及雨水之損失比較表

地點	土壤種類	地之斜坡度（以百分率計）	純粹農作地		混濁地	
			每英畝損失土壤之噸數	每英畝損失雨水之百分數	每英畝損失土壤之噸數	每英畝損失雨水之百分數
Bethany, Mo.	Shelby, S. L. 細壤土	8	60.8	27.4	.3	7.7
Columbia, Mo.	Shelby, L. 壤土	3.7	19.7	30.3	.3	15.5
Hays, Kansas	Colby, S. C. L. 泥粘壤土	5	13.2	17.5	.004	.04

Tyler. Tex.	Kirvin, F. S.L. 細沙土	8.8	19.1	20.0	.2	1.5
,, ,,	Nacog-doches F. S. L. 細沙土	10	6.1	15.4	.20	1.4
Guthrie, Okla.	Vernon F. S. L. 細沙土	7.7	28.1	18.2	.04	1.5
Clarinda, Iowa	Marshall S. L. 細壤土	9.6	44.6	12.5	1.3	6.5
La Crosse, Wis.	Clinton S. L. 細壤土	16.0	59.9	19.2	.003	2.9
Spur, Texas	Abiline C. L. 黏壤土	2	6.1	12.8	1.6	5.8
Temple, Texas	Houston B. C. 黑黏土	4	12.0	11.6	.00	.00
Statesville, N. C.	Cecil C. L. 黏壤土	10	13.8	9.3	.7	5.5
Pullman, Wash.	Palouse S. L. 細壤土	30	31.2 x	29.8 x	.4	.3

参考書

1. Barbour G.B. Chinese Loess. Journal of the Association of Chinese and American Engineers, April, 1925.

2. Bennett, H,H. The Problem of water and soil Conservation-Address, Iowa State College Farm and Home Weed, Ames, Iowa, Feb, 8, 1935.

3. Bennett, H.H. The Relarton of Soil Erosion to Flood Control -Address Before National River and Harbors Congres. April 30, 1934

4. Bennett, H.H. Soil Erosion, a National Menace, U.S.D.A. Circular 33.

5. Bennett, H.H. Soil loss Through Erosion Threatens our Basic Asset New York Times, June 17, 1934

6. 張含英： 黃河之冲積，黃河水利月刊第一卷第一期。

7. Eliassen S. Soil Erosion Control on the Yollow River Drainage Area, r few proposals, an unpublished manu-scnipt.

8. Eliassen S. Soil Erosion and River Regulation Special Reference to the YellowRiver, 1935, an unpublished manuscript.

9. Fuller H,V. Analyses at Peiyang University.

10. Fullar M.L,Some Unusual Erosion Featnres of tne losess of China Geographical Review XII, 1922

11. Lee H. T, Chemical and Mineralogical Study of the loess, Geological Society of China Bull. VII, 1928

12. 林剛：考察日本林業紀要，實業部中央農業實驗所農報第二卷第二十期。
13. Lowdermilk W.C, Conservancy Districts in land Management.
14. Lodermilk Mrs, Inez M, Farmers of 40 Centuries, land to-day and to-morrow. Vol. 2. No. 4. April, 1935.
15. New Orleans Times-Editorial Dec. 16, 1934.
16. Nortn China River Commission, Physiographical Observations and Topographical Survey of the YellowRiver Drainage Area, Hydrolic Engineer Vol. 1-No.6, China.
17. Soil Conservation, Soil Conservateon Service, U.S.D.A. Official Organ, September, 1935
18. Thorp, J. & Hou, k, c, Soils of Northern & Northwestern China Soil Bull, 12, The National Geological, Survey, Peiping, 1935.
19. Wung W, H, Sediments of North China Rivers, China Geological Review Vol. 10, P. 249

本文原稿爲英文，承全國經濟委員會農業處技士牛萮鄂先生代爲譯出，特書此誌謝。著者。

論著

黃河下游有堤河段之治理

安立森

洪水流量

黃河下游陝州與濼口站之有水文記載者，已十有七年。惟因上游時告決口，濼口記載僅爲流量之一部，故陝州記載較爲完全而有價值。或以用陝州記載，作爲治理黃河根據，不免仍有缺憾，蓋陝州以下，尚有沁洛二重要支流流入黃河。然此二河之洪水，未必與正河洪水同時發生，據陝州及平漢黃河橋秦廠等站記載，水流經過此段者，蒸發及耗損甚鉅。沁洛增加流量，除抵補外，亦不過數百秒立方公尺耳。故根據陝州記載，推算黃河洪水最大量及其頻數，尚較適當。

每年六月中旬至十月中旬，黃河流量無小於三千秒立方公尺至四千秒立方公尺者。每二年流量可達七千或八千秒立方公尺，此爲黃河最普通之洪水，即以之爲其平均洪水亦無不可。每三年或四年洪水可達一萬秒立方公尺。每八年或九年洪水可達一萬五千秒立方公尺。每二十二年或二十三年則可達二萬秒立方公尺，洪水之能超越此數者甚少。二十二年之大水殆爲例外。陝州流量曾達二萬三千秒立方公尺，平漢黃河橋流量或至二萬五千秒立方公尺，已過此數，前乎此者則爲五十年前之大水，及九十年前之大水。據孟津父老云：前者尚大於二十二年之洪水，於以知最大洪水約每四十五年或五十年發生一次。由二十二年大水之經驗，吾人知大水之來，携帶巨量泥沙，難以控制，而因開封以下至海口坡度坦平，遂發生決口（二十二年大水，開封以上之河身，雖有冲淘，然下游則遭沉澱。尤以在河北境內爲甚。此段坡度固佳，而水流效率則否，以故含沙下沈，堤岸漫溢，因此決口。設當時河北境內之堤身，稍較高厚，則決口或不至發生。但一經流入山東境內，坡度平坦，堤距窄狹，仍恐不免，其勢不過使決口地點向下游稍移而已。故黃河若遇非常洪水，含沙量復增，兩岸堤防無論建築如何之高，一至山東，則不免有決口之患。

控制黃河洪水方法

如僅在下游平原研究防河方法，欲以控制洪水，殆不可能。故補救之法，應在上游或支流建築若干攔洪水庫，藉以調節水量。然仍有一根本問題未能解決者，即含沙問題是也。欲圖制止，須在上游黃土高原勵行防止冲刷，如是則十五年後可見小效，三十年後可見大效。同時對於節制水量更利用攔洪水庫，則防洪之策，得過半矣。

就目前現狀而言，對有堤河段之堤防，在可能範圍以內，亦惟有對能可防禦之洪水而防禦之，換言之，即僅以延長決口之期間而已。以本年洪水而論，中牟流量達一萬七千秒立方公尺，至山東境內，因河身之存儲，其流量或減至一萬六千或一萬五千秒立方公尺。山東以上，本年無決口情事發生，若嗣後防守得宜，即再有一萬七千秒立方公尺之流量，亦無足懼。

河身容量

河南境內，堤防堅固，二十二年大水，未致決口。惟河面過寬，水流變化無常，堤身隨時有被冲淘危險，兩岸當須多加石工，以策安全。河北境內，堤防雖較稍遜，但年來施以加高培厚之工作，本年幸以平安度過，將來可容流量達一萬八千秒立方公尺。惟北岸尚較單薄，仍須加培，坡度亦佳，若再能改進水文，此段可保無虞。

由冀魯交界之處，直達海口，坡度漸趨平坦，惟臨濮集至陶城埠段尚好，堤距亦寬，若再加培，足可容納一萬五千或一萬六千秒立方公尺之流量，此流量等於中牟之一萬七千或一萬八千之流量。

由陶城埠以下，坡度減至八千分之一，至濼口則爲一萬分之一，又因堤距過窄，決不能容納一萬六千秒立方公尺之流量。二十二年大水，經過此段之流量，足至九千或一萬秒立方公尺，雖有數處堤防遭受冲淘，然未致決口，且河槽反以之刷深。是以此段若施以加培，可容納一萬至一萬二千秒立方公尺之流量。惟陶城埠至齊河縣堤距僅五百公尺，加培之處，因受廻水影響，故其上游勢必仍須加培，然南岸逼近山基，可施工者僅北岸而已，所費亦不甚鉅也。

對於黃河洪水流量餘部之處理，其法有二：

甲、挑挖分水河

乙、於堤上建築滾水壩

甲、挑挖分水河

分水河之必要條件，在使河流直達於海。若僅自某點由正流分出，而由某點流入正流，則其惡劣狀況，并不少減。且在黃河利用分水河，尚有一點，應須注意，即洪水量高之時，亦即含沙量最大之時，分水之處，應有特別建築，以防分水之淤澱過速也。黃河下游之可挖掘分水河者有二處：（一）爲蘭封黃河故道；（二）爲山東境內黃河北岸之徒駭河。茲分論於次：

（一）蘭封黃河故道

黃河故道，上段較寬，若加以改進，似可作一分水河，然一經研究，則有以下之困難：

一、河段過長，由蘭封至海足有五百五十公里，堤岸亦殘廢不堪，徐州以東，河身復狹，若欲使之容納四千秒立方公尺之流量，則需費數千萬元。（山東韓主席計畫容納八千秒立方公尺，則所費更鉅矣。）

二、黃河洪水期過短，有時或不能直達於海，而流經分水河之流量，因速度減低，泥沙下降，補救之法，在延長其流過時間。惟因河段過長，則組織與費用，必爲事實所不許。

三、蘭封附近河面過寬，若使正流分流故道，勢必於故道上建築水門，惟以河道過寬，遇必要時，則又無法使河流逼近水門而有淤塞可能，爲避免此弊起見，勢必於蘭封上游建造束水工程，不惟無甚把握，且因黃河洪水之洶猛，或有其他危險發生也。

綜上三種困難，利用故道爲分水河，以目前經濟人事言，殊難成功。

（二）利用徒駭河

徒駭河亦黃河故道也。由陶城埠附近分出，沿黃河北岸平行入海，較蘭封之黃河故道短約二百公里，以之利用爲分水河，就經濟及人事言，俱優於蘭封黃河故道，四女寺河之高岸居其北，黃河正流居其南，設不幸而決口，則局部之淹沒，損失較小，況防守得宜，又斷無決口之理也。

欲使陶城埠以下正河容納一萬六千秒立方公尺流量時，徒駭河須容納四千秒立方公尺，較之蘭封故道之須容納八千秒立方公尺者，其省費何止倍蓰。且黃河正流，設一旦出險，則其地點亦將遠在陶城埠上游，決不致影響陶城埠附近之分水建築及徒駭河河道也。陶城埠以下，河身漸狹，巨量洪水至此分而爲二，兩河俱盡量容納流量，含沙不至淤澱過甚。水流不足時，則閉徒駭河之水門，使水量盡入正河，藉以刷深河槽。以往挖掘分水河之弊，在予主要目的，用爲分洩正河之洪水，而結果正流與分河俱受淤澱之害，河北之衛河即其一例。河床加高，河身變窄，輙有泛濫危險。欲於黃河避免此種危險，須於入口處建築分水機關，以便引入徒駭河。低水位時則將大部流量引入正河，設正河上游出險，則兩河俱開，以減少決口處之流量，堵口工程亦易著手。

於黃河正流徒駭河口下，建築攔洪水壩，如水流小於徒駭河容量時，則可隨時任意分引，或入徒駭，或入正河，設一河出險，則可隨時堵塞，此類工程浩大，用費之鉅，自在意中。然頗值得研究，前順直水利委員會所建築之北運河蘇莊水槽可供參攷。此項水槽可容納三千秒立方公尺之流量，結果甚爲圓滿。在黃河此類建築，固較困難，然不可不施以研究也。

欲令徒駭河容納四千秒立方公尺之流量，所費究需若干？未經測勘，不能臆斷，惟第一段之上五公里，勢須深濬加寬，以使容納四千秒立方公尺之深量。以下可循窄 藉冲刷展寬，惟仍宜深濬，以暢水流。入口處建築費約百萬元，挖河費約數百萬元至千萬元，至其確數，必待測量完竣，始能予以估計也。

乙、建築滾水壩

減少正河水量之另一辦法，即如前所述，於堤上建築滾水壩，將洪水一部，放於堤外，淹沒農地最小之一區，復導入正河。所引之水，漫溢成一淺層，因其流速遲，含沙淤澱，水流再入正河時，變爲清水，具有刷深河槽之功用，永定河之金水閘，即爲此例，所不同者，該閘所引之水無出路，一任其散漫耳。此類工程之缺點，即爲因放水而災及農民，然一與決口之害相比，則相去又奚止萬萬？茲將其優點列下：

一、工費較分水河低廉。

二、流出堤外之水，其量甚微。

三、水流經過時，爲時甚暫。

四、堤外農田經淤澱加高，可以鞏固堤防。

黃河正流直至山東邊境，可容流量一萬六千秒立方公尺，已如前述，此段金堤貫其北，大堤亘其南，中有民埝，若於臨濮集下，建壩埝上，極爲適宜。兩邊各約佔地八百方公里，洪水時滾水壩流水所經最多不過半數而已，決不能普及全部，況每五年始有一次，較重損失每九年始有一次，然無論如何，決不若去歲貫台決口冀魯豫三省人民所受損失之甚也。蓋黃河較大洪水約每九年發生一次，欲使下游無意外危險，由滾水壩外引水量，約有二萬五千萬立方公尺，使平漫於一千六百方公里之面積，水深不過·一五公尺或半市尺，非全區悉被淹沒，近堤與低窪之處，水深可達二至三公尺，經一星期後，又復盡歸正河，是以距堤三四公里之村落則不受驚恐，即附近堤身之村落，其房舍若爲磚基，則不至倒塌，損失僅一次秋禾，翌年麥秋，仍可收穫。此類情事，每五年始發生一次，較之因决口全被淹沒，因堵口失敗而累年不能收穫者，其利害何啻霄壤。況由滾水壩引出之水多含細沙，尚有益於農田耶？民國十四年黃花寺决口因民埝之决，大堤亦决，若建築滾水壩，則無此危險。蓋引入之水甚微小，不足以搖撼大堤也。滾水壩之優點，較分水河計畫，省費多多。茲將兩種工程比較於下：

徒駭河	滾水壩
徒駭河之挖濬	無
引水閘	滾水壩二座
水閘附近導水工程	水壩附近導水工程
臨濮集至陶城埠兩岸堤身之加倍	滾水壩址至陶城埠兩岸堤身之加倍
徒駭河之保護費	無

津浦鐵路橋樑一座		無
徙駭河渡引幹堤		無
無	禾稼損失	

因引水禾稼所受之損失，略與徙駭河之保護費等，滾水壩二座建築之費用，較引水關約多一倍有半，挖濬費實爲一大宗，計畫取舍應於此定之也。

最大洪水之治理－攔洪水庫

對於最大洪水之治理，厥爲於正河或支流近石岸處，建築攔洪水庫，現正在測量中，惟關於技術諸問題，尚未得到識認以前，此時似難遽爾設計，大部問題均有待於水工試驗也。

攔洪水庫之異於蓄水壩者，以庫之下部，或其兩端建築大涵洞以通水。正河水小時，庫內無積水，若正河水漲時，則出水與進水相差漸多。水一時不能流出，暫存庫內，但當水面增高時，庫內水壓亦形增高，庫下流速增加，惟出水流量不能超過庫下有堤河段所能容納之流量，是以黃河最大洪水時，流量何若？庫上進水何若？庫下出水何若？以及庫之容量何若？均須有詳細測算。庫之容量，以測量工作便可計算。但庫內應蓄洪水量之計算，則非易事，建築水庫時，應令寬廣高厚，以策安全。庫上尤應建築滾水壩，以防漫溢之水，危及堤身。

洪水期經過之後，庫上進水量漸小於庫下出水量，水面降低，漸成空庫，以俟二次洪水之來臨，是故整個攔洪工作純為自動者與自然之處理。但為增加効率計，或可於庫下建築水門。

洪水高漲時，庫上成一大湖，流速減低，含沙下沉，但因庫下壓力過大，流速亦高，涵洞絕無淤塞之虞。至庫內之淤澱，因水面下降，亦將冲洗凈盡，不患積存。所慮者有時第一次洪水未退盡，淤澱未冲完時，第二次洪水接踵而至，不得不廣籌地基，以備存儲此大量之泥沙耳。

前擬測勘攔水庫地址，曾於孟津陝州間作初步之勘查，並根據陝州二十二年之水文紀載略事計算。設於孟津陝州間，建築一攔洪水庫，高五十公尺，則可將陝州洪水流量之二萬三千秒立方公尺，減為一萬五千秒立方公尺。若庫高七十公尺，則黃河之任何最大洪水皆可控制。使平漢橋流量減至一萬三千或一萬五千秒立方公尺。若再於上游或支流建築若干攔洪水庫，則洪水時，平漢橋流量可低至一萬二千秒立方公尺，小水時可低至一萬秒立方公尺，而下游將永無河患矣。

攔洪水庫之另一優點，即為當洪水時，因庫內沉澱，庫下水流澄清，是可冲刷下游之河床及河岸，而使之深濬。雖有下游支流沁洛等河所挾泥沙，然總含沙量不過百分之二三。直至洪水過後，因庫冲淘，含沙量再行增加，至下游復行沉澱。而下游河床更相增降，仍與目下情形相若也。

建築攔洪水庫，費用浩繁，每庫需款三千萬元左右，是以若先行整理下游，可容納較大流量，而庫之容量減少，建築費用不若前此之巨。但庫之控制機能甚大，不必束水使流量降至一萬五千秒立方公尺以下，則陶城埠流量可達一萬四千秒立方公尺，徒駭河分去四千，則正河僅餘一萬，當無若何危險。水大時因水流澄清，徒駭河無淤塞之患。水小時關閉閘門，使入正河。是以下游滾水壩或分水河應與上游之攔洪水庫相輔而行。下游整理就緒後，再建築攔洪水庫，建築時期以四年計。必要時再於上游建築同樣水庫，以減少水流之含沙量，而延長下游河身之效用期間。

防止冲刷

依前述情形，則黃河之患似可永遠解除矣。然猶未也。黃河上沙島遷徙無常，仍不能進行航運。海口三角洲依舊向前伸展，影響河身坡度，而使水文效率更行惡劣，不及百年黃河或再有改道之危險。吾人躬與治河之役，責無旁貸，泥沙問題，終須解決也。黃河上游之土壤冲刷，乃一嚴重問題，非惟浸蝕西北數省之最肥沃土壤使之漸變磽瘠，減低生產，而一經冲下，被淹農田，復受其害。防止之法甚多，茲姑無須詳細研究，而最要者則爲先事舉行土壤測量以決定何種樹木及草類爲宜，再行改進西北階田及施行條裁法。深溝大壑則利用谷坊等之機械障礙物，以防冲刷。造林亦爲重要工作之一，整個工作，除因人事方面若教育組織，政治，及區域過廣，較感困難外，其他並無若何技術之繁難。即將來各種事業，成功之後，關於保護歲修監督諸端，亦均需相當組織與教育也。

設使黃河含沙量由百分之四十減至百分之五，黃河洪水量足可減少百分之三十。二萬五千秒立方公尺之流量可減爲一萬七千秒立方公尺矣。經過下游又受攔洪水庫之控制，流量減少，水流澄清，既除河患，復利航運，而黃河成爲中國之福利矣。

海口之改進

對於海口三角洲改進之效率，言人人殊。有謂海口之整理足以改進上游者，亦有否認此事實者，總之河流經過平原，在任何地點，發生突然變異，其影響或將波及上游。惟此類影響因上游大水之時加冲流，甚難持久，而尤以夏季大水爲甚，由此觀之，則三角洲發生變遷所生影響殆亦類是。而三角洲之變化，生於冬春二季，或可暢上游之流，或可使上游之流更形屈折，然一至夏季，上游大水所生影響，或可使此種變化完全消滅，若然則普通所謂三角之變化足以影響上游者，殆指此耳。

黃河海口三角洲，每十年可延長二公里有半，弧線達一百公里，設口門定於一處，則該處延長之迅速，當較口門游移於此一百公里之弧線以內者爲甚。其速率每年約可引長一公里。河既歸於一槽，兩岸保護工程亦須迅速完成，不惟事實上爲不可能，經濟上亦所不許也。且河身愈延長坡度愈趨平坦，將使上游河槽更爲難治。是不若一仍現狀，令三角洲自由淤墊，將來徒駭河工程完成，淤墊情形當更良好也。

現該處人烟稀少，多爲匪類所盤踞。以河道之遷移無常，屢請地方政府加以救濟，於是國人知之者漸多，亦思加以墾殖。該洲約估地五百萬畝，以無隄故，河海泛濫，變遷無常，耕植未能盡得其利。現口門在該洲迤南，趨近可航行之小清河，頗有淤塞可能。爲今之計，莫若自鹽窩起建造大隄，至距海岸三十公里之點止，藉以範水中流。可墾之地約有四百萬畝，而小清河亦無淤塞之處。

再者三角洲各支流之疏濬，亦爲勞而無功之舉，蓋一次泛濫，殆將各支流淤塞而無餘，故不若任其自然漫流，而於高潮線以上約三十公里內，逐漸墾殖，一俟上游防止冲刷工作獲有效果時，水流澄清，而三角之河槽日益刷深，益以兩岸大隄完成，則黃河或有通航之一日，然至遲當在五十年以後也。

六、蘆苞節制水閘工程完工。

七、結束各江河防汛工作。

八、黃河水利工程總局在開封舉行慶祝安瀾大會。

十一月份

一、刨毀東横東州及孤兒垸工程完工。

二、編送本部主管卅六年度事業費追加預算。

三、奉院令添設器材司，調派章元義爲本部器材司司長，彭篤生爲水利示範工程處主任。

十二月份

一、本月十二日洛惠渠正式舉行放水典禮，薛部長偕高級技術人員親臨主持，並親察涇惠渠。

二、行政院處理洞庭湖天祜垸盜挽堤基監察委員會，奉令裁撤

。

三、本部器材司於本月一日成立。

四、珠江水災搶修工程完工。

五、派員驗收揚子江堵口復堤工程。

六、國民政府公布修正長江，黃河，淮河各水利工程局組織條例。

七、國民政府公布修正興辦水利事業獎勵條例。

八、海河擂淩工作開始。

九、編送本部主管卅五年度事業費決算。

十、海河工程局局長徐世大辭職照准，奉院令任命向迪琮爲海河工程局局長。

黃河下游治理計畫

黃河水利工程總局

該文附圖甚多，有治理黃河下游工程設計圖三十幅，黃河水文圖八十八幅，因製版困難，未能刊出，深引歉仄，所有圖表，均存本部檔案室。——編者識——

緒言

黃河爲患，史不絕書，故河工爲我國水利史上最重要之工作。歷代河工名人對於治河之見解，亦不爲少。考其內容，則多僅係綱領。卽或曾經實施，而間獲效果，然河患至今仍未能根本解除。

關於治黃意見，有主分水以減洪者，有主改道以暢流者，有主束水以攻沙者，有主於上游植林以消除泥沙與洪水於根源者。議論之多，不勝枚舉。然吾人試詳察之。果黃河之流分矣，或下游河道遷改矣，則黃河是否能保永久安瀾之狀態？可曰不能，其所發生之現象，仍爲淤墊，莣亂與溢漫，以堤束水，以水攻沙，幾成治河格言，然根據試驗結果，在河槽固定，堤防距離較窄之河床，其冲刷效能反不如在較寬堤距之河床爲得力。至於消除泥沙與水於來源，固可減少洪水患，然其實施，

需時久遠，成效亦不可恃。李儀祉先生曾云：「爲民生而植林則可，若俟植林而除水患則爲水利家之恥」斯言也甚爲確當。

吾人苟欲爲黃河除患興利，須着重於「治河」。言節洪分水改道或可，若謂節洪分水改道後河卽治矣，則不可。河流可以「人」作比。人須受以教育，使其行動合於正軌，則不至爲害於社會。河流須加以治理，使其流動有規，而合於水性，始可免成災。

恩格思曾有治河要例之規定謂：「凡治理河流，不可祇視其表面之損害（例如河岸之崩坍，河床之淤墊，堤之決口等），而須精密探求其所以損害之原因，旣得病源，始可籌劃救濟之策」。歷代河工則僅以護堤搶險爲能事，從未深察河之所以致害之原因，是以河終不能治也。

研究治黃之資料甚感缺乏。雖有水文記載，然歷時甚短，且設站過少，關於泥沙運輸之情況，亦欠明瞭，然計劃之要旨不外改良堤線與固定河槽。設計數字固有出入，（例如各段計劃洪水流量及水位之推求，河槽寬度之規定等）然在治河原則上，則尙不背謬，蓋每一河流當有規順之堤線，防止洪流冲擊，危及堤身，增加河槽遷徙之機會，每一河流亦當有一規順而固定之河槽，始能稱爲已經治理之河流。治河要旨固不外乎此，惟如此，泥沙之運輸始能就範。此外並注意於中游水土之保持及其他節洪工事。二者同時並舉，相扶爲用，則黃河之害庶可逐漸解除，而水利亦可興矣。關於黃河問題仍須以試驗之法解決者尙多，亦極應注意也。

黃河下游河道測量竣於民國二六年七月。自二七年改道後舊床淤澱荒廢。實際情形當與測量時期者有所差異。本計劃則仍以原測地形爲依據，實施之時，自當有所更改。

黃河下游治理後航運問題亦卽大部解決，蓋防洪與航運目的雖異，而治理方式則完全相同。將來於必要時，再施以低水河槽之整理，中游水土保持工作生效後，下游低水流量增加，高水流量減小，輸泥之量亦微，於防洪有益，於航運更屬切要。

花園口分洪工程僅在分洩下游河床不能容納而致災之洪水。其發現之機會極罕。蓄洪區域以內不應居住，然仍可以耕種。有主張在蘭封利用黃河故道分洩洪水者。因故道淤墊已高，堤防廢棄，在未實測以前，無從詳細研究，且蘭封分洪僅能免冀魯境之災，而不能除豫境之患，似不如以在花園口爲宜也。

本計劃內有於陝縣築壩節洪之建議。其可能與否，則以庫內淤澱情形及其對於航運有否障礙而決定。在供給下游洪水最多之支流及山陝段黃河幹流建築節洪壩，亦無不可。惟所需壩數甚多，如渭河，涇河以及山陝諸主要支流。在此支流內高低水流量較之潼陝段黃河相差尤爲懸殊。庫內淤澱問題似更嚴重。築壩是否可能或合於經濟，應於試驗陝縣節洪壩時，一併研究，吾人對於節洪設施之見解，除施行水土保持外，僅此數點而已。此外是否尙有其他良策，仍希熱心於治黃者有所指示也。

黃河下游洪水流量經分蓄後其剩餘之計劃洪水流量自以採用較低之數值爲安全。但經詳密考慮或因經濟關係，（如花園口分洪工程）或因技術方面之困難，（如節洪壩上游之淤墊）在花園口分水或由節洪壩蓄水過多，均似非適宜。而以治河功效論，計劃洪水流量亦不宜於過低。過低則高水漫灘之機會少，灘面淤澱之速度緩，河槽之冲刷與造就亦遲，且分洪過多，河水含泥百分數未減，而流力大消，節洪壩蓄水過多，延長洩水峯之日期，落水時下游含泥量增加，對於河床均有不良之影響也。

民國三五年五月

第一章　總論

言黃河之弊，莫不知其由於善淤善決。謂淤：則曰河水挾泥過多也。謂決：則曰洪水過巨且猛河床因淤而不能容納也。故論治黃者多着重於上中游之減洪與防沙，以除河患於根源，其理固然，然更有重於此者，則爲下游河床之治理：

河流荒亂之程度隨所含重質及高低水流量之差異程度而增加。此種荒亂狀態在黃河特爲顯著。漲水之力未足以冲攜全部泥沙入海，迨水落深減，抑轉力削，則積滯中途，於是而河流散漫，槽淺多岐，蜿蜒曲折，尤增淤澱之機會。由於高水力猛，河槽時有遷徙，尤足以削減其冲刷之機會，於是而全床逐漸淤高，泥沙無可推泄之途，水益失歸海之勢。又由於堤線無規，阻改流向，河槽左右移擺冲擊堤身，而潰決乃屢現矣。治河之目的，則在消滅以上之缺點，使河歸一槽，增加冲刷能力，減少淤澱程度，而達冲淤平衡之狀態，並改良槽線與堤線，使流水暢順，河槽勿近堤根，避免大溜冲擊堤身之危險，大堤間應能安全行經數十年一次之洪流并酌建節洪設施。歷年河工僅以墨守舊法，護堤搶險爲了事，徒以有限之人力財力，與水相爭，是以險象叢生，收效極微，反感黃河問題之複雜與不易解決也。

於黃河上中二游施行水土保持工作對於減少下游河水挾沙，均衡高低水流量，及和緩洪水來勢之功效，已爲有識者所公鑒。惟此項工事僅能視爲治河工作之一部分，而不能認爲治河唯一之辦法，蓋下游業已荒亂之河床不能全俟上中游水土之控制而就範，卽一般含沙量小，流量較勻之河流，亦須加以整治始能宣洩暢適。且水土保持實施範圍極廣。短期難收實效，而下游水患之祛除，則刻不容緩，此乃吾人所以重視下游河床本身治理之原因。然吾人對於治黃，除治理下游外，則仍注意上中游之水土保持，並促其積極推進。成功之後能使下游已經治理之河段更趨完善。其最顯著者爲：低水量增加，高水量減少，有益於航運。且下游治理後，河槽雖經固定，然低水槽仍有淤積之可能，若減少泥量於來源，則淤積程度自亦大減，對於航運亦屬切要。尤有進者：保持水土除於河有利外，能使水土存留於地，溝壑變爲耕田，減少荒旱，增加農產。能使大部不毛之地，變爲富庶之區。故欲言開發西北，水土保持亦爲切要工作。

於黃河上中游幹流及主要支流選擇適宜地點建築攔洪水庫自亦爲減少下游水患方法之一。惟黃河及各支流含沙極豐，水庫淤積成爲嚴重問題，不容忽視。考諸歐美各國亦多有採用水庫以攔洪者，雖其河水挾沙尚遠較黃河爲低，而水庫仍難免淤積之現象。防止水庫淤積固可於壩之下部設洞口，排洩通常高水流量，而不受壩之影響，用以冲刷庫內之淤積。然壩之下游恐因落水時期泥量增加，對於河床更爲有害。設計之時須附以模型試驗，詳察庫內冲淤情形，及其對於下游河床之影響而後決定之。

黃河下游堤埝距離在豫冀二省境內者較寬，加以整理培厚後尚足以容納較大之洪水流量。迨入魯境，逐漸縮窄，難期安全通過大量洪流。而加寬堤距另築新堤又爲事實經濟所不許。補救之策似應於平漢路橋以下選擇適宜地點設置分洪設備。遇罕見之洪漲分引一部份流量於預定之處所，以免下游洪水無法控制。以目前情形度之，似以將花園以下之氾區，於將來整理時，留出一部份作爲分洪之用，較爲經濟妥善。另一方法係在陝縣太陽渡黃河窄峽處建築節洪壩一道，攔蓄致災洪水。兹將黃河下游治理及減洪工程分述之。

第二章　下游之治理

第一目　下游各河段計劃洪水流量之規定

第一節　理論

治理黃河下游之設計須賴長期而準確之水文資料。按黃河自陝縣以迄利津九七〇公里間，曾設有水文站之地點僅陝縣，秦廠，中牟，高村，董莊，陶城埠，濼口及利津九處。各站距離遙遠，且除陝縣站自民國八年迄今共有二十六年之流量紀錄外，其餘各站記載時間均甚短促，中牟站以下又常受堤防潰決之影響，故沿河洪水流量變化情形，不足作設計之依據。陝縣站因有二十六年之記載，尚足憑以估計該站各級洪水流量發生之頻率。兹根據上述記載，將各年之最大流量依次排列，幷計算每一流量之發生與超過次數及其百分比，繪製陝縣站洪水流量之周期頻率曲線如圖(一)之A。推求將來可能發生之洪水流量，可用此項曲線之延長線，但易致差誤。較妥方法爲應用偶率原理，求出此項曲線。按尋常差誤原理之偶率曲線公式爲：

$$y=F(X)=\frac{K}{\sqrt{\pi}}e^{-K^2(X-Xd)^2}\quad\cdots\cdots\cdots\cdots(1)$$

式中y代表x值發生之次數，以百分計。k爲常數。y之最大值發生於$x=x^d$處。但洪水之發生情形與尋常偶率曲線所代表者略有不同，洪水偶率曲線應爲不對稱者。而式(1)所代表者則爲對稱之曲線。兹爲適用於洪水情形起見，可將式中X與Xd用logX與logXd代替之(註一)得：

$$F(\log X)=\frac{K}{\sqrt{\pi}}e^{-K^2(\log\frac{X}{Xd})^2}\quad\cdots\cdots\cdots(2)$$

F(X)與F(logX)之關係可用下式求得之：

$$F(X)\,dx=F[f(x)]\,d[f(x)]\quad\cdots\cdots\cdots\cdots(3)$$

蓋係假設F(x)曲線與x軸間之面積等於F(logX)曲線與x軸間之面積也。故式(2)可化爲

$$y=F(X)=\frac{K\log e}{X\sqrt{\pi}}e^{-K^2(\log\frac{X}{Xd})^2}\quad\cdots\cdots(4)$$

因係代表流量故式(4)x及x^d可易爲Q及Q^d

$$y=F(Q)=\frac{K\log e}{Q\sqrt{\pi}}e^{-K^2(\log\frac{Q}{Qd})^2}\quad\cdots\cdots(5)$$

洪水流量發生之頻率應爲

$$S(Q)=1-\int F(Q)\,d(Q)\cdots\cdots\cdots\cdots(6)$$

命

$$K\log\frac{Q}{Q_d}=Z$$

則

$$S(Q)=\frac{1}{2}-\frac{1}{\sqrt{\pi}}\int e^{-Z^2}dx\cdots\cdots(7)$$

命

$$\frac{2}{\sqrt{\pi}}\int e^{-Z^2}dZ=\phi(Z)$$

則式（7）應爲

$$S(Q)=\frac{1}{2}[1-\phi(Z)]\cdots\cdots\cdots\cdots(8)$$

爲使式（8）與實際之洪水發生情形更爲相符起見，可應用布綸司級數（Brun's Series）將式之右方各項無限增加，即

$$S(Q)=\frac{1}{2}[1-\phi(Z)-a\phi_3(Z)-b\phi_4(Z)\cdots\cdots(9)$$

惟尋常應用僅須增加$a\phi_3(z)$一項即足矣，故式（9）應爲

$$S(Q)=\frac{1}{2}[1-\phi(Z)-a\phi_3(Z)]\cdots\cdots(10)$$

根據式（10）及陝縣站歷年之最大洪水流量記載，求得陝縣站之洪水流量頻率曲線如圖一之B。

爲比較起見，可再應用其他方法推求陝縣站之洪水流量頻率曲線。根據皮爾遜（Pearson）（註二）研究各種可能之頻率曲線結果，曾提出十三種不同性質之曲線，但此十三種曲線中僅二種適用於洪水情形，此二項曲線之公式爲

$$z=1-\int ydx$$

$$=1-\int y_o\left(1+\frac{x}{a_1}\right)^{va_1}\left(1-\frac{x}{a_2}\right)^{va_2}dx\cdots\cdots(11)$$

$$z=1-\int ydx$$

$$=1-\int y_o\left(1+\frac{x}{e}\right)^{re}e^{-rx}dx\cdots\cdots\cdots(12)$$

式中a_1，a_2，v，e，r等均爲常數，y_o爲y之最大值。茲根據陝縣站歷年之最大洪水流量記載，應用此種方法推得該站之洪水流量頻率曲線如圖一之C，此項曲線屬於式（11）型。

B C兩曲線以C曲線與實際記載比較接近。本計劃即以此曲線爲推算陝縣各級洪水流量發生頻率之根據，計得十五年一遇之洪水流量約爲二〇、〇〇〇秒公方，二十五年一遇者約爲二四、〇〇〇秒公方，五十年一遇者約爲二八、〇〇〇秒公方，百年一遇者，約爲三二、〇〇〇秒公方。

至於估算陝縣站之最大洪水流量，則比較困難，按該站之較大洪水，自有水文記載以來計凡兩次，一在民國二十二年，一在三十一年。前者流量約達二二、六〇〇秒公方，後者較前者尤大。惜以是時陝縣對岸淪陷敵手，未能施測流量，僅按水位紀錄，依據歷年水位流量關係曲線推估是年洪水量約爲二九、〇〇〇秒公方。根據上游幹支流各站民國二十二年洪水流量記載分析結果，來自洛陽河者爲三〇〇秒公方，涇河者爲一二

，〇〇〇秒公方，渭河者爲四、〇〇〇秒公方，汾河者爲一，八〇〇秒公方，包頭潼關間諸水者爲二，三〇〇秒公方，包頭以上之黃河者二，二〇〇秒公方，可知大部洪水係來自涇河，而各支流洪水峯先後抵潼，相差僅數小時，設竟同時抵潼，陝縣流量或可達三〇，〇〇〇秒公方。

三十一年陝站洪水之來源，因陝縣以上之潼關，龍門，包頭以及汾河各測站皆以戰事影響，觀測工作停頓，難以詳確推測。今僅就現有資料加以整理研究，知此次洪水來自涇洛渭各河者約僅五〇〇〇秒公方，包頭以上者約爲二，一〇〇秒公方。（查該年包頭無記載，蘭州流量爲二，一〇〇秒公方，茲卽以此數爲來自包頭以上之流量，蓋蘭包間流域面積殊少增加而反收長槽涵貯平緩洪漲之功也。且按以往記載，包頭流量亦均較蘭州爲小）其餘二六，四〇〇秒公方，當係來自山陝交界處諸支流如山西汾河陝北延河等。

由以上分析，可知二十二年及三十一年二次洪水，係來自不同之區域，卽前者大部來自關中各支流，而後者則係來自山陝間諸流。今假設上述關中及山陝間諸支流之洪水同時發生，且二者之洪水峯於潼關陝縣間相遇，則陝站之流量當較前此更巨，其可能之配合爲：來自涇洛渭者約爲一六，三〇〇秒公方，山陝間各支流者二六，四〇〇秒公方，包頭以上之黃河者二，二〇〇秒公方，合計爲四四，九〇〇秒公方。惟上述涇洛渭及山陝諸支流之洪水流量，均係歷來所罕見者，且因關係區域過廣及有崇山峻嶺之阻隔，降雨似難遍及全區，故二者同時相遇更屬不易。比較合理之假定應爲山陝間諸支流二六，四〇〇秒公方之流量與來自涇洛渭之普通洪水流量八，〇〇〇秒公方，（約合二十二年最大流量之二分之一）及包頭以上黃河流量二，二〇〇秒公方相遇，合計得三六，六〇〇秒公方。

另一造成陝站較大洪水之可能，爲涇洛渭三河同時暴漲，蓋此三河流域面積比較集中，且性質亦甚近似，同時發生洪水之機會較多也。按歷年流量記載，涇河之最大流量爲一二，〇〇〇秒公方（三十二年八月）洛河之最大流量爲四，〇〇〇秒公方（二十九年七月）涇河口以上渭河之最大流量爲九，四〇〇秒公方（三十年九月），三河之流域面積計涇河爲五六，九〇〇平方公里，洛河爲二七，〇〇〇平方公里，涇河口以上之渭河爲四二，〇〇〇平方公里，設在性質相似河流最大洪水流量與流域面積之平方根成正比例，幷以涇河之最大流量一二，〇〇〇秒公方爲根據，推算洛河之最大流量約爲八，五〇〇秒公方，涇河口以上渭河之最大流量爲一〇，五〇〇秒公方。倘此項估計之三河最大流量相遇，幷與來自包頭潼關間諸水之尋常洪水流量約四，〇〇〇秒公方及包頭以上之黃河流量約二，〇〇〇秒公方相匯合，則卽將造成陝縣約三七，〇〇〇秒公方之洪水流量，與用第一法推得之最大洪水流量略同。

以上二項假設之陝州站最大洪水流量發生之機會自屬極小，然非不可能也。爲統籌下游之防洪，似應以可能範圍內予以計及，以策安全。

洪水出陝站，以受沿河逕支流匯注與夫河槽涵蓄作用及沿途滲漏等影響，流量因亦逐漸變化。至其變化情形以各站水文記載不全，且洪水時多遇沿河堤防潰決，不易推測，已如前述。惟計劃下游防洪，則又必須憑諸下游各站各級洪水流量之數值，爲今之計，唯有根據陝站之洪水流量，就現有下游各站水文資料，及河槽形勢間接推算各站之洪水流量，以爲設計之標準。茲將計算方法擇要述明如後：

取任一無支流入匯之河段爲例，設在某一時間自河段上端注入之流量爲Q_0秒公方，自河段下端洩出之流量爲U_0秒公方。t小時後此項流量各爲Q_I秒公方及U_I秒公方。在此期間或有一部份逕流或地F_I水沿河來注，或槽內原有流量因滲漏而損失。此項增加或損失流量淨值，假定在開始時爲L_0秒公方，最後L_I，秒公方。又設在此期間河段內所含蓄之水量自S_0。增減爲S_I，則各項數值之關係可用下式表示之：

$$\frac{Q_0+Q}{2}t-\frac{U_0+U}{2}t+\frac{L_0+L}{2}t=S_I-S_0 \cdots\cdots(13)$$

式中S_0與S_I單位應爲秒公方小時。式中僅Q_0，Q_I及t爲己知數，故欲自己知之河段上端流量推求河流下端之流量當非可能。惟在洪水開始以前，河段流量甚小且較平穩，故倘以洪水開始時爲起點則假定$U_0=Q_0$當無大差。現僅需再將L_0，L_I，S_0及S_I，各值設法求得，卽可應用式(13)推算U_I，然後再以此爲起點，逐步計算，則可求得河段下端之流量。茲將尋求S及L之方法分述如後：

（甲）s之推算：河段內河槽之蓄水量，與河段上下端之流量當有固定之關係，據美人赫頓 Horton（註三）研究結果，認爲在任何時間，河流某處以上之河槽蓄水量，應爲該處在該項時間以後逕流量曲線（Hydrograph of Surface Runoff）所包圍之面積。惟此項原則僅適用於逕流量曲線落水部份在反折點以後之一段。又此處所謂逕流係指所測之流量減去注入之地下水流量而言，應用時可在流量曲線上洪水之起訖點附近各選一點以直線聯之，則直線與流量曲線間之垂距卽大致代表逕流量。倘將此項原理用於河流之一段，則其蓄水量自應爲河段上下端逕流量曲線之間所包圍之面積。繼經魏斯勒與希拉特(Wisler and Brater)（註四）應用此理於若干河流，幷以河槽蓄水量爲橫坐標，河段上下兩端相當之逕流量之和爲縱坐標，繪成曲線，結果除少數例外均爲直線。故利用逕流量推算河槽蓄水量，雖僅適用於逕流量曲線之一部份，但以二者係成直線關係，自可向上延長而不致發生重大之差誤。惟黃河情形特殊，此項關係是否存在，有待證明。經選數例計算，結果雖亦間有成直線關係者，然據此再自河段上端逕流量曲線囘算下端之逕流量曲線，則均與實際測得者不符，考其可能原因不外：（1）黃河情形之特殊：（2）流量記載之欠精確：（3）所取河段之過長，蓋黃河下游水文站之距離多在百公里以上，其間變化自較複雜也。上項原理既難應用，遂改取直接方法，將河槽蓄水量分爲二部份，按照五萬分之一實測地形圖及河槽橫斷面圖分別計算河槽蓄水量與河段上端及下端水位之關係，設S_Q及S_U分別爲因上端及下端水位變化所產生之河槽蓄水量，則

$$S=S_Q+S_U \cdots\cdots(14)$$

然後根據水位及流量關係曲線求河槽蓄水量與河段上端及

下端流量之關係曲線（即S_Q與Q及S_U與U之關係曲線）以備應用。

（乙）L之推算　自式（13）得

$$L_I = \frac{2(S_I - S_o)}{t} + (U_2 + U_I) - (Q_o + Q_I) - L_o \cdots\cdots(15)$$

茲以河段上下兩端任何一已知並相當之流量曲線爲根據，應用式（15並（甲）項所得S_Q與Q及S_U與U之關係曲線逐步推算L值，經過若干次不同流量情形之推算後，即可據以繪具L與Q或U之關係曲線，按黄河下游L大抵爲負數，蓋係滲漏損失也。在一固定之河段內此項滲漏不僅與流量之大小有關，且因沿河兩岸在此時期受水之情形而異，至爲複雜。爲應用便利計，暫將各段河槽之L與Q關係用二曲線代表之，一爲漲水時L與Q或U之關係曲線，一爲落水時L與Q或U之關係曲線。此法雖不足完全代表實際情形，惟相差尚不致太遠。

根據以上所論，吾人即可自河段上端任何一已知之流量曲線推算相當之下端流量曲線。推算時暫將下端分爲二部份分別計算之，其步驟如次：

（一）自已知之上端流量Q，推算其經過河槽蓄水作用後到達下端時之流量G。此項流量可用式（13）計算，惟不計L，並將式中之U易爲G：

$$\frac{Q_o + Q_I}{2}t - \frac{G_o + G_I}{2}t = S_I - S_2 \cdots\cdots(16)$$

按照（甲）項所述將S_I分爲S_{Q_I}及S_{G_I}（此處S_{G_I}相當於（甲）項之S_U）則式（16）可化爲

$$Q_o + Q_I + \frac{2S_o}{t} - G_o = (S_{Q_I} + S_{G_I})\frac{2}{t} + G_I \cdots\cdots(17)$$

如t爲二小時則式（17）應爲

$$G_o + Q_I + S_o - G_o = S_{Q_I} + S_{G_I} + G_I \cdots\cdots(18)$$

式中左方各數均爲已知，故S_{U_I}，S_{G_I}與G_I之和亦爲已知，然後應用（甲）項所述之Q與S_Q關係曲線求S_{G_I}，因得$S_{G_I}+G_I$之値，再自G與S_G之關係曲線（即（甲）項所述之U與S_U關係曲線）繪製G與S_G+G之關係曲線（即U與S_U+U之關係曲線）。繼自此項曲線求G_I如是逐步推算即得G曲線。

（二）自已知之河段上端流量曲線推算沿河增損流量曲線L。此項曲線可自Q與L之關係曲線求得之。

（三）推算自（二）所得之流量L到達河段下端時之値K。仍用式（13）但不計Q，並將式中U易爲K。

$$L_o + L_I + \frac{2S_o}{t} - K_o = \frac{2S_I}{t} + K_I \cdots\cdots(19)$$

如t爲二小時則

$$L_o + L_I + S_o + K_o = S_I + K_I \cdots\cdots(20)$$

式中左方各數均爲已知，故S_I與K_I之和亦爲已知。此項S_I僅與河段下端之流量有關，故S_I即等於S_{K_I}（此處S_K相當於（甲）項之S_U）。然後自K與S_K關係曲線（即（甲）項所述之U與S_U之關係曲線）推求K_I，逐步求得K曲線。

（四）將自第（一）項所得之G曲線與自第（三）項所得之K曲線相加卽得河段下端之流量曲線。

上述之K値線亦可免經第（二）（三）兩項步驟逕自U與L關係曲線用試差法直接求得之（此處之L應卽爲K）。卽先假定一L値與第（一）項所得之Q値相加得下端之流量U，繼根據此項U値自U與L之關係曲線求L視其是否與假定之L値相符，并加以修正，至達到所需要之精確程度爲止。

依照上述方法逐段計算，則任一假設之洪水流量曲線，當洪水向下游推進時其變化情形均可推得。

以上係假設河段內無支流入匯，倘河段內有支流注入而其流量於洪水在河段推進時間內甚爲微弱，或變化甚少，則此法仍屬適用，按黃河自陝縣以下除平漢鐵橋上游附近來注之沁洛二河外，其餘入匯之支流流量均甚微弱，可以不計。至於沁洛二河本局曾有三至四年之水文資料記載，二河之常年洪水流量，均僅在數百秒公方之譜。而尋常流量則尤爲微弱。且殊少變化。故在二河尋常流量期間，上述計算方法仍可應用。又據已往記載，陝站發生較大洪水時，二河同時漲水之機會極罕，惟爲安全計，此種情形，仍需計及也。設遇此種情形發生，致二河河口以下之流量超過第二節所定之計劃之洪水流量時，則此項超過之流量，可自花園口分洪設備洩去，不致影響下游之安全也。（分洪設備之計劃洩水流量見第三章）

第二節　下游各河段之計劃洪水流量

根據第一節所述，應首先規定陝縣站之計劃洪水流量，然後再逐步推算下游各站之計劃洪水流量，以爲設計防洪工事之依據。吾人倘以前節所估計之可能最大洪水流量三七，〇〇〇秒公方爲陝站之計劃洪水流量，自最安全。惟此項流量發生之機會極小，以之爲設計之根據，殊不經濟。且下游治導以後，河槽逐漸刷深，洩水容量日增，而同時中上游水土保持工作推進以後，下游洪水量當亦日益減低，故可不必選擇太高之計劃洪水流量也。爲求經濟與安全，二者兼籌並顧起見，似宜選擇較低之流量爲陝縣站之計劃洪水流量，而於遇到大於此項流量之洪水，卽將超過之流量自花園口分洪設備洩去。根據第一節所求得之陝縣站洪水流量頻率曲線以五十年一遇之洪水流量二八，〇〇〇秒公方及二十五年一遇之洪水流量二四，〇〇〇秒公方分別推算下游各站之洪水流量，其結果如表（一）（參看圖（二）圖（三））。

表一：黃河下游各水文站計劃洪水流量表

站別 流量秒公方 陝站流量（秒公方）	孟津	中牟	董莊	陶城埠	濼口	利津
28,000	25,700	24,600	19,700	16,200	15,300	15,300
24,000	22,100	20,900	17,200	12,900	12,500	12,500

玆按陝縣站二八，〇〇〇秒公方及二四，〇〇〇秒公方之計劃洪水流量，估計下游培修大提及花園口分洪設施工程所需工費總額，以作比較，求得採用二四，〇〇〇秒公方之計劃洪水量其工程費總額大於採用二八，〇〇〇秒公方者，蓋因花園口分洪流量增大，原有隴海鐵路以北之氾區不足以容納此項洪水量，向南擴展，不但鐵路必須改線，且中牟縣亦在儲水範圍

以內，若向東擴展，則需佔用耕地達二九二，〇〇〇市畝，再加遷移村舍所需費用爲數甚鉅也。本計劃卽採用陝縣站二八，〇〇〇秒公方之洪水流量作爲設計下游各水文站河床橫斷面之根據，並求得各水文站之計劃洪水位與計劃堤頂高度如表三，各站計劃橫斷面及河床縱斷面如圖(四)及圖(五)所示。(待續)

譯美國密西西比河防洪計劃模型試驗

工程師今有控制美國密西西比河之計劃矣，此有史以來第一次也。茲河與中國黃河同爲世界上遷徙不息之水道，負敗家子之惡名，支流紛歧，其微源小澗，遍佈美國疆土三分之一。匯爲溪河，流域面積大逾瑞典，挪威，法，德，英，意諸國土地之總和。全河之水，注入從未經人控制之河道中。幹河遷徙無常，有時生成大灣，有時又自行裁灣取直。事實上全部河床，皆是陸地也。

茲河昔時遷徙，常使各省疆界遷移。河上農民，今晚居路易斯安那省，（Louisiana），一夜之間，河流改道，明晨所居之地，已爲密西西比省矣。（譯者註：此卽吾國今日河東明日河西之諺語）。最不幸者，修堤也，浚河也，築壩也，所費雖以千萬元計，而收效甚微。每遇洪水，萬千人之生命，與夫不可以數計之田畝農產，一掃而空。今則工程師終能自信，可使密西西比河受其約束，猶如蠻橫不法之惡人，受感化後，成爲樂與人交之良民也。

工程師計劃之開始，係在密西西比省之克林頓（Clinton）美國陸軍水道實驗處（Uniled States Army's Waterways Experiment Station）之技術專家多人，於此建立河工模型實驗區一處，其規模之巨大，佈置之複雜，爲向所未有。包括密西西比河全部流域及水道系統，無異一大『地圖』，佔地面積約二百英畝。實際上，東起紐約，西低大陸東西分水嶺，北起加拿大，南抵墨西哥灣，密西西比河流域面積一百二十四萬四千平方英里，均表示於此『地圖』之中。築成混凝土水道一百餘道，代表俄亥俄河(Ohio)，密蘇里河(Missouri)田納西河(Tennessee)，布剌特河(Platte)，阿肯塞斯河(Arkanasas)等大支流。通航河道，共長一萬五千七百英里，在實驗區中，縮小爲八英里弱。其綿亙五十英尺長之小山，表示洛機山（Rockics）。而路易斯安那省之巴頓朗治山(Boton Rôuge)。依比例尺縮小，高度僅兩英寸。

根據模型實驗而得之理論，則爲局部控制水道，乃不可能之事。在密西西比河全部流域中，堅固堤防與新式大壩，固可保護某一支河流域內人民生命財產，然不免使其他各河流域，蒙受大災。例如在俄亥俄省東南境馬斯根河（Muskingum）上，建築蓄水庫，大雨之時，攔水入庫，固可免一地受洪水之災不合之處頗多，故應有野外實驗，選定適宜地區，比較同一區域內，曾加防護田地與未加防護田地之土壤損耗與逕流數量。更就各種不同情況，試驗各種防護方法之效能。例如在荒溪建築攔沙土壩；在陡坡造林種草；在平緩地使用不同之耕耘，種植，等高耕作，條栽，輪耕，溝洫，梯地等方法，並依季風方向造各種樹木之林，各種式樣之林以及種草灌溉等是也。野外實驗非經長久觀測，不能獲得預期之結果。又實驗田區與隣近土地之性質，難以完全相同，應用時仍須加以調整。

水土保持與農田增產，有賴於農田水利者半，有賴於農林技術者亦半，水利機關應與農林機關密切合作，在水土保持區域，共同研究水文氣象、造林、農作、土壤等問題，交換農林與水利之知識，在可能範圍內，凡水利工作人員均受短期之農業技術訓練，使對農業發生興趣，而關心作物之生長，農林工作人員亦受短期水利工程訓練，俾能了解水力學與水文學之基本原理與應用。

水土保持工作，異常廣大艱鉅，收效復甚遲緩，決非少數農民可能爲力，但望政府能洞察其重要性，責成農林水利當局大規模積極推進耳。

黃河下游治理計劃(續)

黃河水利工程總局

第二目　整理大堤

第一節　堤線之整理

黃河下游堤防現況已如第一章所述，其主要病狀在於堤線之無規律。按諸築堤原則：堤線貴乎柔順，須與洪水溜勢相順，除防汜以外兼涵治導之意，最忌銳灣及驟放驟縮，而最關重要者，即堤與河槽之間須保留寬廣之灘地，以防大溜逼近堤身。今以此驗諸黃河堤防則殊難令人滿意。由於堤線無規而增河槽荒亂之程度，堤身頂冲坐灣，靠近大溜之處所在皆是，一遇洪漲，險象百出，故治下游先應整理堤線。

黃河下游堤防距離以在豫境爲最寬，平均達十公里，冀境及魯境黃花寺以上次之，平均寬約七公里，自此以下以至利津兩岸大堤相距平均約二三公里。豫冀境內之寬堤距部份前賢多有認爲應加以收縮，以收以堤束水以水攻沙之效者。然據恩格思試驗結果，在河槽已經固定之情況下，堤距過窄河槽冲刷之效能反不如寬堤爲得力，而於灘地之上另築新堤，亦恐堤基不固，易致出險，且此長達數百公里之舊堤均須廢棄，尤非經濟之道也。魯境之窄堤距部份堤距雖似太小，但以此處流量減少甚多，同時爲經濟計，亦勿須改築加寬，故本計劃在大體上仍擬保留原有堤防，如附圖（六）所示，茲將整理之要點分述如次：

平漢橋以下(公里110)(公里數均按圖(一六)計劃新槽中線之里程數零點在孟津集霞院鎮處）豫境堤距平均約爲一〇公里。出蘭封縣境（公里239）入冀省，堤距由一四公里逐漸縮窄，至董莊（董莊水文站在公里315處）寬七·五公里，入魯境。此段擬用原堤。由董莊至黃花寺（公里395）南岸築有民埝。北岸亦爲民埝接冀省大堤，其內爲金堤。此段擬用臨河民埝。由公里355至公里395北岸民埝以外，復有小民埝，河床爲之窄束，寬約三公里，最窄處二公里。擬予廢除。計新床寬度，在公里355約爲七公里，至395約爲五公里，最寬處約爲八公里。

金堤止於張秋鎮，（公里415）下接北岸大堤。臨河民埝則止於董家橋，（公里490）與大堤相接，南岸大堤止於公里420之劉莊在陶城埠公里425以上約五公里。由此至齊河（公里520）因沿河多山堤防時有間斷。萬家橋（公里405）以下，臨河堤距不過一·五至二公里，至香山（公里447）僅〇·八公里，香山董家橋間平均不及一公里，最窄處僅〇·五至〇·六公里。由張秋鎮至董家橋北岸擬用大堤，南岸陶城埠以下間築新堤，計新床寬度在萬家橋爲五公里，香山以下約二至四公里。至董家橋爲三公里。

董家橋以下北岸大堤臨河。其內尙有堤一道，止於歷城縣東界（公里565）已廢棄。北沙河口（公里508長淸縣）至濼口，臨河堤距多不及一公里，窄狹之段僅〇·五至〇。六公里。此段北岸至公里525（齊河縣以下五公里處）擬用大堤，南岸築新堤，由公里525至濼口南岸則用臨河大堤，北岸築新堤，計新床寬約二至三公里。

濼口至濟陽縣城（公里575），北岸擬用大堤，南岸則用大堤以內之廢堤，並續築新堤至濟陽縣城附近，與大堤相接。此段新床寬約二至三公里。濟陽縣以下，兩岸均用原大堤，至靑城縣界（公里620）新床寬二至三公里，由此至利津縣界（公里685）約一·五至二公里以上。北岸由此在十公里之河段築有臨河民埝，床身爲之窄束，擬仍用大堤。利津以下至公里710兩岸大堤相距僅〇·五至一公里左右，則於北岸築新堤以放寬之。計新床寬約二至三公里。

黃河下游堤線經更改後，其距離由豫境至魯逐漸縮減，在豫境平均約爲一〇公里，由冀至魯界縮至八公里，至壽張縣縮至五公里，至香山縮二·五公里，由香山以至利津堤距略同，約爲二至三公里。

將來擬於保留之舊堤亦多欠規順，其突然伸入河內者，應於堤內（卽背河方面）另築柔順之新堤，并將舊堤暫予保留，以免新堤未臻堅實以前直禦大溜，新舊堤間之地面多較堤外灘面爲低，可於舊堤適當地點設置口門，以便高水徐徐引注逐漸淤高，俟經過相當時間，新堤穩固以後，堤間灘地亦已淤高，再將灘面以上之舊堤部份完全拆除。

原有大堤因太單薄，而於其外築有越堤突入河內致成險工者，則將大堤加高培厚，並用上述方法，俟兩堤間地面淤高後，再將越堤拆除。大堤以外築有民埝者，按本計劃或採用民埝或仍用大堤，倘用民埝則應將民埝加高培厚，倘用大堤則俟堤埝間地面淤高後再將民埝拆除至計劃灘面之高度，惟魯境擬予廢除之民埝因相距過近河床不能容納計劃洪水流量，則須先將民埝拆除至計劃灘面之高度，而於大堤及民埝間之灘地設護灘工事，並於民埝之上端留缺口使洪水由缺口及埝頂溢注，促其逐漸淤，高達理想之灘面高度。

整理堤線工程爲治黃工作之一部。吾人惟恐新築之堤抵禦流水之力尙小，故應促早日實現，特加護養，並促新舊堤間之淤澱。將來應用之時，因歷時已久，抵禦冲擊之力增加，自難傷毁。在戰後復堤之時除培修舊堤外，應卽利用時機築修新堤，並培修將來擬予保留之舊堤，因其多在臨河舊堤以內，故對於原河床及流水毫無影響，若遇舊堤決口，且可防禦災患於萬一。

豫境蘭封銅瓦廂北岸由西壩頭起築有貫孟堤，長約十九公里，其下至河北省大堤約十三公里無堤，意在排洩堤內低窪地帶之雨水。此段擬築新堤封閉之，以防洪水倒灌。堤內積水則利用閘門或虹吸管導入河中，並引河水淤灌堤內地面。其他新舊堤間地帶除如前述設置閘門放淤外，亦可採用虹吸管淤灌辦法，當視其效能與經濟情形而決定之。

第二節　堤身橫斷面之設計

黃河原有大堤，橫斷面之形狀，殊不規則，尺寸亦頗不一致。堤身最高處達十二、三公尺，堤頂高出洪水位多寡不一，堤頂寬度自三、四公尺至二、三十公尺不等，而以十公尺左右者爲最普遍。外坡（臨水邊坡）最小爲一比一最大竟達一比十。內坡最小亦爲一比一，最大約爲一比五。本計劃之新堤橫斷面擬參照舊堤橫斷面幷根據事實上之需要規定如次：

（一）堤頂寬度：決定頂寬之條件有二，一爲堤身之安全，一爲防汛及搶救工作之便利，以言前者，堤頂似不必太寬，蓋採用寬堤頂除因堤身寬度增加而減少堤身滲漏外，對於堤身之穩固幷無顯著之裨益也。至於堤身之滲漏則以黃河洪水之持續較短，對於堤身安全之影響較微，亦非重要。或曰頂寬則洪水時堤身可耐波瀾之冲刷侵齧，雖遇堤頂一部份塌陷，而以搶救較易，釀成災患之機會自亦較少。此在設計失當養護不週之堤防，固屬重要，若斷面計劃適當，修築養護均甚週密，自非需要，致徒增築堤土方也。玆舉頂寬不同之二堤以資比較：設二堤內外邊坡均爲一比二，高度亦同，其一頂寬爲十公尺，其一爲六公尺，則後者減少之土方在高五公尺之堤約爲百分之二十，在高十公尺之堤約爲百分之十三。黃河下游兩岸需築之新堤約長四八〇公里，爲防洪之主要工程，堤頂過寬對於全部工費影響之鉅可知也。

爲防汛及搶救工作便利計，堤頂自不宜太窄，今假定堤頂於必要時除可加築子堰一道及於堰旁酌留行人道外幷得通行卡車，則其所需寬度約爲六七公尺，本計劃之新堤堤頂寬度擬以八公尺爲準（圖七）堤頂以五十分之一之坡度向兩旁傾斜以利雨水之排洩。

（二）內外邊坡：規定邊坡應基於土壤力學原理，計算其在各種情况下之各安全率以爲選定之標準。惟應用此法，必須明悉築堤土壤之各項物理性質，而吾人對於此點所知者甚少，尤以黃河下游堤防範圍極廣，土壤性質不盡相同也。可資注意者，黃河洪水之持續較短，堤身浸潤線（Line of Saturation）升至堤內坡脚以上之機會甚少，故堤內邊坡勿須過坦。玆暫參照舊有堤防之邊坡規定新堤外坡（臨水邊坡）爲一比三，內坡爲一比二，俟以後資料較全時再酌予修正。

（三）出水高度：卽堤頂超出計劃洪水位之高度，此項高度係爲預防發生下列情形而設：（1）估算洪水位未能準確，致超過預定之高度。（2）堤身或堤基發生意外陷落，致堤頂低於計劃之高度。（3）洪水時水面受風力影響致水位被湧抬高。（4）洪水時水面發生波浪，遇堤坡而上湧，須防止其越過堤頂侵蝕堤身。（5）黃河下游風蝕堤頂甚烈。關於（1）（2）兩項所需之出水高度須視估計之準確及計劃之週密程度而定，茲暫定爲○•五公尺。（3）（4）兩項在遼闊之水面關係較巨。按黃河下游兩堤距離，在豫冀境內多在十公里以上，在魯境陶城埠以上多爲五六公里，自此以下亦恆在三公里左右。故上述二項影響實不容忽視也。

關於風力對於抬高水位之影響，甚少資料可供參考，荷蘭須得海工程委員會（註五）曾作較有系統之研究，得下列公式：

$$S=\alpha L\frac{V^2}{D}\cdots\cdots\cdots\cdots(21)$$

S爲抬高水頭，L爲風距即無遮蔽水面之受風距離，D爲水深，均以公尺計，V爲風速以秒公尺計，α爲常數自0.35×10^{-6}至0.45×10^{6}不等，平均爲0.4×10^{-6}茲應用此式於黃河下游，假定洪水時堤前水深爲二公尺，風力根據歷年紀載在洪水時期最大可達蒲福爾脫(Beaufort)等級第七至第八級，折合風速約爲十六秒公尺，則沿堤各段可能抬高之水頭；約爲豫冀境內○•五公尺，魯境陶城埠以上○•三公尺，陶城埠以下○•一五公尺。

第四項所致堤前湧浪高度與尋常所謂波浪高度又不同。波浪高度通常可用司悌芬孫（Stevenson）公式約略估算，至於湧浪，則發生情形尤爲複雜，估計亦較困難。根據荷蘭須得海工委員會（註六）研究結果，認爲在風力及堤坡相同之情形下，決定湧浪高度之主要因素爲堤前水深。根據觀測求得在各種不同堤前水深及堤外坡在一比三至一比五之間風力在蒲福爾脫等級第十級（合風壓力每平方公尺五八公斤）情形下之湧浪高度繪成關係曲線如圖（八）所示。根據此項曲綫并假定洪水時堤前水深爲二公尺，則湧浪高度應爲一•五五公尺。惟黃河下游洪水時期可能之最大風力僅達七八級之間（合風壓力每平方公尺一九至二九公斤）。設在其他條件相同之情形下，湧浪高度與風壓力成正比例，則此項湧浪高度應約爲○•五至○•八公尺。

新堤之出水高度除自以上四項估計所得外，擬再稍事增加○、一五至○、二公尺以策安全，計得豫冀境內大堤之出水高度應爲二、○公尺，魯境陶城埠以上者爲一、八公尺，自陶城埠以下者爲一•六公尺。新堤堤頂縱斷面見圖（五）。

上述新堤橫斷面之各項規定，倘係用於培修原有堤防，則僅須將原堤之不及規定尺寸者予以加高或培厚，其較規定更爲安全者，自勿須加以變動也。

加寬堤身以在靠水一面爲適宜，事前移去草皮及堤面土。將舊堤坡作成階梯形。每層高約○•二公尺，並含向河一比十五之微坡。然後略掘其面分層鎮填新土，而搗實之。

爲便利大堤內外交通及運料並免車輛踐毀堤身起見，應在上堤下堤之處加築小於一比十至一比十五之上下坡道。但以不減小原堤斷面寬度爲原則。靠河一面之坡道與堤身接連平行，並與水流同一方向朝下游落低，如圖（七）所示

第三節　護堤工事

堤防整修完竣，必須加以適當之保護，以期永久。此項護堤工事可分爲下列三項：

(一)護堤草皮：於堤之內外坡舖種草皮，爲保護堤身之重要工事，尤以外坡更應注意，以其直接受水流之冲刷故也。先於坡上舖厚約〇•二至〇•三公尺宜於生植之地面土再舖以厚約〇•一公尺之草皮。所種草皮每年必須刈割，並除雜草，以期日益堅實。

(二)堤外植柳：本計劃擬在兩岸河灘距堤脚二〇公尺處各植矮柳一行，與堤平行，或相距密近之矮柳帶，藉以減小洪水時流水及波浪對於堤坡之冲蝕力量•

(三)險工之保護：下游治理完竣，險工均經化除。惟堤身之比較外突暴露者仍須加修護坡工程，以策安全。此項工程以所受冲擊力較弱，擬採用磚工，並於堤脚編籬一排，以防淘刷(見圖七)。在舊河槽緊靠堤身而仍須採用該處河槽之河段，可由堤根起築長度及距離適合並與灘面(平槽水位)同高之丁壩。壩田淤墊成新灘地，使槽岸勿近堤根。或順新槽岸用石料沉輥等築與灘面同高之順壩，壩與堤之間塡以河沙，並舖以磚或石，以資保護。在河水較深之處可分層築壩塡沙如圖(十六)所示。每層高約二公尺，以節省稍料及石料。

第三目 整理河床

第一節 概論

整理河床爲治理黃河下游之主要工程。無論其目的爲防洪抑爲航運均非先達到河槽固定完整不爲功。是防洪與航運雖屬兩事，其所需要之條件則大致相同，所差者僅需要程度之不一耳。本計劃之主要目標在於防洪，而以航運爲輔，故整理河床亦本此原則進行，必須達到河槽固定，淤刷大體平衡，與排洪順利之最低要求，至於通航，則可視需要情形逐步改善之。整理河床工程分爲兩種，爲整理河槽與整理灘地或固槽與護灘，茲分述之。

第二節 整理河槽

整理河槽必先自整理槽線着手。槽線規順，則固槽工作卽可收事半功倍之效。按天然固定整齊之河槽，類皆曲形，前後河灣凹凸相替，中間夾以短段直槽。河槽曲度亦必大小適中。在曲形河槽內，流水及槽底冲淤情形較爲明瞭，槽內灘淺深泓地點與谿線位置均較固定，維持一固定之航道亦較易，護岸工程僅限於河灣凹岸冲擊較烈之河段，故較爲簡單經濟，本計劃卽係遵循此項河流天然現象規定新槽線，同時儘量利用原有河槽，以免牽連太多，工程過於艱巨。此外並與整理堤線互相配合，成一規順之河道，使原有險工完全消除。茲將整理槽線之要點分述如次(見圖六)：

(一)河槽中線與兩岸堤線應求其大致平行或成一較小之角度，俾高水與低水之流動方向不致相差太遠，而免河槽受洪水冲刷破壞發生遷移之弊。

(二)新槽岸與堤間應保留寬度適足之灘地，以免大溜逼近大堤，致成險工。但在支河匯流之處新槽則以近岸或近堤爲佳，以免支槽經過灘地發生淤塞之弊。在不得已時可於支槽兩岸設順壩或護岸工程，增加支槽冲刷效能，使其不致因有護灘工程而隨灘而逐漸淤高。若支槽仍發現淤積，則須時加疏浚之。

整理河槽之主要工程爲裁灣取順，堵截支歧串溝，及束水固槽工程，茲分述如下：

(一)裁灣取順：河槽灣折過甚，不特坐灣生險，且亦難免洪水之冲刷破壞。取順之法爲開挖引河，另闢新槽，並利用水力自行拓寬，以節省土方。在直形新槽，於其中部開挖引河。在曲形者，於靠凸岸一邊開挖引河。其寬度視水力之大小而定之，(見圖九)至少應爲新槽寬度十分之二。全部工程於低水期施行。引河深度至少應達低水位以下半公尺。由下游向上開挖，至入水口處留寬約數公尺之地帶，與河分隔，俟河水升漲而開掘之。同時於廢槽入口沿新槽抹線築與灘面同高之透水堵支壩，(見圖十)或中部留有開口之實體壩，(見圖十一)逼流水注入新槽並促舊槽之淤墊。視舊槽長度及河床情形於必要時在廢槽內節節築攔淤壩，(見圖十二)增加淤積之速度。壩頂較低於灘面，俟淤平後逐漸加高。其間距則視壩高與舊槽比降臨時決定之。

在新槽抹綫預設護岸工事，或堆置石料，或安置沉輥(如圖九)。引河冲刷至此，石料下沉，保護河岸，防禦繼續淘刷堆石之多寡按預定槽深及所需容量規定之。將來視淘刷情形，於必要時，再增設護岸工事。

(二)堵截支歧及串溝：堵截支歧及串溝在使流水集中一槽，增加冲刷能力及河槽深度，對於洩洪及航運均屬重要。串溝之爲患，不特有礙河槽之統一完整，且遇洪漲牽動大溜直注大堤，致成險工。堵支壩應設於支流之下口，以增加其淤墊之速度，可用透水壩或實體壩，視支流之長度，亦可節節築修透水壩。透水壩可與灘面同高，實體壩則應較低於灘面，使通常流量仍由支槽流過，俟河底淤墊達至壩頂高度時，再逐步加高之。其間距視壩之高度及歧槽比降臨時決定。壩根須加保護，壩之兩端須與槽岸結連密實，並加保護，以防洪水淘刷，危及壩身。支歧上口沿新槽抹綫，於必要時由上端起築導水壩，封閉支歧之一部，導水入上槽。導水壩用透水壩或實體壩，其結構與堵支壩同，如圖(十)及圖(十一)。壩頭處槽底基面須特加保護，其法與丁壩者相同。除堵截支歧以外，其他灘面之低窪地帶及原有廢槽等亦擬用攔淤壩淤平之。

(三)束水固槽工程：固槽工程之目的在建立永固之新槽抹線。按豫境河槽多病太寬，以致流水散漫，泥沙到處沉澱，徙增河遷槽移之患，故宜依照計劃槽線及本目第四節所規定之河槽寬度建築與平槽水位同高之丁壩(見圖十三十四及十五)，或沿新槽抹綫築與平槽水位同高之順壩(見圖十六)，以固定之。其佈置如圖(六)。俟丁壩田淤滿後，再視水流情形酌築護岸工事以資永久。至新槽抹綫之在舊槽以外者則可藉水流自力之冲刷以建立之，僅須於新槽抹綫位置，預築護岸工事，以資限制(如圖九)。原有應予保留之河岸，凡冲刷較烈者，亦應加以保護(如圖十七)，魯境河槽雖不若豫境河槽之寬，但需改良之處亦多，可用同法固定之。此項固槽工程開始時自可不必沿全河建築，僅須擇較重要險工先行施工(註七)視其演變情形再逐漸改良或增加之，若同時舉辦，在全長七百餘公里之河段，事實上恐有困難，且亦非經濟之道也。

第三節　整理灘地

護灘之目的，即在固槽。灘不護，則洪水漫灘之時，灘地仍有冲成歧流，河槽仍有遷徙之機會。故在施工之時，應先從護灘工程着手，方能使已固定之河槽永久保持也。

黃河灘面地形高低不一，廢槽，串溝以及堵支裁灣後之原槽、均特別低窪。其塞堵之法前已述及，俟淤積達到普通之灘面高度後，則繼施以護灘工程。

護灘工程採用護灘横壩，與流水略成垂直方向，或由堤根至槽岸略向上游。用木橛編籬，如圖十八，高出原灘地約〇•五至一公尺。漫灘洪水被壩所阻，其流滯緩，所攜泥沙即淤灘面。欲使此項效力增強，可再沿河岸設施同高同樣之順壩，則淤泥留於灘上，清水濾入河槽，可助河槽冲刷（註八）如圖六。護灘壩之間距隨灘面之比降而異，比降愈小則間距愈大，茲暫定爲五〇〇至一•〇〇〇公尺。施工時，視其攔淤功效隨時加以修正。

將來之理想灘面爲高低均勻之灘面，由上游至下游隨河床比降逐漸降落。在平坦之灘面，護灘壩起自堤脚達舊槽岸綫（即丁壩尾端），俟舊岸與新槽抹綫間之壩田淤平後，再延長至新槽抹綫。若新槽抹綫係在舊槽以外，則護灘壩應即築至新槽抹綫，與預埋之舖地壩或沉輥堆石等啣接。在高低不均之灘面，先於低窪地帶修護灘壩。以各段平槽水位綫爲零綫（平槽水位綫參閱圖五），繪製高出或低於平槽水位高差爲〇•五公尺之同水面綫如圖六。護灘壩高度規定爲半公尺至一公尺。視灘面形勢由低窪地帶着手，先在低於同水面綫一公尺以下灘地範圍以內設置護灘壩，俟其淤平後，再設各該綫以上灘面之護灘壩。如此分層逐步設施以至計劃灘面之高度如表三及圖四。計劃灘面高度僅係初步之理想高度，將來可視灘面淤墊及新槽冲刷情形，或須繼續築設護灘壩，達到河槽冲淤平衡，高水位穩定爲止。

護灘工程最初可擇易爲河溜冲刷之灘段先行施工。由所得經驗，並視灘面演變情況，陸續推進之。

本計劃除設護灘壩外，並採用低柳護灘法。凡灘面低於計劃灘面在一公尺以上及無大溜之地帶均可植以低柳如圖十九所示；或與護灘壩方向與間距相同之低柳帶。柳之高度不宜超出計劃灘面且以多枝之叢柳爲佳。

第四節　河槽横斷面之規定

黃河河床就大體言爲一複式河床，即係由河槽及兩旁至堤根之灘地，合組而成。治理黃河，初以防洪爲目的，祇須使堤綫與槽綫規順，大溜永集槽中，滙河槽冲深，灘面淤高，洪水位降落。將來爲航運計，或須治理低河槽，獲一固定之低水航綫。

普通河床多由高水床，中水及低水槽合組而成。而黃河則無顯著之中常流量，故規定黃河河槽，當以其平槽流量爲標準。茲將黃河下游各水文站之平槽水位與平槽流量列表如次（表二）：

表內所列每年各站平槽水位及流量係全年多次測量之平均值，凡有記載之各年均列入。由各站歷年之數值求出每站之平均平槽水位及流量。

表二：黃河下游各水文站平槽水位及流量表

站名＼年	陝縣 水位 M	陝縣 流量 M³/s	孟津 水位	孟津 流量	秦廠 水位	秦廠 流量	中牟 水位	中牟 流量	高村 水位	高村 流量	董莊 水位	董莊 流量	陶城埠 水位	陶城埠 流量	濼口 水位	濼口 流量	利津 水位	利津 流量
23	293.19	3802.50			93.07	932.50			60.09	2822.73			41.16	4050.00	28.61	5421.66	11.75	4180.00
24	294.03	5620.00	121.50	3033.33			85.93	1750.00	66.16	5015.00			41.20	4353.33	28.83	5146.67	12.07	3550.00
25	293.13	2940.00	121.26	2506.50			85.84	1510.67			56.67	8660.00	41.67	3733.00	28.97	5100.00	12.76	3220.00
26	295.90	6688.33					86.22	2388.11			56.43	7102.50	41.01	4075.00	29.04	5490.00	12.85	5591.43
平均	293.56	4763.00	121.38	2771.00	93.07	933.00	86.00	2216.00	60.13	3919.00	56.55	7881.00	42.26	4053.00	28.86	5300.00	12.35	4135.00

黃河下游各站之平均流量頗不一致。就大體論，除陝縣及董莊二站外，其平均流量在豫冀較小，平均為二、二一六至三、九一九秒公方。而在魯境較大，平均為四、○五三至五、三○○秒公方。同時河槽寬度亦不相若，根據下游實測河床平面圖（見圖[六]）量出每隔五公里處之槽岸距離，求得平均河槽寬度在豫境為二、○二○公尺，在冀境為一、八一五公尺。魯境河槽比較整齊一致，約為三○○至七○○公尺，平均寬約為五七七公尺。

規劃河槽橫斷面，為治河最困難之問題，倘選擇失當，河槽沖刷即難趨平衡，不特影響排洪，且對於航運尤有莫大之妨礙。規劃河槽橫斷面之方法甚多，其中比較合理者為採用模範河段法，即先在治導河段內，或其上下游附近，選擇一天然完整之河段作為模範河段，推算其在各級水位時之流量與輸沙情形。以為設計之根據。

規定黃河新槽橫斷面之先決問題為規定河槽之寬度。黃河下游河槽之寬度，如上所述，以魯境比較整齊一致，在豫冀境者，似嫌過大，以致流水散漫，泥沙淤積。並由各水文站平均流量之大小，證明在魯境比降較小及較窄之河槽，其能容納之流量反多於豫冀比降較大及較寬之河槽。故本計劃之新槽即擬以魯境河槽為標準，採用五○○公尺之寬度。固槽束水工程，除於需要時設置順壩外，概以丁壩為主，而以在豫境尤為需要。吾人對於新槽寬度，因缺乏準確之認識，未敢確信其合於實際，採用丁壩之優點，在其有伸縮性，築成後，視新槽變遷及沖淤情形，若發現寬度失當，可將丁壩延長甚或縮短之（註九）。

河槽經合理束窄後不能認為平均水位即行增高，或平均流量即行減小。反之因丁壩有使河槽刷深容納較大流量之功效，故平均水位及高水位却可相當降落（註九）。

黃河下游治理工程實施後，其可能容納之平槽流量當逐漸增加而較表二所示者為大。按諸已往情形，幾於每年發生決口，水分槽淤自所難免。將來高水流增加，沖刷河槽之效能亦增，當係自然之理，惟在治理工程實施之初期，固槽與護灘工程未能遽然完就，新床斷面所容納之流量當能超過其原來所容納之流量。恩格思對於固定河槽之功效曾謂：「固槽以後，灘地淤高，河槽刷深，高水位逐漸降落，期河床演變而成為單式之均衡斷面，至於何時可以成為單式斷面，則盡其自然演變，無須勉強」，故下游洪水位之高度亦不能遽然降落，規定計劃洪水位及兩岸堤防高度應仍以根據黃河下游各水文站已往之斷面及歷年流量等於計劃洪水流量時之水位為標準。本計劃規定各段新床斷面則係根據陝縣二八、〇〇〇秒公方之計劃洪水流量，及下游各站實測或由已往斷面推求之洪水位。按新定堤距及五〇〇公尺之平均水面寬度假設河槽橫斷面之形狀係數（註十）為三分之二並以灘地流速不超過冲刷灘面之臨界流速為原則，推求而得如表三及圖四。此項計劃橫斷面與實際情形未必完全符合，故僅可用作初步根據。為慎重起見應在實施以前先設試驗河段，逐漸推求，以為實施之依據，倘再能事先舉辦模型試驗，則更可收事半功倍之效。再者黃河下游挾沙極巨，而自平漢路鐵橋以下以無較大支流之注匯，洪水時流量因受河床滲漏及河槽蓄水作用之影響反逐漸向下減少，治理以後河床輸泥能力自當遠較以前為大，但吾人未敢斷定其能力是否足以排洩全部泥沙入海。在治理下游之初期，此項逾量泥沙，尚可藉諸堤田及灘面之淤積以吞納之。此後欲使河床絕對不再淤高，或促進河槽冲刷之效力，則惟有推行中上游之水土保持工作，以減少其過量之荷重。

推求計劃洪水位僅限於各水文站有水文記載之斷面，下游計劃洪水位線則由接連各站洪水位點而得，因其間距甚遠未必完全準確。凡河床特別窄狹之處如堤外老灘甚高及魯境山峽段其上游或可發生局部擁水致洪水位抬高而感堤頂過低者可臨時酌予加高之。

表三：黃河下游各水文站計劃斷面暨計劃洪水位推算表

站名	斷面類別	里程（公里）	南堤堤頂高度（公尺）	北堤堤頂高度（公尺）	新堤堤距（公里）	洪水位比降	計劃洪水量（秒公方）	計劃洪水位高度（公尺）	河槽糙率	河灘糙率	平槽水位高度（公尺）	平槽水位寬度（公尺）	計劃灘面高度（公尺）	河槽平均水深（公尺）	河槽平均流速（秒公尺）	河灘平均水深（公尺）	河灘平均流速（秒公尺）
孟津	實測	0.40	無堤	無堤	1,375	1:1,676	25.700	12,450	0.0160	0.0184	121 38	770	123.0	6 10	5.41	3.50	3.27
	計劃							12,450			120.42	500		6.70	5.78	1.50	1 76
中牟	實測	147.70	91.6	87.5	12,350	1:5,180	24.600	88.45	0.0115	0.0138	86.00	640	870	5.30	3.21	1.30	1.21
	計劃		90.5	90.5				88.40				500		5.97	4.21	1 40	1 27
董莊	實測	314.76	60.3	57.0	8,200	1:5,780	19.700	57.82	0.0170	0.0204	56.55	1,130	56.5	4.00	2.00	1.70	0.93
	計劃		58.2	58.2				57.80			56.40	500		7.65	3.22	1.25	0.755
陶城埠	實測	425.65	44.0	42.6	4,850	1:8,250	16.200	42.27	0.0145	0.0174	40.75	400	40.8	5.75	2.53	2.40	1.12
	計劃		44.0	44.0				42.05				500		7.60	3.14	1 30	0.75

濼口	實測	540.40	31.6	30.2	2.020	1:9,100	15.300	31.00	0.0241	0.0270	28.50	260	28.6	10.67	2.25	4.40	1.07
	計算		33.1	33.1				31.00				500		10.90	2.32	2.50	0.710
利津	實測	203.50	14.8	14.2	2.000	1:10,000	15.300	14.90	0.0205	0.0226	12.50	310	12.5	8.60	2.27	4.50	1.34
	計算		16.7	16.7				14.90				500		10.10	2.46	2.40	0.815

第五節　河工材料及建築物

治理黃河下游，工程艱巨，所需人工及材料甚夥，各項建築物必須妥爲設計，以求經濟堅固與適用。本計劃所擬採用之各項建築物亦未必完全適合此項條件，然治河工程，需時長久，吾人可於施工之時，獲得若干經驗，並可由所得經驗而改善之。計劃內所需建築物除大堤一項已詳第二目外，計有丁壩，順壩，護灘壩，攔淤壩，堵支壩，護岸工程等。茲將對於建築材料應加注意之點及各項建築物分別述之：

（一）梢料：梢料及木料爲治河工程之主要材料，需量至多且廣。凡各種壩工以及護岸護底等均應用之。黃河下游梢薪遍地可尋，然其數量則仍遠不足所需，故應早事籌備，以免影響工程之進展。堤內近河地帶，甚至上中游凡擬施整理工程之主要幹支流河段兩岸，均應及早普植柳樹及其他適宜樹木，以作治理之準備。

（二）石料，磚料及混凝石料：石料爲治河工程最堅固，最理想之建築材料。凡在產石豐富，運輸方便之河段，應盡量採用之，惟黃河下游石料缺乏，故多兼用梢料，減少所需石量以合經濟。至於各項建築能以磚代石者，亦應廣爲採用，就地燒製，成本自可較低也。惟磚料體輕易毀，其應用範圍亦因之有所限制，於必要時可採用混凝石料代替天然石料。用邊長約一公尺之箱模，分層搗製，每層隔一厚紙，堅硬後再分之成塊。其厚度形式與大少視需要情形而規定之。混凝石之爲用，主在質重；故其成份罕有小於一比一〇者（洋灰一份粗沙一〇份）。

（三）丁壩及順壩：丁壩爲本計劃整理河槽之主要建築物。普通治河所用之丁壩可分實體與透水丁壩二種。二者互有利弊，取捨標準，須視河流性質與可資利用之人用材料等而定。根據德國哈諾惟水工試驗室試驗結果：採用距離適合與河槽中綫成三〇度之朝下透水丁壩，其攔淤效果，尙優於實體丁壩者。黃河下游挾沙極豐，然每年高出平均水位及壩頂並促進壩田淤澱最力之流量爲期較短，似可採用透水丁壩。因壩田淤積較速，壩身雖較不耐久，亦無妨礙。本計劃擬採用之透水丁壩為木樁編籬式，其詳細結構見圖[十三]及[十四]。順壩多用於河槽之彎曲凹岸，流力較大，壩田淤澱較緩之河段，若認爲需要時方始採用之。其結構以梢石爲主，如圖[十六]。關於丁壩之位置，距離等，應先作模型試驗以求適合而經濟。

（四）護灘壩：護灘壩亦可採用編籬式之透水工事，惟以高度較小所須抵禦之水力亦較弱，故擬用單排木樁編柳。壩基灘面亦皆不另加保護，以後視淤刷情形再斟酌取捨。壩之一端與大堤啣接，加意保護，以免沿堤冲成串溝。壩之另端用雙排木樁結成壩頭（見圖〔十八〕〔十九〕）。俟兩壩間灘地淤平後再視需要情形陸續加築之。

（五）攔淤壩：攔淤壩之結構與護灘壩略同。因係築於廢槽之內，必須比較堅固。擬在壩基加舖沈排護底工程，（見圖〔十五〕）以防冲刷。壩高以不超過一公尺爲限，俟淤平後再予加高（見圖〔十二〕）。

（六）堵支壩：堵支壩係用以堵塞支歧串溝及裁灣取順後之廢槽者。堵塞支歧串溝之堵支壩多築於廢槽下口，而於上口沿新槽抹綫，由上游槽岸起築導水壩，封閉廢槽之一部。其功用在導水注入主槽。其結構與實體堵支壩同（如圖〔十一〕）。裁灣取順之堵支壩則沿新槽抹綫設於廢槽之上口，逼水注入取順段之引河以促新槽之冲刷。堵支壩或爲實體壩，其在廢槽上口者，於中部留一缺口，洩注一部份流量入廢槽，以助淤墊（如圖〔十二〕）。或爲透水壩，其結構一如丁壩，惟兩端均伸入槽岸以防串溜（見圖〔十〕），在較長之廢槽除堵支壩以外可於廢槽內節節築攔淤壩，以助淤墊。

（七）護岸工：低水位以上之護岸，擬用靑磚乾砌，以下用沉輥上覆碎磚，再於岸脚加簽木樁以防走失。新槽岸綫之在舊槽以外者，則於計劃之抹綫位置預設活動之護岸工事，以備河槽冲刷至此自動沿坡下滾，制止河岸繼續被河溜浸削。護岸工之詳細結構見（圖〔十七〕）。

第三章　節洪設施

第一目　花園口分洪設施

陝縣站二八，〇〇〇秒公方之計劃洪水流量於達到花園口時約減至二四，八五〇秒公方，此即花園口一段河槽之計劃洪水流量。倘該段流量超過此數，即應由分洪設施洩去。按陝縣最大流量爲三七，〇〇〇秒公方，減去沿途損失到達花園口約得三三，〇〇〇秒公方。由陝縣至花園口有二大支流匯入：爲洛河，於孟津以下三〇公里之鞏縣自南岸匯入。爲沁河，於平漢鐵橋以上約一〇公里處自北岸匯入。沁河曾有三年，洛河曾有四年之流量記載。二河常年洪水流量均僅數百秒公方。沁河之最大洪水流量約二，〇〇〇秒公方。洛河則約爲七，〇〇〇秒公方。但此項洪水流量與陝縣可能最高洪水峯相遇之機會極罕。今既以陝縣之最大洪水流量爲設計之根據，則沁洛二河之洪水流量自可酌予減低。兹假定沁河者爲一，〇〇〇秒公方，洛河者爲二，〇〇〇秒公方，並與來自陝縣之洪水峯在入匯處相遇，則花園口之可能最大流量應爲三六，〇〇〇秒公方，較該段計劃洪水流量超出約一一，一五〇秒公方。須用分洪設施洩去之。

本計劃之分洪設施係在花園口口門下游約五公里處。分洪方法爲在該處原有兩大堤取長三，〇六五公尺之段，建溢水堰一道。堰上築土埝，埝頂較大堤低一公尺，埝身亦較單薄。如遇該處洪水超過計劃洪水流量二四，八五〇秒公方時，即將該段土埝破壞，備多餘之流量，由堰頂洩出，並於現在之氾區劃出一部份作爲停儲此項流量之用，四週築以圍堤，圍堤南端，於氾流故道開一尾水閘，寬十公尺，用以排洩積水。倘不計蒸發及滲漏損失，宣洩全部積水所需時間約一百二十餘日，實際時間當較此爲短。最大洩水量約爲一四〇秒公方。洩出之水經賈魯河潁河匯入淮河。因流量甚小，且泥沙大部均經沉澱，故對淮河流域，當無不良之影響也。

堰上土埝於洪水退後再予修復，妥爲保護，以免決口。其設計見圖[二〇]至[二二]。

第二目　陝縣節洪壩

按上述分洪設施，於花園口分引一一，一五〇秒立方公尺之洪水量，則可保持花園口以下二四，八五〇秒立方公尺之設計洪水量。另一方法係在陝縣建築節洪壩一道，下部設洩水洞如圖[二七]，減少下游之洪水量。其計劃有二：(一)在壩洞洩水量大於陝縣平槽流量五，四〇〇秒立方公尺時發生蓄水作用。(二)規定壩洞最大洩水流量，使減去陝縣至花園口沿途損失量並加洛沁二河洪水量，至花園口仍能保持二四，八五〇秒立方公尺之設計洪水流量。玆分述之：

計劃(一)：壩洞洩水量大於平槽流量時發生蓄水作用

研究節洪壩蓄水問題，係根據軍事委員會軍令部陸地測量總局所製潼關陝縣段二五，〇〇〇分之一黃河河道航空測量地形圖，及本會陝縣水文站黃河橫斷面圖。查本會潼關水準點142A爲331.808公尺，航測圖DRBMITO爲331.812公尺，相差爲0.004公尺，故陝縣站斷面與水位高度與航空圖地形高度可認爲相同。惟該地形圖內缺少河床範圍以內之詳密地形，僅載有各段少數河槽高度。按此得潼陝段河槽高度縱斷面如圖[二三]所示。

築壩地點以陝縣水文站上游太陽渡處（距水文站斷面約三

公里）最爲適合。該處黃河窄狹，兩旁高岸相距僅三〇〇餘公尺，惟缺乏河槽斷面圖，故暫以陝縣水文站斷面作爲研究之依據，如圖[二四]。

由潼關至平漢路橋黃河兩岸爲黃土峭壁，高達一〇〇至一五〇公尺。其後五公里至十公里皆崇山峻嶺。兩岸峭壁之距離即爲河床寬。圖[二三]之河床寬度綫係由航空地形圖而得。其寬度由河床灘面以至峭壁上沿均假定相同。

陝縣黃河洪水量根據水文站歷年記載，以民國三十一年爲最大。該年流量由八月三日十二時至四日十二時自二，九〇〇秒公方增至二九，〇〇〇秒公方。此後降落，至五日十九時降至五，七〇〇秒公方。洪水峯由起至終歷時二日零七，五小時如圖[二五]。黃河陝縣可能最大洪水量根據推算（參閱二章、目一節）爲三七，〇〇〇秒公方。假定此洪水峯之起終時間與三十一年者相同，則得圖[二五]內之假定最高洪水峯曲綫。

節洪壩之下部由壩底（等於槽底）至平槽水位止設多數洩水洞，使平槽流量由洞洩出不受壩之影響。視通航情形可設二較高之洞口，使在稍高水位亦有航行之可能。洪水期間航行困難，且爲時甚暫，無須顧及之。按陝縣歷年洪水期曲綫在節洪壩處全年流量超過平槽流量而不能通航之時期最多不過三十日（參閱「黃河水文」圖[十九]）。

陝縣水文站斷面之平槽水位約在大沽口海面以上二九三，六公尺（圖[二四]）。水面寬度爲三二〇公尺。其相當流量平均爲五，四〇〇秒公方。民國二十七年九月該站水位爲二九三，八五公尺。河槽最深處約在二八五公尺。其時在平均水位以下之斷面面積約為一、三六〇平方公尺。水深達八•六公尺。茲規定洞頂高度為二九三•六公尺，並限於平槽水面二五〇公尺寬度內為設洞範圍。洞之總洩水面積約為一、三六〇平方公尺。洞高為八•六公尺，每洞寬一二公尺。計須設十五洞。

計算節洪壩蓄水及洩水情形須先求出下列各項關係值，並繪成關係綫：

（一）出庫流量與庫內水位之關係

洞內流速　$V=0.8\sqrt{2g}\cdot\sqrt{h}=3.55\sqrt{h}$ (m/s)

洞之洩水量　$Q=V\cdot F=3.55\cdot\sqrt{h}\cdot 1360=4825\sqrt{h}$ (m^3/s)

式內h為壩上游與壩下游水位之高差，以公尺計。F為洞之總面積，以平方公尺計。壩下游某一流量時之水位可由陝縣斷面水位與流量關係綫（參閱「黃河水文」圖[四六]）求出之。用上式得壩上游水位與出庫流量關係曲綫如圖[二六]。

（二）庫內水位與庫內水量之關係

潼陝段黃河流量為五，四〇〇秒立方公尺時，庫內無蓄水作用，其水位縱斷面如圖[二三]所示。計算由此水面至各種庫內水位之水量得庫內水位與庫之水量關係綫如圖[二六]。

根據陝縣可能最高洪水流量曲綫，利用以上各項關係綫計算並繪製庫內水位及出庫流量綫如圖[二五]，其法如次：

設自庫內不發生蓄水作用之時t_0起經過$\triangle t_1$時段止，在$\triangle t_1$時段內之入庫水量為x_1假定在t_0時庫內水位高度為s_0，t_1時水位高度為s_1，s_0以下之庫內水量為v_0，s_1以下之庫內水量為v_1，v_1減v_0為$\triangle v_1$今再取s_0及s^1間之平均水位高度計算在$\triangle t_1$時段內之出庫水量y_1，x_1減y_1應等於$\triangle v_1$。如此逐步試算，求得各s.之正確值。

由所得出庫流量及庫內水位綫求出在假定最大洪水量為三七，〇〇〇公方之情況下，庫內最高水位為三一三公尺，壩洞最大洩水量為一九，〇〇〇秒公方。壩之頂高規定為三一五公尺。壩高為三〇公尺。經約略計算築壩後可將民國二十二年二三，〇〇〇秒公方之最大洪水流量減至一三，〇〇〇秒公方可將民國三十一年二九，〇〇〇秒公方之最大洪水量減至一五、五〇〇秒公方。

按陝縣一九，〇〇〇秒公方之計劃洪水量，沿途加沁洛二河共三，〇〇〇秒公方之洪水量，並減去各段之損失量，推算下游各水文站之計劃洪水流量如表[四]。

表四：黃河下游各水文站計劃洪水流量表

（按陝縣站計劃洪水流量為19,000秒公方推算）

陝縣	孟津	鞏縣（洛黃匯流處）	武陟（沁黃匯流處）	中牟	董莊	陶城埠	濼口	利津
19,000	17,300	19,150	19,760	19,300	15,700	12,400	11,900	11,900

採用此項計劃洪水量新堤線仍如圖[六]所示，惟堤頂高度當較用二八，〇〇〇秒公方者爲低。

計劃二：規定壩洞最大洩水量使花園口計劃洪水量爲二四，八五〇秒立方公尺

按二章一日約略推算：陝縣最大流量爲二五、〇〇〇公方時，至花園口減去沿途損失量約餘二二、〇〇〇秒公方，加沁洛兩河洪水量共三、〇〇〇秒公方約爲二五、〇〇〇秒公方。設計節洪壩最大洩水量可以此値爲標準。茲將計算結果分述如次：

壩洞平頂流量爲八、〇〇〇秒公方。其相當水位按陝縣水位與流量關係綫（黃河水文圖[四六]）爲二九四•六二公尺。査陝縣二十七年十月十五日水位爲二九四、九八五公尺，與此値近似。用該日河槽斷面求出在水位爲二九四•六二以下之斷面爲二、一二〇方公尺（圖[二七]）。按此斷面規定壩洞底高爲二八五公尺，頂高爲二九四•六公尺，洞高爲九•六公尺，共築洞十七座，每孔寬十五公尺，並限於河槽三二〇公尺寬度內爲築洞範圍。

庫內最高水位按三七•〇〇〇秒公方之洪水峯推算爲三〇九，五公尺。壩洞最大洩水量爲二四、八五〇秒公方（如圖[二八]）。

壩頂高度規定爲三一一•五公尺。壩高由洞底起爲二六•五公尺。

經約略估計築壩後可將民國二十二年二三、〇〇〇秒公方之最大洪水量減至一七、〇〇〇秒公方，可將民國三十一年二九、〇〇〇秒公方之最大洪水流量減至二一、〇〇〇秒公方。

採用計劃一可將原洪水峯由二日七•五小時延至三日七•五小時計延長一日。採用計劃二則發生蓄水作用之時間僅爲二日四小時。

當庫內存蓄洪水時，壩上游河床自不免於淤澱。根據陝縣歷年浸水期曲綫（黃河水文圖[十九]）在計劃一全年超過二九三•六公尺之水位或發生蓄水作用之流量爲時約二八日。在計劃二全年超過二九四•六之水位時期僅爲七日。攔蓄時間愈短，則淤澱之機會愈少。所淤泥質仍期利用通常流量由壩洞冲出之。其淤澱之程度在計劃二當遠小於計劃一也。然以攔洪之功效論，則計劃一當遠優於計劃二者。

研究節洪壩因資料不足未能從詳，應先測量潼陝段黃河水文及河床與壩址地形，鑽驗壩址地質，並作壩上下游冲淤對於河床與航運影響，及壩身在安全及消力方面之試驗。故本計劃仍暫用花園口分洪之法。

第四章　河口之治理

治理河口之主要目的，約有二端，一曰便利航運，二曰減輕下游河患。以言前者，河口通航之意義，較之河口以上尤爲重大。蓋河口治理成功，則航行於海岸之輪隻，即可直駛內陸，運費較廉，至言後者，河口治理以後，水流較暢，所需比降減少，上游可無壅滯之象，在含沙較豐之河流，因河口淤塡，形成沙檻或三角洲，逐漸高長，且向外擴張，影響河口以上河槽之平衡，尤爲重要也。此外關於保護河口兩岸，及三角洲之農田廬舍，亦應列爲治理河口目的之一端。

治理黃河河口，應於前述三端，兼籌并顧。惟黃河河口一段，與小清河甚爲接近，且幾與之平行。該河水清利航，河口亦少淤積之患，且該河流域物阜民庶，上達濟南工商會萃之區，全部渠化後，可由河口直通濟南，再於濟南附近開闢運河，使與黃河相連，則黃河河口段之通航與否并非重要矣。本諸此義，治理黃河河口，當以暢通尾閭減輕上游河患爲主，而保護三角洲田地，自亦應計劃及之，至於通航，可列爲次要工作，於可能範圍內，將航道盡量加以整理，以補小清河航運之不足。

治理河口，必先明瞭河口情勢，本會以往於黃河河口，尚缺乏可靠之資料。水文方面，僅紀莊設有水文站一處，記載年限甚短。根據此項記載，該處所受朝汐之影響殊微。當日潮高僅數公分，在朔望滿潮時，可達九公寸餘。惟此處距離海岸尚有七五公里，自未能表示實際潮汐變化情形也。又據渤海灣沿岸之英國海軍航海圖，所載小清口朔望滿潮時潮高爲一•二公尺，此數或可表示黃河口之最大潮高。要之黃河河口之潮汐，當甚微弱，此於計劃時所必須注意者也。

黃河因挾沙豐富，入海後大量泥沙沉澱於河口，造成廣大之三角洲。三角洲半徑約六十餘公里，弧長九十餘公里。河槽於三角洲上，遷徙無常。就本會所知，在民國二十七年花園口潰決以前，三角洲河槽之最後一次變遷，發生於民國二十四年夏季時，河向東北潰決，復沿正東方流行入海。本會於二十六年五月間，曾派員前往勘測該處形勢，約如平面圖所示，自甯海至合龍處以下約七公里一段河槽，尚稱完整，自此以下，河分數支，以北部兩股爲最大，約納全河流量四分之三，其餘四分之一流量，則納於南部諸股，自分岔處以下約十五公里至二十公里，各股合而爲一，再下約十公里，至距海不遠處，河又分出一支，但大部水流，仍自正河入海。各支槽深度均可供航行吃水四尺之大船，河口比降，自利津以下至合龍處爲止，約爲九千分之一，合龍處以下至海岸線，六十公里間（即三角洲之前坡）平均約爲六千分之一。海岸線以外，三角洲之水下部份比降，則爲一千五百分之一。按勘測報告，現在利津以下入海之黃河泓道，尚屬通暢。

方修斯氏以爲海口工程與治河宏旨無大關係，其意以爲河水至此，便如入海，雖稍淺，然儘可放寬，尚有何不暢之可言，惟據塔德安立森二氏估計，三角洲之進展速率，約合每年六分之一至五分之一哩，平均每年合三百公尺。倘此項進展速率，保持不變，則二百年後，三角洲前坡，將全部進入海中。嗣後三角洲再度進展，是否即將影響下游河槽之平衡及洩洪，似亦應注意也。

根據以上所述，治理黃河河口，除應使水流通暢不致壅阻外，當設法緩和三角洲之進展速率。所用方法，不外二端：（一）增闢入海河槽。自合龍處開始向各方汊出分佈於整個三角洲上。俾泥沙淤澱範圍，不致集中於一處。各槽確實位置，擬俟實地勘測後，再行決定。惟大致分爲北東向及東南向三槽已足。（二）固定三角洲各槽河床。使水流集中，以便導沙入海。并藉洋流力量，攜至他處，以避淤積。

三角洲河槽經固定集中以後，水流通暢，上游壅滯現象，可以消除。而三角洲上農田廬舍，亦不致遭水沖毀，各槽兩岸，可加築堤防，李儀祉先生則主在兩岸多植檉柳或其他土宜植物，（註八）使兩岸逐年淤高較之築堤或更堅實。（完）

本部三十七年元月份重要工作簡報

一、黃河修防工程

自十二月中旬後，氣候嚴寒，黃河下游，已入凌汛階段，據黃河水利工程總局先後報稱：(一)豫境花園口以下沿岸結冰，大溜冰塊，且有局部封凍者，(二)豫冀魯三省河道，已滿流中泓，擕帶凌塊，魯中齊河至濟陽間，十二月下旬曾局部封凍，濼口以東兩岸霍家溜十二號十八號埽，被撞毀多處，幸經搶護平穩。(三)一月二十七日齊河至濟陽段又全部封凍，已飭嚴防中，所有情形，均經專案呈報並代電國防部查照。

又十一月下旬後，共匪竄擾益烈，東明考城，先後被陷，蘭封被攻，河南修防處蘭封以下南岸隄防，河北修防處南岸各段，以及山東修防處魯西南岸各段，相繼撤守，影響河防工程至鉅，本部亦已令飭黃河水利工程總局轉飭各修防處與就地駐軍，密取聯繫，相機修守。

二、江漢幹堤修防工程

鄂境江漢幹堤，全長一千八百餘公里，捍禦農田，約二千餘萬市畝，向由江漢工程局主持修守，按照湖北江漢幹堤歲修防護規則辦理，抗戰期間，堤防淪敝，修守失時，殘破不堪，勝利以後，舉辦善後救濟堵口復堤工程，將年度經常歲修部份併入案內辦理，現該項堵復工程，已於三十六年底止結束，自三十七年度始，所有未及培修完竣與三十六年度汛後新崩各工，擬仍照成案辦理，並已由江漢工程局會同湖北省政府派員復估，於上年十二月間完竣，計擬培修重要土方三百三十餘萬公方，護岸長五千三百餘公尺，需款一千二百餘億元，經核以所需款額過鉅，擇要統籌實施，並一面先行撥發工款二百億元，飭速趕辦，近據報江陵縣屬之祁家淵與劉家巷工程，已於元月十一十二等日開工，惟江漢堤段，於三十六年九月起，先後遭受共匪竄擾，據報漢江之天門、荊門、鍾祥、漢川、沔陽、應城、京山、潛江及長江之廣濟、黃梅、黃岡、監利等縣，均被侵擾，工程進行，頗受障礙。

三、陝西洛惠渠工程

查洛惠渠工程，於去年十二月十二日放水以後，已告一段落，目前正進行管理養護工作，本部為節省國庫開支起見，經電飭涇洛局在本年上半年着重協助地方開闢支渠，指導用水，並養護已完工程，一面從事準備結束，以便早日移交陝西省政府接管。

圖根	2	一〇	丑，寅，卯，辰，巳，午，未，申，酉，戌，十纖，計一二八點共長二七，八九九公尺。
戶籍圖	$\frac{1}{2,000}$	二二幅	Ⅲ1.1-3，Ⅲ4.1-3，Ⅲ4.1-4，Ⅲ4.2-2，Ⅲ5.1-1，Ⅲ5.1-2，Ⅲ .2-2，Ⅲ1.1-4，N1.2-1，N1.2-3，N2-1，N2.2-2，N2.2-3，N4.1-3，N4.1-4，N4.2-1，N4.2-2，N4.2-3，N4.2-4，N5.1-1，Ⅲ5.1-2，Ⅲ5.2-，計二十二幅共四〇二九起二四七八〇畝

3 求積製面

讀定	$\frac{1}{2,000}$	三	Ⅲ3.1-3，N21-3，N2.1-4，三幅
換算	$\frac{1}{2,000}$	五	Ⅲ3.1-3，N2.1-1，Ⅲ2.1-2，N2.1-3，N2.1-4，五幅
公布圖	$\frac{1}{2,000}$	二	Ⅲ3.1之東之西各一幅

十三　蔣壩引河應用土地之徵收　蔣壩引河臨時徵收土地辦事處，於上月具報辦理結束後，所有應發地價及附着物補償金拆遷費等，均由導淮委員會派員訂期發給現金，已於本月初一律發給完畢。

黃河水利之整治

一　河防之設計研究　茲將黃河水利委員會六月份整治各項水利之成績，列表如左：

項目	開始日期	完成日期	備註
籌備沁河口灘地護岸工程施工事宜	六月三日	六月十九日	
審核山東省擬訂朱隴黃十段大堤工程計畫	六月十六日	六月十九日	
審核河南省擬訂中牟大堤緊急工程計畫	六月九日	六月十七日	

審核河北省擬具驗測華洋堤土方	六月十一日	六月十七日
審核山東省雙山淤灘工程計畫	六月十七日	六月二十日
草擬防汛人員注意事項	六月十七日	六月廿二日
研究巨型露天試驗	六月十二日	六月廿五日

二 黃河地形之測量

第一測量隊

類別	成績	備註
導綫	八〇·六公里	
導綫計算	五八測站	
水準	七八·四公里	
校對水準	七八·四公里	
地形	二七三·五平方公里	
黃河大斷面	八公里	
堤斷面	五三個	
黃河斷面	一五個	
星象觀測	一次	
設立永久測站	八個	

第三測量隊

類別	成績	備註
導綫	六七·五公里	考城及曹縣境內各測區種植高粱甚多導線工作至感困難
水平	六七·五公里	
地形	二八九·〇方公里	
堤斷面	二七個	
大斷面	二個	
設立永久測站	二個	

三 精密水準測量之進行

第一精密水準測量隊

類別	成績	備註
第一號水準PLD綫	九三·五三一八公里	
第二號水準PLD綫	九四·三九一〇公里	
共做PLD綫水準標點	計二八個	由二七號至五四號
又PLD綫TBM	計十五個	由一號至十五號
設立永久水準標點(PBM)	計九對	由六四號至七二號
接測運河工程局永久測站	二個	PM507. PM508.
又水準點	一個	BM57.
又順直水利會永久測站	一個	PM4020.

咸潼精密水準測量隊

類別	成績	備註
第一號水準	七八·三九〇五公里	本月由華縣柳枝鎮隴海路潞峪河橋H.T.B.M. NO.71.測至潼關車站西H.T.B.M.NO.93.
第二號水準	八〇·三九八〇公里	
設立水準標點	二二個	

四　水文測量之進行

站名	河系	施測次數 流量	施測次數 含沙量	設立日期	備註
潼關	黃河	七	四〇	全年	
咸陽	黃河	九	三〇	全年	
陝縣	黃河	六	四〇	全年	
灤口	黃河	七	四〇	全年	
包頭	黃河	三	九	全年	
陶成埠	黃河	八	三八	全年	
太寅	渭河	九	二九	全年	
龍門	黃河	四	四〇	全年	
利津	黃河	八	三九	全年	
河津	汾河	三	一八	全年	
中牟	黃河	六	二八	全年	

吳忠堡	黃河	三	五	全年
吳堡	黃河	一	—	全年
華縣	渭河	七	三一	全年

五 金堤之培修　查金堤培修工程，截至六月二十二日止，第一段已完成土方五十七萬四千三百二十六公方；硪工五千九百二十盤，計一百八十六萬五千七百三十二平方公尺。第二段已完成土方九十四萬七千四百八十六公方餘；硪工一萬一千九百九十五盤；計四百零六萬九千五百一十六平方公尺餘。此外第一段自上月起，兼做補修涵洞工作。最近黃河水利委員會已電飭各段，加緊趕修，俾該堤早日完成。

六 督修三省黃河大堤工程之進行　關於培修豫冀魯三省黃河大堤緊急工程，迭經黃河水利委員會電催各河務局迅送詳細計劃預算，並將工程進行狀况隨時報核，茲將先後呈報辦理情形者，分述於次：

1 豫省大堤工程：中牟大堤護岸工程，前據河務局報稱，五月一日開始運料，十八日開工；一面仍請省政府催飭河南黃沁河工購料委員會購運石方接濟，期於六月底趕修完整。至陳橋迤東大堤，以去秋被水冲刷，殘破已甚，經該會派隊測量完竣。並於動工之前，派員前往視察督修，旋據呈報勘查情形。復經轉令河務局將陳橋迤東十四公里至十六公里一段，儘先開工；並令整治堤坡，填補浪窩在案。至修堤工款，豫省應籌十二萬元，該省政府已如數籌足。

2 魯省大堤工程：朱口至臨濮集一段，前據河務局報稱，已於四月二十日開工，全部工程已成百分之七十，該會已迭令趕速加工，務於六月底完成。至李升屯及康屯險工，亦已開工，地方應籌之十萬元工款，據稱業已籌齊。

3冀省大堤工程：據河北黃河大堤緊急工程臨時工程處呈報，老壩頭險工，近以大溜頂衝，各埽爬潰，現已召集民夫，趕做加廂防護工程，老大壩自第二十五埽至上五十三埽止，計共三十二段，均已於五月十九日加廂完竣，現正盤壓埽面大土及堆集土牛，及濮工淘刷被坍處掛柳沈排各工作。至劉莊險工整理工程、及兩岸堆集土牛，截至五月底止，已完部分，計有加廂埽段圈堤工程，共三十段；及南一南二北二各段，共堆積膠土牛，合計二五七三市方。大車集至石頭莊護岸及加培工程。石車段修培工程，至五月十七日止，已完工作，爲填築橫越堤脚串溝，取土道路，堤頂挑存土牛，共三七六一市方，鑲築木樁，柳架新護沿一八九〇公尺；修築舊護沿二一〇〇公尺；編築透水丁字柳壩十五道；各舊口門臨河堤坦，築成膠泥土牆二六〇公尺及修整石頭莊至九股路電綫各工作。

七　貫孟堤之修築　查貫孟段大堤，經黃河水利委員會決定於汛期前，先修貫台至吳樓之西段，前已派遣設計測量隊，隨測隨估，已於五月底開工，此段工程，計長一三・九公里，有護沿工程順水壩一座，翼壩四座，柳稭護沿六・六公里，甃石護沿三二〇公尺，改修柳壩一八四公尺。現查已做工程，大堤約完成土方六二三〇二九・公方，硪工三〇〇一、〇盤，計一九五四九九二平公方尺；第一翼壩約完成土方一一八二・九公方，硪工五四・五盤，計三三三二三平方公尺；第一翼壩護沿約完成三三六・五公尺，柳把七五〇個；加培柳壩二四二公尺，加廂四六八・八立方公尺，柳把五五五個，順水壩約完成土方七四八三公方・硪工四二，五盤，計二五七三九平方公尺；下樁二九四・五公尺；第二翼壩約完成土方二七八四公方，硪工二一盤，計一二二四平方公尺；第二翼壩護沿下樁一三四公尺，柳把四六〇個。業經呈報全國經濟委員會鑒核。又因時値農忙，台工困難，復經該會電令長垣等六縣選送壯丁，按工給値，一面另行召工趕做，期早完成。

八　沁河口護岸工程之籌備　關於沁河口西至九堡十二埽護岸工程，前由黃河水利委員會擬訂計畫，全部需十三萬二千三百六十一元，業經黃河水利委員會呈送全國經濟委員會鑒核撥款。嗣以運料維艱，而水源正旺，施工亦多阻礙，汛前恐難完成，擬先購備料物，俟至汛後開工。曾電陳全國經濟委員會請示，旋經電准，并撥發工款二萬元。該會即派員前往平漢路局請代購石方，運輸工次，積極籌備。嗣全國經濟委員會以沁河工程，急需興修，特電飭該會於大汛前將該項工程全部完成；並續撥工款三萬元。復經該會總工程師許心武，偕同技正蔡振等，馳赴工次勘察情形，規畫施工。當即於武涉縣姚期營設立工程事務所，電請平漢路局迅予撥車運石，擬俟石方運到即行開工。惟大汛在邇，時期急迫，現正盡力趕辦，恐難如期完成，亦經電陳全國經濟委員會鑒核。

九　華洋堤缺口工程之完成　查黃河水利委員會，前奉全國經濟委員會令飭辦理堵復華洋堤缺口工程，當即調派工振組朱視察長安規畫辦理，業於五月十八日開工。茲據該視察電呈：修堵華洋堤缺口工程，計共用土一萬零一百五十五市方有奇，共用硪工一百九十一盤有半，已於六月四日竣工。當經該會令派修築貫孟堤段長吳南凱，就近前往驗收，具報查考。

十　各測站報汛辦法之規定　黃河水利委員會以大汛伊邇，亟應籌備報汛，以資預防。經將原有報汛辦法重行規定，分令沿河各水文站，於大汛期內，不論風雨晝夜，認眞觀測，切實注意河水漲落情形，隨時電報，以資預防。至尙未設站之涇陽、洑頭，則委託涇洛工程局及陝西涇惠管理局代爲辦理報汛事宜。並經規定潼關，陝縣，濼口各站，如遇一日內，水位續漲或陡漲陡落，至半公尺以上者，除由各該站立時電報該會及南京全國經濟委員會外，並應直接分電豫冀魯三省河務局知照。同時并令三省河務局，在各轄境內，如遇河流陡漲陡落，或沿河堤防河水發生變化時，應即電報該會，并於每週彙報水位一次，以憑查考。

太湖流域及鳳懷區水利之進行

一 模範灌溉麗山湖實驗場機力灌溉之進展

1 農事之進行

(一)第二區栽秧，本月下旬完竣。

(二)第一區初次除草，本月內除少數低田外，其除均已完竣。第二區初次除草，本月內完成百畝左右。

(三)本月下旬，因霪雨河水陡漲，開機排除田內積潦。

2 農事試驗之進行

(一)品種比較試驗，本月內移植秈稻品種於西甲一號田內，計三十三種。

(二)栽培遲早試驗，本月內應播之種，均如期播下；應移植者，並已移植完畢。

(三)二桿行試驗，本月中旬除草一次。

(四)五桿行十桿行種子區，發芽不良，另播種子區一處，保留純種。

(五)調查灌溉水量，秈稻組本月仍逐日記載；晚稻組本月三十日開始記載。

3 第二區浚墾工程之進行　本月份築成總場基六〇〇公方。

水利通訊

第十期

本部同仁自勵綱領

一、言必忠信行必篤敬是我們立身處世的基本準則
二、自強不息力求進步是我們進德修業的緊要工夫
三、時無浪費事無廢弛是我們盡心職務的起碼條件
四、先求無過更求有功是我們努力工作的必具決心
五、勸善規過知無不言是我們親愛精誠的互助表現
六、說辦就辦埋頭苦幹是我們實事求是的服務精神

要目

一、黃河治理綱要
二、豫冀魯三省黃河視察報告
三、本部九月份重要工作簡報
四、水利新聞
五、法規
六、公牘
七、各地通訊
八、人事動態
九、雜俎

本部同仁工作標準

甲、事務方面　要案無留牘事無不舉
乙、工務方面　要工無延誤款無虛糜
丙、財務方面　要日清日帳月結月報
丁、人事方面　要嚴督勤訓認眞考核

中華民國三十六年十月三十一日出版
水利部編行

黃河治理綱要

張含英

黃河之患，年有不免，損失之巨，難以數計，待治之急，幾如星火，顧以問題內容特殊複雜，治河原則曾未確定，迄今不能提出治理計劃，如何籌劃準備，亦乏明顯道路可循。爲期治河大業早日順利實行起見，允宜儘先定其目標，明其方針，準備其基本資料，研究其工程範圍，以爲初步，初步有成，餘事自可循序推進。爰本此數端，抒其所見，試擬爲黃河治理綱要，敬與國人商榷。

甲、總則

一、治理黃河應防制其禍患，并開發其資源，藉以安定社會，增加農產，便利交通，促進工業，由是而改善人民生活，並提高其智識水準。

（說明）治理黃河之目的，論者多謂在於防災。興利爲旁節之事，力餘則可附帶爲之；力絀則俟患除以後，再事興辦，不必等量齊觀，或同列爲治河之目的。是誠深知水患之嚴重，具人溺己溺之懷抱，針對一般輿情而有之主張也。惜者準情有餘，度理未足，注意之力悉集中於一隅，其於全局則未之詳察，其爲利弊亦未之熟加權衡也。夫防患之事，最爲急要，凡屬國人，寧有不知？然處此國家力絀人民疲憊之時代，所需大量資金，果何由而得來？斯豈非唯一之重大問題乎？或曰：國家倘決心於治河，則籌集資金自有辦法，勿庸抱其杞憂。然以筆者度之，則事或匪易。何以知之？曰：臨時性之一次兩次撥款易，常久性之源源不斷接濟難；有明顯之生利者

易，無明顯之生利者難，能取償者易，不能取償者難，此自然之理，不言可喻，察諸往事，亦信而有徵。治黃非數十年不爲功，需源源不斷之接濟，故知其匪易。其中防患一事，無明顯之生息，不易取償其投資，故爲難中之尤，惟興利一事，則其爲利明顯，投資易於取償，爲難中之易。因此招致投資或不至於太難。筆者主張防患與興利并辦，多以是也。果能循斯以進，則辦理之初，或似比較單獨防災稍增所費，然實行既久，則可望達到以河養河之目的，發展至極，所得且可超過所需，所謂以河裕國之理想，將不難達到，利益之巨，絕非消極之防災所可比擬也。此專就有利於資金之籌措言之，再就人民及國家之需要詳加觀察，首以農事而言，我國農事，數千年來，皆靠天吃飯也。天氣亢旱，則赤地千里，寸草不生；霪雨天潦，則禾稼淹沒收穫無望；以言交通，則來往不便，行旅維艱，盈虛調濟，多有困難。甲地糧缺成災，乙地穀賤傷農之情形，數見不鮮。以言工業，則大多逗留於手工時代之中，欲提倡機械工業，以謀促進改善，則限於動力建設之落後，不能突飛猛進。凡此數端皆使人民永久陷于貧困而不能自拔者，惟振興水利可以有所補救，如興辦灌溉則天旱無虞，施行排水，則雖潦不災，整理航道，則交通便利，開發水電，則動力不缺，至此所謂天然缺陷者，皆可化爲烏有。是以人民渴望水利之振興者甚矣，以與所望防災之情形比較，

則其範圍尤爲廣大，其深切殆尤過焉。此就人民之需要觀察，興利之不可或緩者也。黃河流域之面積廣至七十餘萬方公里，人口多至一萬萬，以與全國面積人口比較，皆佔有極重要之地位，其爲隆替，實足以影響整個國家。而向之貧且匱也，竟有如是，斯亦不能聽之任之，而必須有以改善之也。黃河旣蘊有無限之資源，則正可利爲改善之資而無需他求。果能一一建設而開發之，則不僅流域以內沾其實惠，人民得以富庶，生活得以提高，智識之水準隨之增進，卽全國之社會經濟狀況，亦必因而改觀，所謂建設富強康樂國家之理想，亦得藉此更進一步，不然，則是持金碗而乞食于人，非唯不智之甚，抑且貽笑于人也。是以不言建設則已，不言治黃則已，若言建設，若言治黃，則必不可視爲不急之務，而緩至防患之後也。

再興利與防患二者，在設施上與效用上，往往不能分割。例如：原用以興利之設施，可能在防患上發生巨大之作用，原用爲防患之設施，亦可能在興利方面發生顯著之影響。因利之興，而害卽減；因患之除，而利亦見之情形，勢所常有。是以兩者并辦，便利殊多，至於所需之經費必大爲節省，則其餘事矣。

或曰：黃河巨川，非同細流，除患一事，力已不逮，更兼興利，寧非奢望？曰、是亦不然，蓋可分期爲之。但量己之力察彼緩急，妥擬其進行程序，斯已足矣，無大礙也。兼辦云者，統籌并顧之意已耳，非

任何工程必同時興辦，必同時完成之謂也。

二、治理黃河應根據需要達到之目的，政治經濟之現實背景與未來之發展，及天然之因素或條件，先行擬定治河之方策。此項方策并應隨資料之補充，學術之進步，與社會之需求，每五年檢討一次，必要時得修正之。

（說明）治河之目的確定以後，應卽隨之擬定其方策。方策者，趨赴目的限走之道路也。目的雖一，可走之道路則甚多，何以選定？曰：學術上有根據，關係條件能配合，如斯而已。關係條件者何？曰：河道之自然現象與其他天然條件，政治經濟之情形等皆是也。惟政治經濟情形非一成不變，故必須詳察其現在并顧及其未來，將來如有變化，并應隨時明瞭以求其適應。河道之自然現象與其他天然條件，雖其本身之變化較小，然以河道之長流域之廣也，吾人知之諸未詳盡，故加深其認識亦甚必要，是卽所謂資料不足，猶待隨時補充者也。或曰：資料既有未足，盍暫爲擱置，俟資料充足而後興辦乎？曰：是常理之所應爾，惟非所以適應特殊情形之黃河，蓋河之爲患，情勢岌岌，人之望治，不可終日，不宜久以資料之搜集，而延宕其進行。況資料也者，每隨計劃之演進而增其需要。今日之視爲資料已足者，將來或以計劃之進展，而仍需補充。現在計劃既無一斑可窺，距離全豹更遠，所需資料自難一一臆度；需要既未盡知，準備何能周密？搜集之事，殆亦鮮有止境。故宜先依現有之知識，擬定方針，然後隨資料之補充，學術之進步，與社會之需求，每五年檢討一次，以資修正。

三、治河方策擬定以後，應卽隨之擬具總計劃，並包括五十年之治河程序；其內容隨方策之修正，按時重訂補充之。

（說明）總計劃者，包括全部設施之治黃初步計劃也。其內容，應包括工程之數量，需款之約數，及預期之成效等。所以必欲列一五十年治河之程序者，一則依其緩急定其先後，再則使其效能妥爲配合，蓋必須如是，始能收治水之大效也。例如某一防洪水庫因淤澱或將於三十年後失其效能，若僅以此一工程治河。則十年之後，其效卽減，苟無適當之補救事業，以爲接濟，必難達預期成果。故必有一悠久之計劃，爲期五十年，詳列各項工程之成效，及其補救之方法，與接替之道，然後方可瞭然於其互濟之功，且也治河大業千頭萬緒，同時并興既非人力物力所及，只有循序漸進，以期達到預定成果。或有以五十年爲期過久者，須知所謂五十年也，尙須努力爲之，不然，雖百年不能幸而致也。猶憶民國二十二年黃河水利委員會成立之初，曾擬一計劃，欲以十年小成，三十年大成，時人輒多以遲緩譏之。今匆匆十四年已過去矣，而所謂小成大成之績又安在哉！

四、方策及計劃擬定以後，應卽擬具第一個五年實施計劃，以爲第一個五年施工之依據。嗣後再按期依次擬具第二第三乃至第十個五年實施計劃，以爲各期施工之依據。

(說明)以總計劃爲藍本，擬定「治理黃河第一個五年計劃」。亦即爲五年内之實施計劃。其後即由一部分人員担任實施，並由一部份人員担任續集資料，作第二及第三個五年計劃之準備。

五、治理黃河之方策與計劃，應上中下三游統籌，本流與支流兼顧，以整個流域爲對象。

(說明)黃河上中下三游尚無確定界說，筆者以地理及水文之性質，曾建議河源至綏遠托克托爲上游；托克托至河南孟津爲中游；孟津以下迄於海口爲下游。本文所指之三游亦如是。惟此等界分僅爲說明之便利，而計劃治理之時，則不可囿於河流之分段與目前之局勢，而忽略將來之發展。蓋以治河本息息相通，牽一脈而動全體，三游固難分割，利害亦每關連。舉例言之，攔沙節水之工，其範圍不只限於下游，亦不只限於上中游，且必及於各支，更必及於整個流域。至若言及灌溉及電力之利用，更無論矣。今更以水流爲例，說明上中下三游之關係。陝縣秋季大水，曾高達二萬九千秒立方公尺。蘭州居於上游，秋季最大紀錄，僅爲五千七百秒立方公尺。二者洪水之差甚巨，此點僅說明下游之水患較上游爲嚴重。然若論及全年河水之總流量，蘭州可達陝縣者十之七。此即表示黃河中下游平時之水流大都賴於上游之供給，故欲增加中游之水田，下游之枯水量，能不於上游或各支流儲蓄之乎？治河以整個流域爲對象，已爲先進國家所共認，不欲多所說明。今列爲專條者，以我國自古治理黃河多重下游，且每以行政之區域而劃分河道。今雖漸改，而舊習未能全除。更因水患之嚴重，致使一般輿論亦多偏重下游。故今特爲標明，以與第一條相呼應。

六、治理黃河之各項工事，凡能作多目標計劃者，應儘量兼顧。

(說明)多目標計劃者，一種水利工程而使有多種功用之謂也。其應用與發展，實爲近年之事，蓋由壩工設計，與建築之進步，而始得來之最經濟最現代化之一種策略也。此一現代化之策略，頗可施之於黃河，在黃河上爲達到第一條所述之目的，亦最需要，故應儘量採用。惟採用之時，應就事實需要區分其賓主，庶重心不致失去，多方都能適得其當，參閱「水之利用」各條可以完全瞭然。

七、治河之各項工事，彼此相互影響，應善爲配合之。

(說明)黃河之治理爲一錯綜複雜之問題，絕非一件工程或局部之整理所能濟事，必須採用多種方法，建築多種工事，集合多種力量，共向此鵠推進，然後可望生效。惟是各項工事之需要有緩急，興工不能無先後，因此孰先孰後，必須於計劃程序中妥爲排列。又河之上下，息息相通，一處工事興修，不僅一處情勢變動，影響所及可能牽動多處，甚或能以牽動全河，故計劃中各項工事之彼此影響，必須兼顧，其功用必須妥爲配合之。

八、黃河之治理應與農業工礦交通，及其他物資建設連繫配合。

（說明）欲謀經濟之徹底發展，必於物資建設作全面之推進。治黃之事，爲物資建設之一，非物資建設之全部也；其與全部物資建設，合之如同一鏈，分之各爲一環，互相關連，互有影響，甚有相輔幷進，而始便利者。故治理黃河，必須兼顧其於各方之關係，而妥爲連繫，而妥爲配合。其他物資建設，亦可隨黃河之治，因利乘便，而同時推進。特以治黃之事，規模最巨，功用最大，以爲本流域經濟建設中心可耳。實行之時，果能如輔車之相倚，衆矢之向的，則域內經濟發展，必能追踪列強，或與之幷駕而齊驅也。筆者嘗云：治黃不宜視爲單純之水利問題，尤不能存爲治黃而治黃之狹隘心理，必抱有開發整個流域全部經濟之宏大志願，正以是也。蓋以非如此，不能作經濟之運用，非如此，不易有至高無上之成就也。

乙、基本資料

九、治河之一般基本資料，應急謀普遍充實，其急要者，幷應加速調查觀測之。

（說明）基本資料之重要，似盡人皆知，而實未眞知，是以迄今尚未得社會之熱誠贊助，與政府之積極推行。治河爲科學之事，必須有科學之依據。是非既不能以常識判斷，立論亦不可以憑空臆度。因此基本資料不宜或缺。然試觀黃河基本資料之搜集情形果何如乎？據筆者所知：關於水文方面，僅陝縣水位觀測有二十餘年之歷史，其他則鮮有能及十年者，且作輟不時，設置稀疏。流量含沙之記載，短缺更甚。反觀黃河之爲性，則水流漲落不常，河槽遷徙靡定，變化週期常在數十年以上，觀測之短暫如彼，黃河之爲性如此，其不敷用，可以想見。關於地形測量，則僅完成下游沿河一帶，中游之空中測量雖已完畢，尚未製圖，上游及支流與全域之測量，則猶未着手，其他研究試驗工作亦鮮進行。根據此等簡陋之資料，而欲言治河，亦實難矣。故今日黃河之基本資料，僅略勝於無，距最低限度之需要所差尚遠。爲今之計，應充實經費與人力，從事基本資料之觀測與搜集，雖一時無實際事功表現，但以之貽於後世，亦必有完成治河之一日。否則雖日日言治，終難着手，徒托空論，卒無補於實際。至於資料之如何普遍充實，及加速觀測等項，可以參看以下各條。

一〇、全域地形圖應速以空中測量法完成之。

一一、全域及幹支流之地質應普遍調查之。

一二、全域之經濟狀況及資源蘊藏應普遍調查之。

（說明）此項資料之重要，前在第八條，已經述及，茲不再贅。惟須注意者，辦理之時，應由各專家或主管機關派員組織混合團體，詳密調查之。不可徒由工程人員附帶辦理，或各級政府塡表列報。

一三、水文觀測應予擴充。

（說明）水文站之添設，應視工程發展之需要，配合舊有之各站爲之。舊有之水文站據調查在幹流者有循化，皋蘭、靖遠、沙坡頭、金積、石嘴山、龍門、陝縣等八處。在支流者：大通河及湟水方面有享堂一處；渭河方面，有天水、太寅、咸陽三處；洛河方面，有洛陽一處。其他尙有水位站二十一處。就目前情形觀察，水文站尙需添設者：在幹流方面應爲貴德，三盛公，西山嘴、托克托、保德、吳堡、潼關、鄭縣、中牟、開封，高村，陶城埠、濼口、利津等十四處；在支流方面，若湟水及大通河可各添一處，大夏及洮河可各設兩處，平蕃河、祖厲河、清水河可各設一處，北洛河、涇河及汾河可各設兩處，洛河、伊水、沁河可各設一處。水位站比照增加。水文站之設置應注意者厥有三端：(一)主持之人，應遴選熱心服務，行爲忠誠而有工程及水文專門智識之人士充任；(二)水文站之工作人員應優給其待遇，并建立其住所；(三)各重要水文站應設無線電聯絡。交通不便之區，宜儘量用無線電自動報水器。

一四、陝縣接近下游，地址較優，應設立現代化之一等水文站；并於某下游河槽比較穩定之處，設立自動報水站，以資校核。

一五、於平漢橋附近，選一較優地點，添設水文站，以便測得全河流量。

一六、中牟開封長垣一帶，雖非優良之水文站址，但可設站觀測洪水時河槽儲蓄，及全年中河槽坍塌之情態。

一七、觀測河口輸海泥沙，潮汐漲落，海流速度及方向。

一八、於貴德、寧夏、包頭、榆林、韓城及陝縣等地，添設測候所。

一九、統計本域及鄰域之雨量，以爲水文資料補充研究之需，兼供預測水流之用。

（說明）水文之觀測，往者皆認爲治河機關分內之事，而氣候與雨量之觀測屬於另一行政系統。須知水流之主要來源爲降雨，能明瞭其氣候始能推知其水流，關係之密如影隨形。然試觀今日情形果何如乎？則非特測候所之設立不足，即量雨站亦不足用。此實爲治水之最大缺憾，故必須亟圖補救。

二〇、觀測結冰，蒸發，地下水等。

二一、詳測下游可能氾濫之平原。

（說明）下游大平原，西薄太行，東臨大海，北達於津沽，南及乎淮泗，皆爲黃河過去之沖積所構成，今之改道氾濫亦皆在於此。欲計劃下游之治理及水利之開發，則以詳細地圖爲依據，此項測量，早已開始，惟進行未久，輒又中止。

二二、估計下游以往氾濫之每年損失平均值。

（說明）此項工作乍視簡易，實則繁難；似無足重，實居首要。黃河災害之嚴重，雖盡人皆知，但俱爲渺茫概括之觀念。言及數字，亦多爲約估或臆測所得，未盡可靠，難資依據。蓋吾國向無統計之學，曾無統計之事也。籌措治河資金，應先知某項設施需要資金若干，所獲效益幾何，設不知氾濫之確實損失，將何由計算其眞正之效益？每年損失之平均值，乃計算效益最便之數值。此等計算自須根據往年之記載與實際之探訪，亦有賴於第二十一條所稱之地圖。

二三、詳測寧夏綏遠已施灌溉及擬施灌溉之平原。

二四、調查全域可溉之土地。

（說明）灌溉受土質，氣候及地勢之限制，應事前調查之。

二五、鑽探貴德之龍羊峽，循化之公伯峽，大峽之西霞口，紅山峽之鴬鴬坡，黑山峽之下口，韓城之石門，陝縣之三門，新安之八里胡同等處之地質。

（說明）以上各地爲今日所知可能築壩或建修水庫之地址，其功能詳於「水之利用」各條應早日着手鑽探。

二六、詳測以上各地之壩址及庫址。

丙，泥沙之控制

二七、爲求澈底明瞭泥沙之來源，及河槽冲積之現象，應於流域以內佈設觀測站，河道之上擇設觀測段，幷根據實地情形作控制之研究。

（說明）黃河爲患之主要原因爲含泥沙過多。治河而不注意於泥沙之控制，則是不揣其本而齊其末，終將徒托於空言。顧今日關於泥沙之資料，過於缺乏，較之水流情形尤嘆弗如，因此加緊搜集，勢不容緩。搜集之方法，應於水文站兼測沙量之外，一面在流域以內佈設觀測站，以驗山野土壤之冲刷，一面在河道上擇設觀測段，以觀水流泥沙冲積及運行之現象。更進而根據實地情形，作室內之試驗，或實地之控制，以資研究，而爲實施之準備。西洋各國對於河道攜沙之研究，雖不乏若干資料，但殊少成熟之結論。況河之性質各有不同，而黃河之泥沙問題尤爲複雜。故必自身研究以謀解決，世之注意於此項工作者尙少，而工作本身，又極繁重，故應脫離水文，單成機構，負責研究。

二八、黃土及冲積黃土之性質應切實研究，以爲建築之依據。

（說明）黃土峽中之地基，以及以黃土築壩，以冲積黃土築堤等問題，尙待解決，故對黃土及冲積黃土之性質，應切實研究。

二九、泥沙之主要來源，爲晉陝區，涇渭區，及晉豫區。泥沙控制之事，今日應以此爲重心，其他地區，影響下游較輕，暫列爲次要。

三〇、欲謀泥沙之控制，首應注意減少其來源。減少來源之方，要不外對流域以內土地之善用，農作法之改良，地形之改變，及溝壑之控制諸端。惟玆多爲農林方面事，故應與農林界合作處理之。

三一、溝壑爲逕流攜沙之匯集所，亦地面泥沙入河之總門戶。對於治河最爲重要，應提前加以控制。

三二、塌岸亦爲供給河道泥沙之極大來源，故護岸應視爲減少河中泥沙之有力方法。

三三、溝壑及塌岸範圍甚廣，應辦之控制工程太多，初時或難普遍興修，技術上或不免另有問題，應先選定若干區域作大規模之試辦，試辦成功，然後推廣及於全域。

三四、水庫之淤澱，應試驗研究利導之方法。

丁、水之利用

三五、依據基本資料統計水流漲落，地勢高下，推算水之總量與潛能。

三六、依據基本資料計算可能應用之水量與能力，進而支配全域灌溉之用水，航運最低之接濟，以及網內電力之供給。

（說明）欲以水興利，應先知水量之多寡，及落差之高低。亦猶編造支出預算，應先察收入之情形也。惟同量之收入，以運用方法之不同，其利益亦大小懸殊。應如何運用方能獲得最大之利益，則爲一技術問題。且必須依基本資料詳細研究而後能知之也。研究之步驟，應先照第三十五條之所述，推算水之總量與潛能，再估計其可能應用之水量與能力。蓋以由于地勢地質等之限制，難以包舉全部而皆用之也。可能應用之水量既知，當進而支配全域灌溉之用水，航運最低之接濟，以及網內電力之供應。雖未能一時竟其全功，但在總計劃中，不可不明白規定，以免枝節分歧之弊。明乎此，則第五條內所稱應三游統籌，本支兼顧，第六條內所稱應儘量作多目標之計劃，以及第三條內所稱總計劃應包括五十年之治河程序各點，當能瞭然矣。（第四十一至五十三各條所述水之利用範圍，統須取決於本條）。

三七、黃河流域最大資源爲肥美之土地，而最缺乏者爲水，故水之利用，應以農業開發爲中心，水力航運均應配合農業。

（說明）世界進化無已，雖有若干農業產品，已爲工業產品所代替，但今日農業生產，仍佔極重要之地位，尤以黃河流域爲然。蓋以黃河最大之資源爲肥美之土壤而生產不足之原因爲水之缺乏。故治河之事，不能忽此二者，水之利用，應于維持枯水時期航運外，更以灌溉農田爲水利之中心。所發電力，亦應以抽水上升灌溉高田爲優先，製造肥料與國防工業次之，其他又次之。此筆者今日之主張，是否毫無瑕疵，尙有待于資料補充，更進之研究，而後可以判明，至若日人所擬托克托孟津間（中游）之治水計劃，因純以發電着眼，以工業爲重心，似不合于黃河流域之經濟政策。

三八、工程之實施，雖可分期舉辦，但不可因初期小規模之建設，或狹隘之應用，而影響將來與整體之發展。

三九、凡工程之利甲而病乙者，應求避免。如有不能，應減其病害於最低之限度。其所受之病害，并應以其他方法救濟或補償之。利甲病乙情形之避免或補救，應以經濟問題爲抉擇之重要條件。

四〇、上游枯水與洪水之差較小，水力資源之蘊藏頗富。農產方面，在蘭州以上者發展希望較小，可列爲次要。上游水利開發，應畜牧工業與航運并重。故計劃發電，并應兼爲其他事業着想。

（說明）本條與三十七條并不矛盾。蘭州以上因天氣及地勢關係，不便農產，但利畜牧。牧草亦多需施水。該地今日所最感缺乏者爲棉花及五穀。但若畜牧發達，配以工業及交通，必可因本地之特產，工業之製造，以及有無之互通，以發展地方經濟。

四一、貴德之龍羊峽，循化之公伯峽，皆可攔河作壩，用水發電。

（說明）黃河於貴德以上，稱爲馬楚，實藏語黃河之意。其間人口稀少。龍羊峽而下經松巴、李家、公伯、孟打、死溝，劉家及彥果等七峽，而至蘭州。就中以貴德縣城上游之龍羊峽，及循化縣城上游之公伯峽二者最宜築壩。雖有淹沒，但不嚴重，且可設法安置受害之人民。每處發電可達五萬至十萬之馬力之譜，應次第舉辦。

四二、黃河支流若大通、大夏、洮河等之交通與電力，應同時規劃。

四三、蘭州中衛間黃河本流，為西北交通要道，利航工事，必不可少。所經峽谷多處，頗宜開發水電；兩岸多有高地，可能利以灌溉。故設計治理必於利航、水力、灌溉、蓄水數者同時兼顧。而高地之灌溉，又須藉力抽水始可，是灌溉又與水力發生密切關係。故此段工事，最宜作多目標之計劃。

四四、蘭州中段河道，以目前情形觀察，或需渠化始能改善航運，是否如此，仍應繼續研究，再作決定。又本段灌溉問題，可灌之地雖多，可用之水較少，故必須設法儲蓄，以爲補救。且中游下游水量亦苦不足，於此兼儲并蓄，源源接濟，事亦需要。故應先於大峽之西霞口，紅山峽之窩窩坡，及黑山峽之下口研究築壩。

（說明）蘭州中段修壩之地點及高度，除應注意地質地勢外，更應以迴水不淹沒盆地，而能儘量利用水頭與儲量爲準。例如蘭州及靖遠盆地，皆本段精華之區，誠不宜淹沒。紅山黑山兩峽之間，無大塊盆地，本可只修一壩，但岩石情形不宜，故須分建。根據以上理由故建議先修三壩，其高度在水面上四十至六十公尺之間，壩成之後可以發電，可以灌田。惟儲水之效，仍未大著，而航行之利，亦未全部解決，是則尚需其他工程爲之輔助。惟此三壩，實無礙於將來之進展，故可列入本段治理之第一期工作也。

四五、寧綏平原土壤肥美，氣候適宜，引水便利，素有邊疆糧庫之稱。惜舊有灌溉工事雖多，今已逐漸湮廢，且效能低微。故徹底之整理擴充，應爲該區首要工作。

（說明）寧綏平原之灌溉，已有悠久之歷史。寧夏之灌溉，以各渠進口爲青銅峽所制，較爲固定，故漢唐之迹，尚留至今。綏遠灌溉，以河身變遷彌定，舊工全廢，今日之渠道，多爲清末所開。寧夏之大病爲退水不暢，地多鹼鹵，惟稍事改良即可於現有墾田二百六十萬畝外，增加三百三十萬畝。寧夏人口現爲七十四萬，以此比例，倘可增加百萬以上之人口。寧夏因水來也易，故人民不感水之需要。反惡其停滯不暢。綏遠則異乎是。以後套論，可溉之田約一千萬畝，而上水能墾植者約僅四分之一。（潦年可溉田三百萬畝，旱年可溉田一百八十萬畝）。其最大原因爲河身善徙，渠口不定，又以進水無操縱，潦則渠道氾濫，旱則進水無多。加以各自爲政，渠口不一，渠坡無規，退水難暢。若事改良，並加擴充，連同三湖河及綏東各區，以今日視之，能墾之土地可增至一千萬畝，足供三百萬人之需。（水之供給須依第三十六條所定）。寧綏平原西依賀蘭，北枕陰山爲國防之重地。屯兵實邊，墾田資糧，實目前所最需。以黃河治理論，其重要性不下於下游之防患也。

四六、寧綏沿河地勢較平，改進航運將需以調整河槽方法爲之。惟就目前需要言之，改善航道與修築鐵路兩者孰爲最宜，應先作一比較研究然後決定。

（說明）寧綏河道極似下游，泥沙浮動，河槽遷徙，難以行舟，以現代眼光評之，與蘭中段等，直可謂之爲不通航。利航之策，或用約束河槽之法，或另闢平行運河，皆無不可。惟此策之行，開辦用費，相當龐大，維持之費，年需亦屬不貲。以今日之經濟情況衡之，是否有利，尙有疑問。或有建議利用灌溉渠道兼供通航者，以規模較小，似亦不適現代之需要。今日鐵路已自北平達包頭，崇山峻嶺，大都過去，再續展修，地輒平坦，築路工事當不太難。惟以渠道縱橫，橋梁不免稍多耳。如修築鐵路之計劃，果能自包頭而達寧夏省城，大體與黃河平行，或較整理航道爲省，且可完成較快。此路果成，則可以之供給旱年運輸之用。至必要時，再逐漸開發其航運。惟聞修路計劃有自包頭渡河穿伊盟而直達吳忠堡之說，爲費省計或應爾也，然其經濟價值如何，則不無疑問，是應提請研究。果然寧綏平原之交通，將惟水運是賴，航行之改善，又應加以研究矣。

四七、河自托克托之河口鎭入峽，至韓城之龍門出峽，兩岸人烟稀少，幾不通航。倘於龍門上之石門一帶築壩高一百五十至二百公尺，更於其上游建壩二處，卽可將全段化爲三湖。其最大利用爲陝晉高原之抽水灌溉，次爲電力之開發與航運之便利。又以接近下游，幷有攔洪防決之效。故此段亦爲多目標計劃之良好區域。

（說明）世人多以壺口爲築壩蓄水之良址，實則地質與地勢皆不適當。龍門山嶺環抱，形同盤踞，河流至此，束縮甚窄，卒然視之，宜若可用，然以兩岸石多斷層，且高度不足，亦仍不宜。惟再上由馬王廟迄石門一帶，築壩始覺可能，據履勘所見，兩岸峭壁聳立。西岸高可一百至一百五十公尺，東岸高可一百五十至二百公尺，至石門高約一百公尺。東西岸距，上下不一，在石門附近者約一百公尺，其餘各處約二百至三百公尺，地質爲奧陶紀石灰岩，厚度或可至五百公尺，上覆石灰二叠紀煤系。在龍門附近之石灰岩，高出水面二百公尺。因知於此一帶築壩，似尚可行。河口鎮至龍門間落差約爲四百五十公尺，若於其上更築二壩，則全段之水頭及儲量可以盡用矣。此段接近下游，人煙稠密，物產豐富，故經濟價値最爲重大。壩成之後可以抽水灌陝晉高原之田，其電力可以傳送於沿海工商之區，并成爲南北交通之幹線、以聯絡平綏與隴海兩鐵路。而陝晉之交又常爲暴雨中心，故每生爲患之暴洪。例如三十一年陝縣最大流量爲兩萬九千秒立方公尺。據推算其來自包頭龍門者達二萬零九百秒立方公尺。故壩成之後，必可控制下游洪水之一部，以減其禍患。龍門交通便利，且附近產煤，接近農田與平原，開發極易，故宜提早研究舉辦。

四八、關中現有灌溉工事甚多，惟已漸感水源不足，故蓄水問題，必須積極研究。

（說明）關中灌溉採取直接自河引水，自動入渠之方式，幷無節蓄水源之設備。以今日發展之程度觀之，用此法灌溉，或已漸達飽和狀態，故應作蓄水之研究。

四九、河在陝縣孟津間位於山谷之中，且臨近下游，故爲建築攔洪水庫之優良區域。其築壩之地址，應爲陝縣之三門及新安之八里胡同。惟如何計劃以便防洪發電蓄水三者各得其當如何分期興建以使工事方面最爲經濟，應積極詳細研究。

（說明）關於防洪之方法與討論，將於「水之防範」各條詳細言之。茲先擇其與水之利用有關者加以討論。設欲發展本段最大之水利效能，可於八里胡同築壩，使迴水僅及潼關，卽能以控制下游水量於一萬秒立方公尺以下，且可發生一百二十萬馬力以上之電力。（此數量可於三十六條訂定後修正之）。若目前注重河防，而資金未能兼顧時，可於八里胡同修一較低之壩，專節洪流，而不及發電，或於三門峽修一壩，使迴水不越潼關，亦可達防洪之目的。惟後之二者，各有其優劣。八里胡同陝縣間爲峽谷式，水庫之容量較小，陝縣潼關間較爲寬闊，水庫之容量較大。換言之，欲有同一容量之水庫，八里胡同之壩須比陝縣者較高，因壩增高工費亦增，此之謂八里胡同不如陝縣。雖然，八里胡同山谷窄狹，地質情況頗佳，此則又非陝縣所能倫比。故眞正之優劣，尤須作進一步之研究，始克鑑定之也。若就防洪與多目標之計劃二者比較其經濟，則以於八里胡同修一較高之壩爲最適宜。蓋三門與八里胡同間相距僅九十六公里，而落差則有一百四十公尺之巨，且兩岸均甚荒寂，爲發電之優良庫址。此項資源絕不可聽其荒廢。是故若于三門先修一壩以事防洪，則將來仍必於八里胡同另修一壩專司發電。至若於八里胡同先修一較低之壩以事防洪，設事先此壩未準備加高，將來亦必另修一壩於三門，或重建八里胡同較高之壩。此等設施似皆欠允當。故應於決定之先，作詳密之研究。其最嚴重之問題，當爲水庫之壽命。惟此在泥沙冲積情形未作進一步研究之前，殊難下一判語。蓋今日泥沙運輸之分析與觀測，尚未足以說明其實際情形與理論。故筆者曾有「黃河沙量質疑」一文論之。然所可斷言者，以所爭者爲壽命之長短問題，其終必喪失蓄水效能，則無疑義。故欲防下游水患，必同時作泥沙之控制，並於上中游及各支流興建水庫，如是此壩之壽命可以延長。卽失效用，亦可以其他工事調節水流，免爲下游之害。而本工程雖失防洪之效，尚可藉水頭落差以發電，因上中游及各支流之水有調節，枯水流量必增，與發電亦屬有利。

五〇、庫之迴水影響，不宜使潼關水位增高。

(說明)嘗聞日人曾有計劃，欲於陝縣築壩，使迴水西至臨潼，北逾韓城，構成水庫容量達四百億立方公尺，以之容納全年之流量。藉此以供調節水流之需，及發生最大電量之用。雖淹沒二百萬畝之良田弗惜也。此一主張，正確與否，吾人應以本國人之立場計算其得失。熟權自身之利害，不可盲目景從。蓋淹沒關中二百萬畝之良田，無異使百萬同胞喪失其養命之源。以若此之重大代價換得多少電力，其得失比較如何，勢不能不深加考慮。故筆者之意，不欲使潼關水位增高，且不願蓄水過於集中。筆者每擬以八里胡同水庫節蓄龍門以下各支之水，河口鎮龍門間各庫節蓄龍門以上之水，意蓋此也。惟是否卽是，亦需進一步之研究與更詳之討論方可判定。此可於各項資料補充後爲之。

五一、黃河下游，雨量缺乏，以河水大多高於平地，可開閘引水灌溉。

(說明)下游可溉之面積頗廣，當第二十一條工作完成以後，輒可確切擬具其施灌之計劃，惟灌溉面積恐將爲水量所限耳。

五二、黃河下游兩岸，鹹鹼之地甚多，荒廢不毛。應利用河水灌淤，并配合排水系統，引水洗鹼。

(說明)灌淤於洪水時爲之，故不虞水量之不足。灌淤之區域已經初步調查者，爲魯省沿河兩岸及豫省南岸。此法在靜遠行之已有成效，因知確爲改良土壤之有力方法。

五三、下游航行之利，素不甚大，輪船行駛，全不可能。應先配合防洪之需要，以整理其河槽，繼之卽謀低水槽之調整，以期航運之逐期發展。

戊　水之防範

五四、黃河下游爲水患最多之區，亦河患特別嚴重之地，其治理目標，應列防洪爲首要。

五五、黃河上中游之水患、在過去及現在，範圍均尚不大，災情亦較輕微。但若干年後，可能因經濟建設，人煙日密，財富日增，而漸感嚴重。故其計劃，應參酌目前情形及未來之發展爲之。

五六、防洪一事，雖含有淡災之性質，但不能視爲純粹之慈善或振濟問題，應顧到其於經濟方面之關係。

（說明）防洪不應以決口能堵爲已足，而應以預防免決爲職責。故不應徒事善後之救濟，而必須預有設施，以保其安全。此安全之設施，必不可以不計其利，而無限付出代價，必須有一適當之標準，此項標準何以擬定？則純粹爲一經濟之問題。

五七、防洪之規劃應勿拘於局部之利害，并應破除地域之觀念，總以着眼大處爲第一要義。

五八、政府舉辦防洪工程，其工料應按照市價給値。

五九、洪水防範與否，水患避免與否，其利害關係不僅限於臨近之少數縣份，更不祇在於濱河之少數村鎮，故不宜使此區域爲防河之事而担負過重之義務。

六〇、蘭州爲西北重鎮，近年亦數受水患，應擇其以上適當地點築壩爲庫，以事節蓄，或配合其他需要合併辦理之。

（說明）若有十億立方公尺之水庫容量，即足以控制蘭州流量於四千秒立方公尺以下。

六一、綏遠已數受水災之威脅，救濟之道，應以減低洪峯爲首要。此一問題可於蘭中段築壩時統籌規劃，合併解決，又河套平原，素爲河槽遷徙之場，與下游之情形頗多彷彿，此段之治理，應着重控制冲積鞏固灘岸，改善河槽諸端，以免重蹈下游之故轍。

六二、韓城朝邑一帶，亦時有水患，此於龍門以上水庫築成後，可以完全免除。但河槽之固定工作，在本段仍有必要。

六三、陝縣孟津間水庫築成後，可以節制洪水至一萬或八千秒立方公尺以下，應視爲下游防洪之有效辦法。

六四、水庫之有效年齡，本有限定，益以黄河挾沙過巨，淤澱較速，其壽命乃愈短。惟吾人在工程失效之前，必有其他辦法以補救之，於工程失效之後，更可利用以作他種生產事業。

（說明）參閱第四十九條說明

六五、鄭縣及蘭封南岸，原武及開封北岸，與長淸或濟陽北岸等處，可否開闢洩洪道，應分別研究並參考其利弊。

（說明）黄河在洪漲期內，足致水患之流量，并非過巨。倘於下游覓有可作分洩之道，以分其流，亦有減消洪峯之作用。關于可能開闢洩洪水道之地點，據目前情形觀察，當不外以下數處：自鄭縣南岸花園口分流，使循抗戰時期之氾區，沿賈魯河沙河以入淮河；自蘭封南岸分流使循咸豐以前故道，經徐州以入淮河；自原武北岸分流，使入於衛河，自開封陳橋北岸分流，使繞金堤入山東，再由陶城埠回歸正河，自長淸或濟陽北岸分流，使入徒駭河。凡此所舉，或爲昔年故道，或曾決口漫流，就地勢言，都頗有可能。惟實行計劃之時，仍應作進一步之研究，并注意其地點之效能，蓋以如在鄭縣附近，則洪峯分洩外流之率必甚大，若在豫冀之交界，或更偏下，則其效能減低。分洩之道，究應採取一處或兼採數處，亦應切實研究，再行決定，再者分流之量愈多，工程愈大，費用自增，損害亦重，分流與節流究竟孰省孰費，應當何去何從，或兩者兼用，如何分配節流分流之量，最爲有利，均非臆測所能作到。故可與水庫計劃作一比較研究。

六六、魯省民埝大隄間之蓄水及落淤計劃，應加以研究，並期早日實現。更應擴大此種設施，沿河修造重隄或複隄，以使河岸日固，土地增肥，洪水有容。

（說明）昔日所修之雙層隄，意在內堤決後，尙有第二防線。實則內堤一決，外堤亦難幸免，此非雙堤之不可用，乃用之未得其道耳。今若以兩堤之間作節蓄洪水之所，以之蓄洪兼供落淤，則兩得其利矣。放水之時間，不必固定，亦非每年必須爲之，僅高於某種水位時放入可也。放入之水，可俟正河水落，再開下口洩入正河。因水有洩路，停不過久，故亦無礙於種麥。惟此項辦法，事屬初創，百姓聞之，或滋疑慮，實行之始，或多窒礙，亟應選一適當地點先作試驗，試驗成功，再行推廣。其向爲單堤之處，幷應先行增修其堤層，以爲灌淤之準備。

六七、黃河之堤身，應依土質、堤距、環境等情形及其他之需要，分別規定其標準斷面，同時研究擬具保護之方法，以爲修整堤防之依據。

（說明）據統計陝縣黃河流量達一萬秒立方公尺時。下游河堤決口之可能率爲百分之七十五（此量約當近二十五年最大水之平均數）；但在三千或五千秒立方尺時，河堤之決，亦每有不免。由是可知僅賴水庫或分流，下游河堤仍不足以保持安全。此係由於堤身之脆弱，堤線之失宜，故應加以修整，並使之強固一律。修整之標準，假設配合第六十三條以計劃，則應以安全排洩鄭縣一萬秒立方公尺之流量爲限，或更配合第六十五條而定其限度。若僅以堤爲防洪之具，則應以安全排洩鄭縣二萬二千秒立方公尺爲初步之標準。至於防護之不週或失當，亦爲決口之重大原因，應幷予籌劃改善之。

六八、堤線之調整，應分步爲之，初步之調整，應先擇特別凸出之「險工」，使之後移；轉彎突銳之處，使之和緩，堤距過狹之處使之放寬，當其他防洪工程進至相當階段時，再作束窄堤距之圖。

（說明）下游堤距寬廣之處，頗有儲蓄洪水功能，此可由陝縣、高村、濼口、三處洪水流量之大小懸殊證明之，初期修整不可冒然束窄。當鄭縣洪流控制至一萬秒立方公尺時，豫省之堤距，可依之調整，但不可將舊堤全然廢棄，可參照第六十六條辦理。鄭縣以下鮮有支流，洪水峯必能逐漸延長其時間，而減低其高度。迨至魯省當可比較鄭縣爲小，但此項洪流前進之推算，必須審愼爲之，且應視爲必須研究之重要課題之一。

六九、上中游各工程建設以後。下游水流漲落情形，必與今日不同，質言之，卽其變化必不如現在之突兀。屆時下游之河槽控制，當亦比較容易。但爲目前計，可備一平時河槽及洪水河槽。

（說明）黃河洪水之發生，時間均在七八九三個月中，餘時皆在四千秒立方公尺以下。故可暫時維持複式河槽。

七〇、低水就範，則航運稱便，洪水就範，則河患可除，故固定河槽一事，應視爲今日之急要工作。而固定之法尤宜即行着手研究，并選擇適當河段早日試行。

七一、黄河下游之水道，過度之彎曲尚少，應就其最嚴重者整理之，不可過事更張。

七二、護岸工程可先採取點之控制，其後逐漸擴充，而及於綫之控制。

（説明）護岸工程如採用連續鋪築法，即凡屬險工地段皆運續鋪築，不少間斷。其護岸之效固屬最大，且可資以利航；但所費太巨，恐非一時所能作到；故初期改善宜採用石質壩垛先以點控制之。壩垛之缺點固亦甚多，然若能使距離適當，建築得宜，功效亦頗可觀。

七三、稭埽能速成而不能經久。故僅可於緊急時用之，不可以爲經常護岸之法。

（説明）在有他種方法替代前，稭埽決不可廢。但須切記此非安全滿意之護岸方法，應逐步以更有效之方法代替之。

七四、防洪料物之供應，多以水運是賴。惟以河槽不定，水淺多灘，船隻行駛，多有困難，運輸之量，實不能適應需要。航運之調整，最低限度可能對於防洪大有裨益。故治理下游河槽應兼及於此。

七五、利津以下河無正槽，雖以人煙稀少，不感其患，但現有淤田三百萬畝，如能加以整理，則生産所得，頗可資治河之用。且可於此段依理想而擬定其計劃，以爲治理下游之模型。

己、其他

七六、治河之準備工作除工程計劃外尚有人才與料具二者，故對於工人及技師之訓練補充。料具之製造儲備，均應列入總計劃及五年計劃之中。

七七、治河雖爲生産建設事業，但欲開其端，則有賴於資金之推動，籌措方法及年度預算皆應列於計劃之中。

七八、治河基本方策及計劃之草擬，固可由指定機關負責，然最後之核議，則應邀集有關及熱心人士共同參酌研究擬定之。

七九、治河機關之權限，及研究之組織，均應擴大。

八〇、治河工作應視爲經濟建設之一重要部門，其準備及實施均應及早進行。

三十六年立秋日於南京

爲本年應修急切之圖如能依其計劃次第告竣可溉良田將及二萬頃確爲水利建設上不可再緩之圖且可減少下游最大之災害裨益良多擬請查照所提修挖烏加河工程貸借英庚欵之案並希

大會主持併案如數轉商貸借其利息按照英庚欵還本辦法規定照付所貸之欵由綏省政府担保簽立契約以五年分期還淸其担保品即以各大幹渠流域內所有地畝作抵押每一年終即在應收修渠費項下還其應付分期之本息如有不敷應由借欵機關負責償還依年均係如此辦理並由英庚欵董事會派員監督會計以昭妥實理合提請

公決

再述黃河根本治理意見案

提案黃河水利委員會

(事實)黃河之爲患歷來久矣溯源已往於今最烈欲圖華北流域河患之安瀾必須由根本圖維庶可收其最後之效去年九月間黃河水利會議本委員曾經提議黃河治本意見列於第二十八案第二次議事日程列入第十八案內與二十四號合併討論以審查意見以上兩案與第一號合併審查已包括該案內提請決議(按即議決案之第十三案)以審查意見決議通過在案

(理由)李委員長儀祉發表治河意見以民國以來河工廢弛雖求苟安亦不可得至於測量研究江淮早經舉辦黃河則一切闕如其根本治導自非旦夕所可成功魯莽所可幸致爲今之計須先維持河防使十年之內不致爲災一面探討全河形勢及水文以爲治本計劃蓋欲求治以先求知

期以三年可得大計流域擴大尤須倍力工作始可有成並通電全國徵求治黃意見虛心求知在案惟治河意見自古迄今主張不一總其扼要不外疏導防束大都皆以囿見未能顧及全局此所以河患不已也河患癥結所在之大病是在於沙沙患不除則河恐修無治理之一日是沙患癥結之所在不得不知也本委員數年在西北方面研究沙患之由來溯其源委其最大原因黃河流域缺乏森林每年各處山洪暴發各山嶺之積沙順流入河又以黃河地層黃土爲壤最易沖走土隨水行河無保障加以西北方面北有戈壁大沙漠常年多屬西北風儘量將沙侵入黃河成爲大患按以綏遠境內全在沙漠之區在洪水期內每立方公尺水中所含沙量在五六二格在平時如刮土風一夜置一長方紙片於院落空器中大四百八十方寸塵土降落其上一夜可得土重十三零十分之七格以此比例計算每畝合得沙土五百四十餘觔其沙量之大可想而知現在綏遠之沙由西北風於每年間將沙移南如陝西榆林山西河北各處長城等處沙已進至墻根即河南開封鄭州城墻西北多被沙積沙之爲患豈在河流即華北各省終恐變成沙漠之區所以欲圖根本治河必須由治沙起如能將沙治除則河患自可消除矣

（辦法）欲圖治河根本之圖維必須上中下游暨河口兼顧並施方克得其效益茲將辦法分述於下

一人力補救　其補救之法應分爲兩步第一步在上游綏遠沿河造林第一次會議本委員提議應在綏遠黃河沿岸廣植森林遏制下游沙患一案列於第三十案第二次議事日程列入第三十一案內與十六號四十三號四十五號合併討論以審查意見各案均可採行應由本會分

別呈函辦理應請
大會促其早日實現第二步應在寧夏綏遠山陝各省黃河流域及各省內支流廣開渠道振興水利如上游能引用多數水量以資灌溉下游河患當可減除應請
大會注意督促開發以收速效

一設法治沙　治河不外治沙治沙方法有二第一斷絕來源第二代謀出路欲圖斷絕沙患之來源應須從速在黃河沿岸積極造林一面蓄水灌溉地既開溝引水使風不能起沙二可將沿河不毛之田變爲可耕之地所栽之樹又易於成活但森林力量僅能蔽遮風沙不致遠颺然欲斷絕來源勢所不能已入河床之沙自應設法尋其出路出路之要點應將尾閭河口廣爲濬治使水暢流入海沙無積存河患可減總之治河之要在上中游應速廣開渠道以分水量藉資灌溉並應廣爲造林以遏沙患在下游應認眞築堤防導在尾閭應修挖河口使水暢流入海不致在中下游沉澱爲害分工合作兼顧並施治河前途利賴實多所擬是否有當理合提請
公決

組織綏遠省黃河暨烏加河測量隊請撥經費辦理案（提案黃河水利委員會）

（事實）李委員長儀祉發表治河意見以測量研究江淮早經舉辦黃河則一切闕如並規定測量工作擬以鞏縣以下測量宜詳鞏縣至韓城次之韓城至托克托則在山峽之間又次之托克托至石

後記

我是從數學史學習中逐步瞭解治黄史的。漢代《許商算術》的作者許商，好天文術數之事的王景、李尋善，他們既是數學家，又以治理黄河而聞名。我國現存最早的河工著作《河防通議》，將中國古典數學天元術運用到治黄工程中，創造了中國古代工程數學的一個高峰。除了數學史之外，内蒙古師範大學科學技術史研究還以少數民族科技史和地方科技史見長。李迪先生曾指出地方科技史研究的重要内容是人與自然環境變遷、科技遺迹與自然環境以及環境與生産的關係，此類研究具有明顯的現實意義和重要價值。想要通過大科學史研究，弄清變遷的原因和未來的發展趨勢，産出對于地方各方面的開發有更大、更直接價值的成果，這類研究大多離不開文獻。之後，李迪先生更是直接指出科技史研究不僅是對過去的科技工作和科技成果的回顧與總結，而且要着眼于現代，讓古人的發明創造爲今人服務，繼續在現代發揮其應有的作用。我將先生大科學史的治學理念視爲座右銘，在科研工作中更加注重讓科研成果服務于國家戰略與區域發展需求。

二〇一九年九月，習近平總書記在黄河流域生態保護和高質量發展座談會上指出，黄河流域在我國經濟社會發展和生態安全方面具有十分重要的地位。黄河流域生態保護和高質量發展是重大國家戰略。同年十月，黨的十九届四中全會提出『加强邊疆治理，推進興邊富民』，首次把邊疆治理寫入黨的文件。內蒙古師範大學組織科研力量，積極申報研究闡釋黨的十九屆四中全會精神的國家社科基金重大項目，其中『中國特色社會主義民族區域自治制度自信研究』項目獲批。我承擔其中的『鑄牢中華民族共同體意識下的民族自治地方文化自信研究』子課題，而黃河是首選文化要素。二〇二四年，該項目順利結項，我也對黃河文化所蘊含的時代價值有了更深的體會。

有鑒于此，我帶領文化遺産智能應用服務中華民族共同體建設『英才興蒙』團隊，以黃河爲主題，開展了文獻、文物、傳統工藝等多模態資源庫建設和跨模態應用示範工作。這次與內蒙古人民出版社合作出版的《黃河國家治理文獻集成》，旨在梳理和總結文獻中所蘊含的歷史經驗和文化信息，爲當代及未來的黃河治理和地方文旅産業發展提供參考與借鑒。

感謝內蒙古民族文化産業研究院、巴彦淖爾市圖書館等单位的傾力相助，感謝內蒙古自治區黨委宣傳部、內蒙古出版集團、內蒙古人民出版社對本項目的支持與幫助。

在此，也向致力于黃河治理和大河安瀾的歷代先賢與當代典範表達崇高的敬意：你們的不懈努力與無私奉獻，爲黃河的安寧與人民的福祉築起了堅實的防綫；你們的智慧與勇氣，將永遠銘刻在中華民族的歷史豐碑上，激勵後人不斷前行。

董杰

二〇二五年一月

北疆文化